落 架 大 修

——木构架古建筑拆修工艺的研究与应用

袁建力　朱　烨　编著

科 学 出 版 社

北　京

内 容 简 介

中国木构架古建筑是世界建筑遗产的重要组成部分，具有宝贵的历史、艺术和科学价值。本书基于科学研究和工程实践，对木构架古建筑落架大修工艺进行系统的理论和应用分析，论述落架大修工程的准备工作、木构架的落架修缮与安装，以及台基、墙体和屋顶修复工艺，介绍木构件修补更换、化学加固、防腐防虫处理方法，提出木构架、屋盖、墙体的抗震加固措施，讨论建筑信息模型（BIM）的构建和应用，选录典型工程的修缮方案和技术措施。

本书内容丰富、资料翔实，具有较高的业务指导和实用价值，可作为城市建设部门、文物保护部门和古建园林公司科技人员的专业用书，以及土木工程专业、建筑学专业、园林专业研究生的参考教材。

图书在版编目（CIP）数据

落架大修：木构架古建筑拆修工艺的研究与应用/袁建力，朱烨编著. —北京：科学出版社，2021.6

ISBN 978-7-03-069105-7

Ⅰ. ①落… Ⅱ. ①袁… ②朱… Ⅲ. ①结构－古建筑－修缮加固
Ⅳ. ①TU366.2②TU746.3

中国版本图书馆 CIP 数据核字（2021）第 109016 号

责任编辑：惠　雪　曾佳佳　石宏杰 / 责任校对：杨聪敏
责任印制：师艳茹 / 封面设计：许　瑞

科 学 出 版 社 出版
北京东黄城根北街 16 号
邮政编码：100717
http://www.sciencep.com

北京九天鸿程印刷有限责任公司印刷
科学出版社发行　各地新华书店经销

*

2021 年 6 月第　一　版　开本：787×1092　1/16
2021 年 6 月第一次印刷　印张：14 3/4
字数：350 000

定价：219.00 元

（如有印装质量问题，我社负责调换）

前　言

远自原始社会后期，中华民族的祖先就开始用“筑土构木”的方法，就地取材，建造房屋。由于当时木材资源丰富，易于利用简单工具进行采伐和加工，可以架设较大的空间构架，因此，以木材为主要材料的木构架建筑，逐步得到了广泛应用，并通过长期的实践和发展，逐渐成为一种传统的建筑类型。从新石器时代的干栏式木屋到明清时期的宏伟殿堂，中国的木构架建筑在几千年的发展历程中形成了完善的结构体系和独特的建筑风格；现存的木构架古建筑是人类宝贵的文化遗产，具有重要的文物保护和科学研究价值。

木构架古建筑大多采用梁柱排架体系，构件节点为非整体性的榫卯连接，构架的抗变形能力（刚度）较弱，在地震、强风或地基沉陷的作用下易发生节点松脱和构架歪闪；此外，木材的防腐防蛀性能较差，在雨水侵蚀和虫蛀的情况下，木构件易腐蚀糟朽，降低了结构的承载能力和整体稳定性能。在很长的历史时期中，人们对于因歪闪、糟朽而严重损坏的木构架古建筑，大多采用原址拆落、更新重建的方法，以解除结构隐患，使建筑获得新生，但建筑的原真性和历史信息难以保留和传承。中华人民共和国成立以后，随着社会文明的进步和文物保护意识的增强，国家制定了系统的文物保护法规，明确了古建筑“原状保护”的修缮原则，并根据其重要性和损坏程度制定了相应的修缮方法；按照文物保护原则进行科学的修缮，能有效地延续古建筑的生命期限，并尽可能地保留其文物价值。

古建筑中木构架的整体修缮加固，通常可根据其残损程度分别采用下列工艺方法：①落架大修。全部或局部拆落木构架，修整、更换残损严重的构件，再重新安装，并在安装时进行整体加固。②打牮拨正。在不拆落木构架的情况下，使倾斜、扭转、拔榫的构架复位，再进行整体加固；同时对个别残损严重的构件进行更换或采取其他修补加固措施。③修整加固。在不揭除瓦顶和不拆动构架的情况下，直接对木构架的主要承重构件进行修整加固、补强或更换。

上述方法中，落架大修可对全部残损构件进行修缮加固，消除结构中存在的安全隐患，构件经过拆卸修整和重新安装，可使变形木构架恢复到原有的正确位置，适用于严重变形损坏木构架的整体修缮加固。但落架大修需要对木构架进行拆落、修整和重新安装，相应的工程量最大，构件结合部位的损伤程度也最大，必须对其工艺方法的设计、施工给以特别的重视；此外，应采取科学合理的措施，以确保修缮过程中木构架及构件结合部位的安全，并尽可能地减少原有历史信息的损失。

中华人民共和国成立以来，国家和各地政府根据重点文物保护单位修缮规划，已对四十多座年久失修、严重损坏的大型木构架古建筑成功地实施了落架大修，为建筑遗产的有效保护积累了宝贵的经验。为了适应科学技术发展和文物保护的要求，我们应在归纳工程经验的基础上，加强对木构架古建筑历史信息、构造特征和损伤机理的研究，引入现代测绘、模拟和管理技术，研制传统工艺的改进和优化方法，以进一步提升落架大修工艺的有效性和被修缮结构的安全性。

在国家自然科学基金重点项目“古建木构的状态评估、安全极限与性能保持”、国家自然科学基金面上项目“损伤古建筑木构架抗震性能退化机理的研究”、科技部中国-意大利国际合作项目“Modern Approach to the Protection and Restoration of Architectural and Historical Heritage”等支持下，作者及课题组成员对木构架古建筑的修缮技术及理论进行了深入的研究，基于工程实践经验的归纳提炼和运用分析，编著了《落架大修——木构架古建筑拆修工艺的研究与应用》一书。

全书由 8 章组成。第 1 章按照古建筑的台基、木构架、屋盖、墙体四个基本组成部分，论述相应的构造特点与损坏特征，提出了落架大修施工中需重点注意的事项。第 2 章介绍木构架古建筑修缮加固的基本规定和工艺方法，论述落架大修的工艺方法与工序，归纳、综述我国古建筑落架大修的工程实践，选录多项落架大修工程的技术资料。第 3 章介绍落架大修工程的准备工作，包括建筑物的现状测绘、修缮场地的规划与布置、施工脚手架与防护罩棚的搭设等工作和要求。第 4 章以木构件的落架与修缮为重点，结合新材料、新技术的应用，介绍木构件修补与更换、化学加固、防腐防虫处理的方法和要求。第 5 章介绍木构架各组成部分的传统安装工艺，给出结合构架安装施工进行柱架、榫卯节点和屋盖抗震构造加固的方法。第 6 章介绍台基、墙体和屋顶的修复与加固工艺，重点讨论结合墙体重砌进行墙体抗震构造加固的方法。第 7 章基于建筑信息模型（BIM）技术研究，讨论落架大修工程建筑信息模型的构建方法和工程管理方法。第 8 章以三个落架大修典型工程为例，介绍建筑与结构的特征、残损状况和相应的修缮方案及施工措施，并对工程的成效及教训进行了评析。书中论述的落架大修工艺的基本理论和应用方法，既遵循了文物保护和结构安全的原则，又体现了传统工艺和现代科学技术的兼容。

《落架大修——木构架古建筑拆修工艺的研究与应用》与科学出版社前期出版的《打牮拨正——木构架古建筑纠偏工艺的传承与发展》是姊妹篇，对我国木构架古建筑整体修缮加固的两种主要方法进行了系统的理论归纳和运用分析，汇集了丰富的工程资料和技术信息，可为面广量大的砖木古建筑的科学修缮提供参考。期望本书的出版发行，将有利于推动古建筑保护领域的学术交流，促进中华优秀传统建筑工艺的继承和发展。

本书由扬州大学袁建力教授总体撰写和统稿，扬州工业职业技术学院朱烨讲师负责第 7 章的撰写和全书建筑图纸的绘制。书中所引用的资料，除了所列参考文献之外，尚有部分源于国家和相关省市文物管理部门、山西省古建筑保护研究所、广东省潮州市建筑设计院等单位的档案文献，在此，作者一并致以诚挚的谢意。

对于本书中存在的不足之处，热忱地希望读者和同行专家批评指正。

编 者

2020年12月

目　录

第 1 章

木构架古建筑的构造与损坏特征

1.1 木构架古建筑的结构体系与构造

木构架古建筑的结构体系通常由台基、木构架、屋盖和墙体组成。屋盖与木构架形成承重结构，承受建筑的竖向荷载并传递至台基（图 1-1）；墙体为自承重结构，用于建筑的围护和空间分隔。由于建筑的开间和进深取决于木构架的组合形式和承载能力，墙体可根据门窗或室内空间的需要灵活布置，这样的结构体系，为满足不同的使用功能和形式要求提供了便利条件，可用于建造宫殿、寺庙、官邸、民居等各类不同等级和规模的建筑。

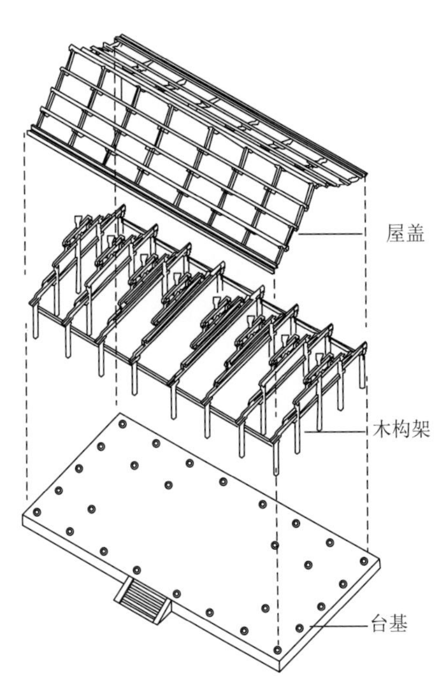

图 1-1　木构架古建筑的竖向承重体系

1.1.1 古建筑的木构架

木构架按构造方式和受力体系的不同可分为多种类型，运用较为广泛的有抬梁式构架、穿斗式构架和混合式构架，此外，还有采用单层木构架逐层叠构而成的楼阁式构架。在木构架古建筑的落架大修工程中，需要对木构架进行拆卸、整修和重新安装；切实掌握各类构架的构造方式、受力特征和制作要领，是科学制订修缮方案、保证结构施工安全的重要基础。

1. 木构架的主要类型

1）抬梁式构架

抬梁式构架的特点是用立柱和横梁组成平面构架，在立柱上架设大梁，大梁上再通过短柱叠放数层逐层减短的梁，形成三角形梁架，如图 1-2 所示。相邻构架间，在各层横梁的两端和脊瓜柱上架檩（桁），檩间再铺椽，构成房屋的空间骨架。

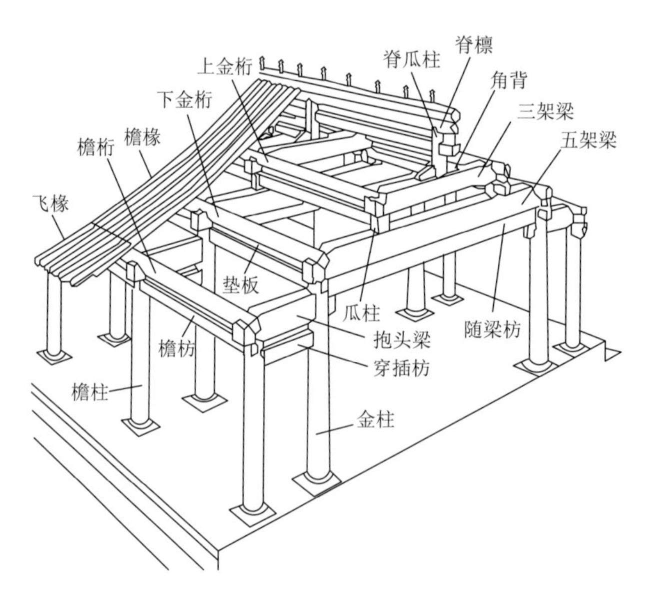

图 1-2 抬梁式构架示意图及主要构件名称

抬梁式构架房屋的屋面荷载，通过椽、檩、梁、柱传到台基；构架的承载能力，主要取决于梁、柱的刚度和强度；抬梁的层数越多，构架的刚度越大，梁的跨度也大，有利于房屋空间的布置。

抬梁式构架至迟在春秋时期（公元前 770～前 476 年）已经形成，在唐代（公元 618～907 年）发展成熟，其代表性建筑有山西五台南禅寺大殿和佛光寺大殿等。抬梁式构架一般用于等级较高的宫殿、官府、寺庙等建筑中，在梁柱交接处常铺垫斗栱；在区域分布上，北方的古建筑中采用抬梁式构架较为普遍。

2）穿斗式构架

穿斗式构架的特点是沿房屋的进深方向按檩的数量立一排柱，柱子之间用穿枋横向贯穿起来，形成一榀构架，如图 1-3 所示。相邻构架之间，在每根柱顶上架檩，檩上再铺椽，构成房屋的空间骨架。

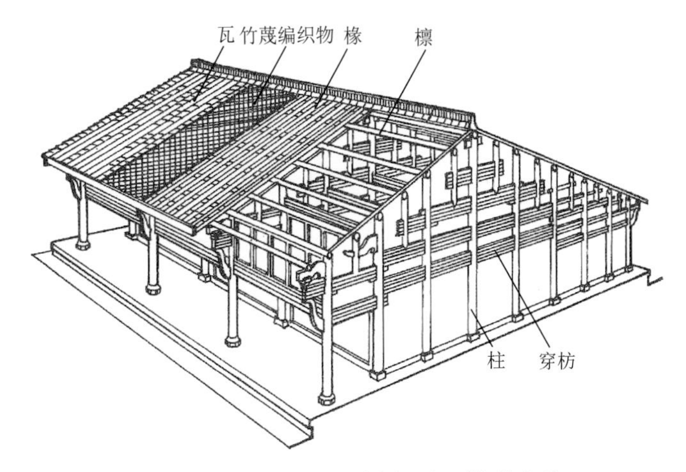

图 1-3　穿斗式构架示意图及主要构件名称

每根檩下有一柱落地，是穿斗式构架的基本形式；在这种情况下，屋面重量直接由椽、檩传至柱，再传至台基；穿枋不承受竖向荷载，仅起拉结柱子和加强构架作用。但由于柱子过密会影响房屋内部使用，有时将构架由每根柱落地改为每隔一根落地，将不落地的柱子骑在穿枋上；这种情况下，支托柱子的穿枋将承受竖向荷载，截面尺寸需要适当增大。

工匠建造房屋时，通常先在地面上将柱和穿枋拼装成整体构架，然后立起，故有“立帖”之称。位于房屋中间的构架称为“正帖”，位于两端山墙部位的构架称为“边帖”。

穿斗式构架在汉代已经相当成熟，一直沿用至今，其早期的代表性建筑有南宋时期的苏州玄妙观三清殿等。穿斗式构架是一种轻型构架，柱间距较小，柱径和穿枋截面均较小，适用于民居。长江中下游及南方诸省，保留了大量明清时期采用穿斗式构架的民居。

3）混合式构架

在长江流域的古建筑中，常根据空间和使用功能需求将抬梁式构架和穿斗式构架两种构架混合使用（图 1-4）；如在明、次间使用抬梁式构架，其柱距较大，可获得较为宽

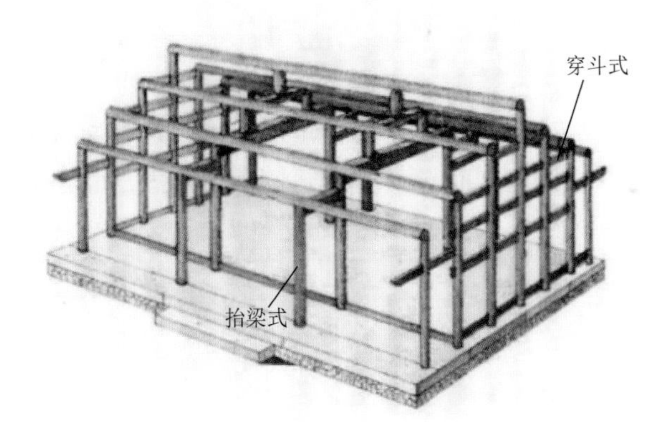

图 1-4　构架混合使用示意图

敞的使用空间；在山墙、梢间使用穿斗式构架，其柱距较小，可增强房屋的整体刚度。

此外，在较多的民用古建筑中，木构架的形式并不严格地按官式的规定制作，而是根据房屋使用功能要求和当地习惯做法，通过适当地增减柱子或穿枋的数量，形成介于抬梁式和穿斗式之间的混合式构架。如图 1-5 所示的构架为常见于江苏、安徽民居古建筑中有中柱的立帖式构架，其形式很接近穿斗式构架，但立柱的直径较大，下部的穿枋较少。

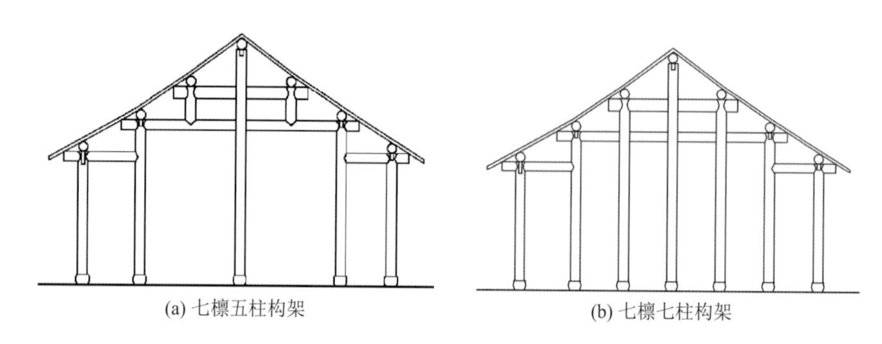

图 1-5　立帖式构架

4）楼阁式构架

楼阁式建筑的木构架主要有叠层式和通柱式两种类型。叠层式构架是由单层木构架逐层叠垒而成，这类构架较多用于唐宋时期的楼阁式建筑，各层构架自成体系，上下柱之间不相通，但构造交接方式较复杂。明清以来的楼阁式构架，将各层木柱相接成通长的柱材，与梁枋交搭成为整体框架，称为通柱式。现存著名的楼阁式木构架建筑有山西应县佛宫寺释迦塔、天津蓟州独乐寺观音阁、山西万荣县东岳庙飞云楼等。

建于辽代的蓟州独乐寺观音阁（图 1-6），是中国现存建造时间最早的楼阁式木构架古建筑。观音阁平面布局为金箱斗底内外槽形式，内部结构采用叠层式木构架，自下而上分为四层：下层、平坐层、上层、屋盖层；除屋盖层外，其余结构层的内槽均不用梁栿，使全阁内槽成为一个筒状空间，以容纳高约 16 米的观音像。这种结构形式及其处理手法，充分体现了木结构分层、中空的特点，反映出中国木构架古建筑可以适应各种使用要求的优势。

2. 木构架的榫卯节点

使用榫卯将木构件结合成整体，是中国古建筑最基本的构造特点，且具有悠久的历史。

据考古资料，早在公元前 5000～前 3000 年的浙江河姆渡遗址中，干栏式木构架房屋的构件已采用了榫卯和绑扎相结合的连接方式。

自商、周直至汉代以来，随着金属工具的运用和木工技术的发展，榫卯的类型逐渐丰富多样，榫卯结合已成为木构架建筑的主要连接方式。

到了唐宋时期，榫卯技术达到了成熟阶段，宋代颁布的《营造法式》已对榫卯的类型、构造和做法做了细致的规定。

(a) 观音阁外观

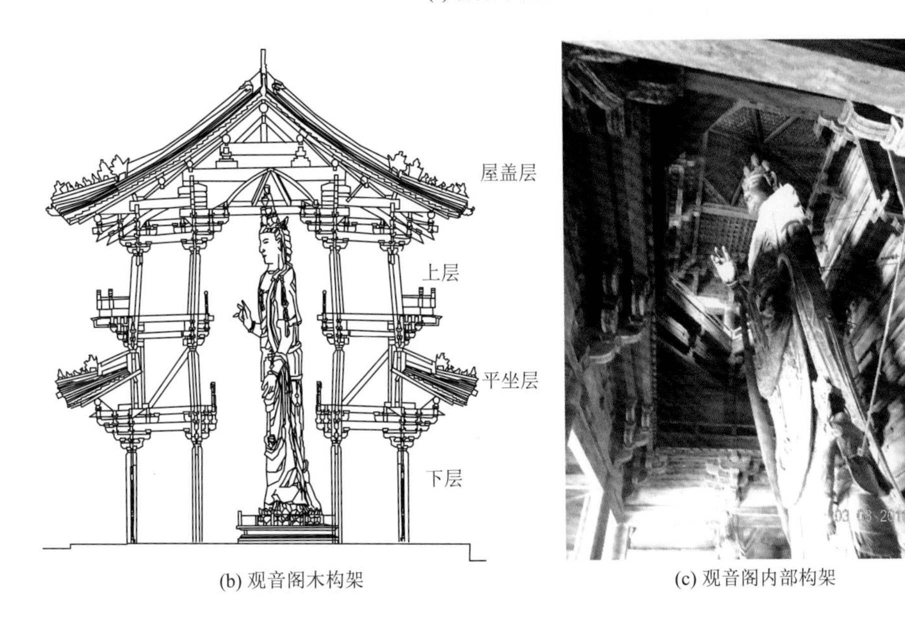

(b) 观音阁木构架

(c) 观音阁内部构架

图 1-6　蓟州独乐寺观音阁

明清建筑的大木榫卯，较之唐宋时期，在构造手法上有了很大的简化，但仍保持了原有的功能。对现存明清木构架古建筑的考察表明，大部分建筑经历了数百年的环境侵蚀或地震、大风等强外力作用，木构架仍保持着较好的整体性，充分显示了木构件榫卯连接的严谨可靠。

古代匠师在实践中创造了各种不同用途的榫卯，目前在明清官式建筑的大木榫卯中，常见的类型就有二十多种，各种榫卯的功能和构造简介如下。

1）固定垂直构件的榫卯

木构架中的垂直构件主要为柱子，落地的柱子常用管脚榫或套顶榫与柱顶石结合（图 1-7），以固定柱脚，增强构架的稳定性。

一些较大规模的古建筑，由于柱子直径大，且有槛墙围护，其稳定性较好，为了制作安装方便，常将柱子根部做成平面，柱顶石也不留海眼。

（1）管脚榫

管脚榫的长度、厚度一般为柱径的 2/10～3/10，榫头截面或方或圆，端部略有收缩，便于装入海眼。

（2）套顶榫

套顶榫是一种长度和截面尺寸均较大，并穿透柱顶石直接落脚于磉墩的长榫，其长度一般为柱子露明部分的 1/5～1/3，榫径为柱径的 1/2～4/5。

套顶榫多用于长廊的柱子，每隔二三根柱用一根套顶榫柱；套顶榫也常用于地势高、承受风荷载较大的古建筑柱子，以加强结构的稳定性。

2）垂直构件与水平构件交结的榫卯

垂直构件柱子与水平构件梁枋拉结、相交部位，常用馒头榫（图 1-7）、燕尾榫和箍头榫（图 1-8）、透榫和半榫（图 1-9）。

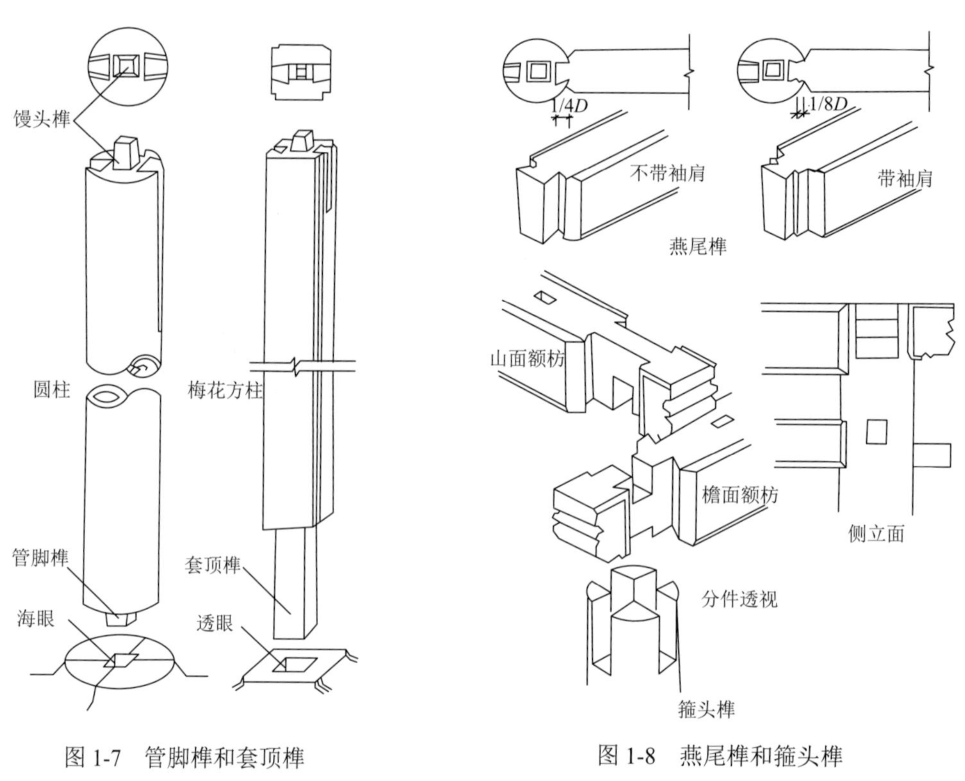

图 1-7　管脚榫和套顶榫

图 1-8　燕尾榫和箍头榫

D 为柱径

（1）馒头榫

馒头榫是柱头与梁头垂直相交时所使用的榫子，与之相对应的是梁头底面的海眼。馒头榫的尺寸与管脚榫相同；梁底的海眼要根据馒头榫的尺寸凿作，并在海眼的四周铲出八字楞，以便安装。

（2）燕尾榫

燕尾榫多用于拉结联系构件，如檐枋、额枋、随梁枋、金枋、脊枋等水平构件与柱头相交的部位。燕尾榫又称大头榫、银锭榫，其端部宽、根部窄，与之相应的卯口则里面大、外面小，安上之后，构件不会出现拔榫现象，是一种很好的结构榫卯。在大木构件中，凡是需要拉结，并且可以用上起下落的方法进行安装的部位，都使用燕尾榫，以增强木构架的稳固性。

燕尾榫的长度通常为柱径的 1/4，与同一柱头上卯口的数量有直接关系。如果一个柱头上仅有两个卯口，则口稍深，以增强榫的结合功能；如有三个卯口，则口应稍浅，避免剔凿过多而破坏柱头的整体性。

用于额枋、檐枋上的燕尾榫，又有带袖肩和不带袖肩两种做法。做袖肩可以适当增大榫子根部的受剪面，增强榫卯的结构功能；袖肩长度为柱径的 1/8，宽与榫的大头相等。

（3）箍头榫

箍头榫是枋与柱在尽端或转角部相结合时采取的一种特殊结构榫卯，用于箍住柱头。箍头榫是将枋子由柱中位置向外加出一柱径长，将枋与柱头相交的部位做出榫和套碗，柱皮以外部分做成箍头。箍头的高低、薄厚均为枋子正身尺寸的 4/5。

使用箍头枋，对于边柱或角柱既有很强的拉结力，又有保护柱头的作用；此外，箍头本身还是很好的装饰构件，可增加木构架的力学之美。

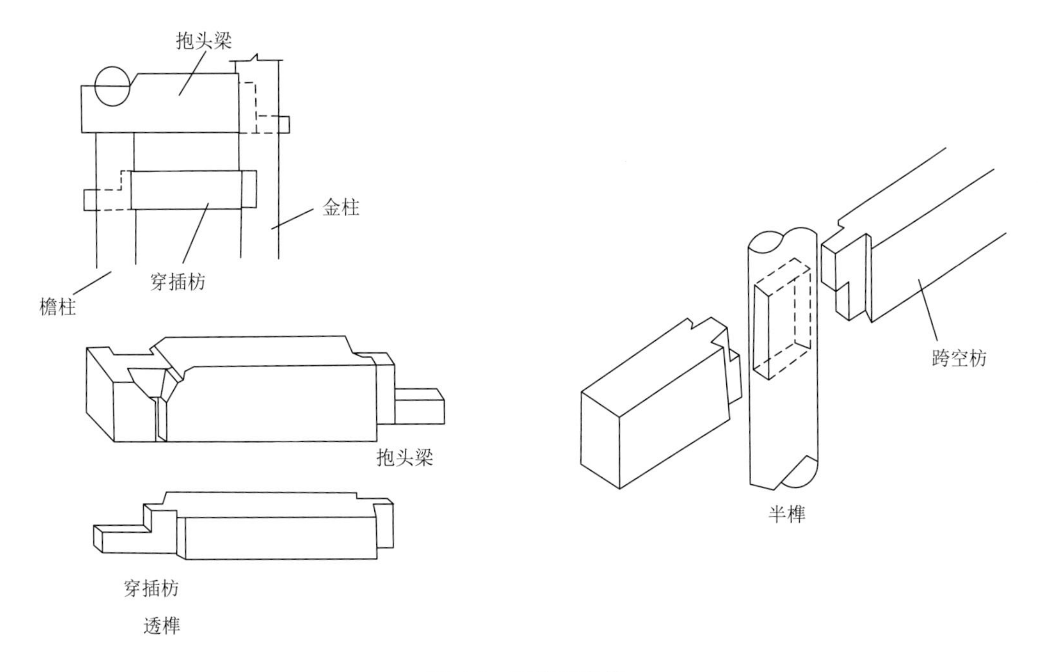

图 1-9　透榫和半榫

（4）透榫

透榫又称大进小出榫，榫的穿入部分与梁、枋同高，穿出部分则按穿入部分减半。这样的做法，既美观又可以减小榫对柱子的破坏。

透榫穿出部分的净长，通常为柱外皮外伸半个柱径或构件自身高的 1/2；榫的厚度一般等于或略小于柱径的 1/4，或等于枋（或梁）厚的 1/3。

透榫适用于需要拉结，但又无法用上起下落的方法进行安装的部位，如穿插枋两端、抱头梁与金柱相交部位等处。

（5）半榫

半榫的结合作用较透榫弱，其使用部位与透榫大致相同，是在无法使用透榫的情况下的替代做法。例如，在古建筑中常用的山柱或中柱，均位于建筑进深中线上，将梁架分为前后两段，由于两边的梁架都要与柱子相交，只能使用半榫。

半榫做法与透榫的穿入部分相同，榫长至柱中。两端同时插入的半榫，分别做出等掌和压掌，以增加榫卯的接触面。方法是将柱子直径均分三份，将榫高均分为二份，如一端榫的上半部长度占 1/3 柱径，下半部长度占 2/3 柱径，则另一端榫的上半部长度占 2/3 柱径，下半部长度占 1/3 柱径。

（6）聚鱼合榫

对于两根同高度的梁或枋在同一柱上成直线相交时，还可以采用聚鱼合榫（图 1-10）使结合面紧贴。聚鱼合榫属于半榫，但其构造更为简单，制作较为方便。为了防止榫卯松脱，需要在榫头的侧面加上硬木销与柱子固定。

（7）勾榫

勾榫也是一种半榫，一般用于梁枋与边柱相交部位。勾榫的特点是将榫的底部做成斜面（图 1-10）与柱子相勾，使梁枋受力后榫卯不易脱开。

制作勾榫时，为了安装方便，需将卯的高度增大，待安装结束后再用木片填实空隙部位。增加的空隙部位称为涨眼，涨眼的高度一般为卯高的 1/10。

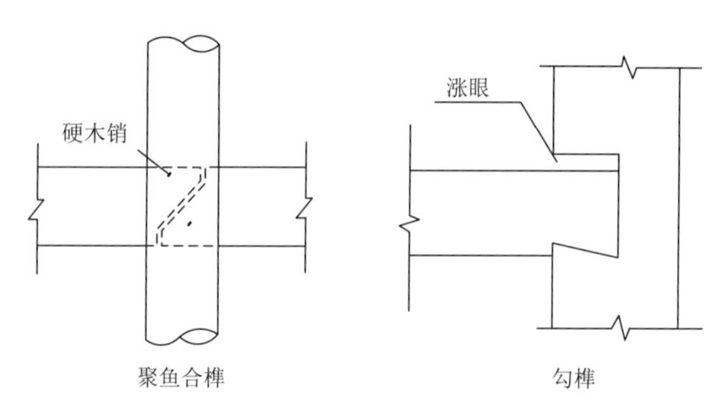

图 1-10　聚鱼合榫和勾榫

3）水平构件互交的榫卯

水平构件互交，常见于檩与檩、扶脊木与扶脊木、平板枋与平板枋之间的延续或十字搭交。

对于正身部位的檐、金、脊檩以及扶脊木等的顺延交接，一般用燕尾榫拉结，其做法与梁枋上的燕尾榫基本相同，采用上起下落的方法安装。

对于两个构件的十字搭交，一般采用卡腰榫（图 1-11）、刻半榫（图 1-12）。

（1）卡腰榫

卡腰榫俗称马蜂腰，常用于圆形或带有线条的构件的十字相交，在大木构件中主要用于搭交檩条。

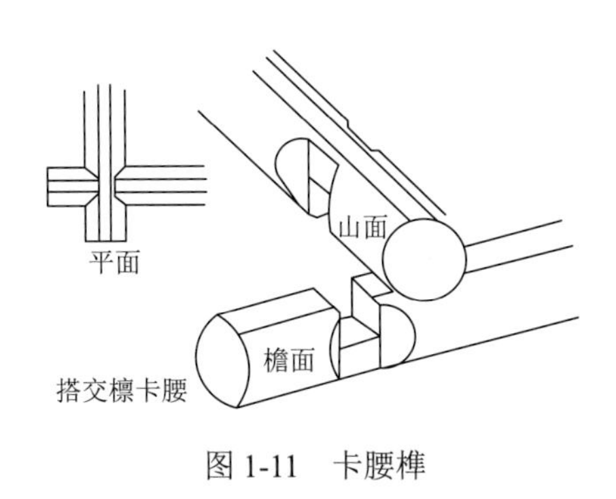

图 1-11　卡腰榫

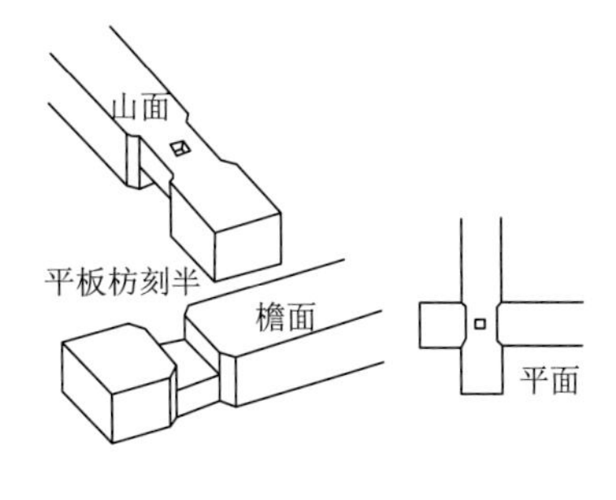

图 1-12　刻半榫

制作卡腰榫时，将檩沿宽窄面均分四等份，沿高低面分二等份，依所需角度刻去两边各一份，按山面压檐面的原则各刻去上面或下面一半，然后扣搭相交。对于 90°转角的矩形或方形建筑，则按 90°角相交；对于六角形或八角形等建筑，则应按所需角度斜十字搭交。

（2）刻半榫

刻半榫主要用于方形构件的十字搭交，多见于平板枋的十字相交。

制作刻半榫时，在枋子相交处将两根枋子的上、下面各刻去厚度的一半，刻掉上面一半的为等口，刻掉下面一半的为盖口，然后，将等口、盖口十字扣搭。扣搭时一般采用山面压檐面的方式，刻口外侧按枋宽的 1/10 做包掩。

4）水平与倾斜构件半叠交的榫卯

水平与倾斜构件半叠交，如趴梁、抹角梁、角梁与由戗，檩与梁头，常使用桁碗、压掌榫、趴梁阶梯榫（图 1-13 和图 1-14）稳固。

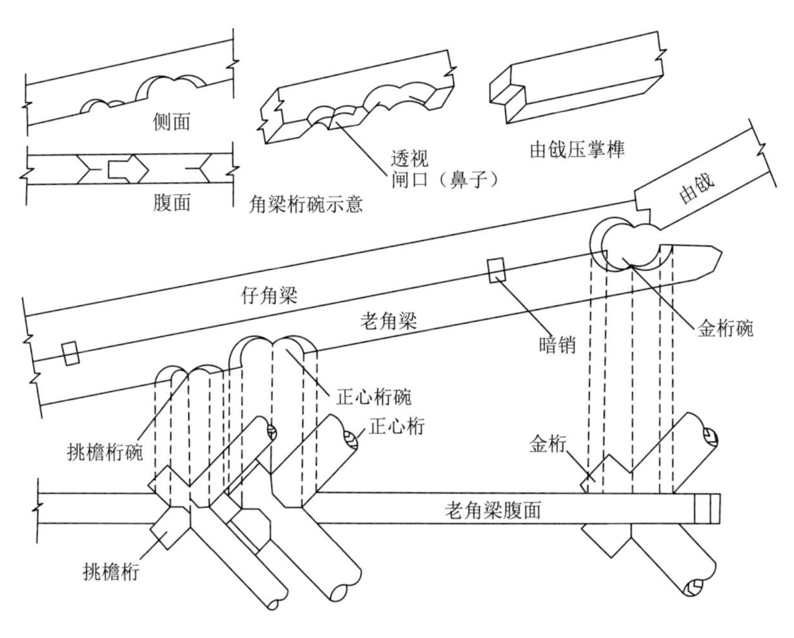

图 1-13　角梁桁碗榫卯

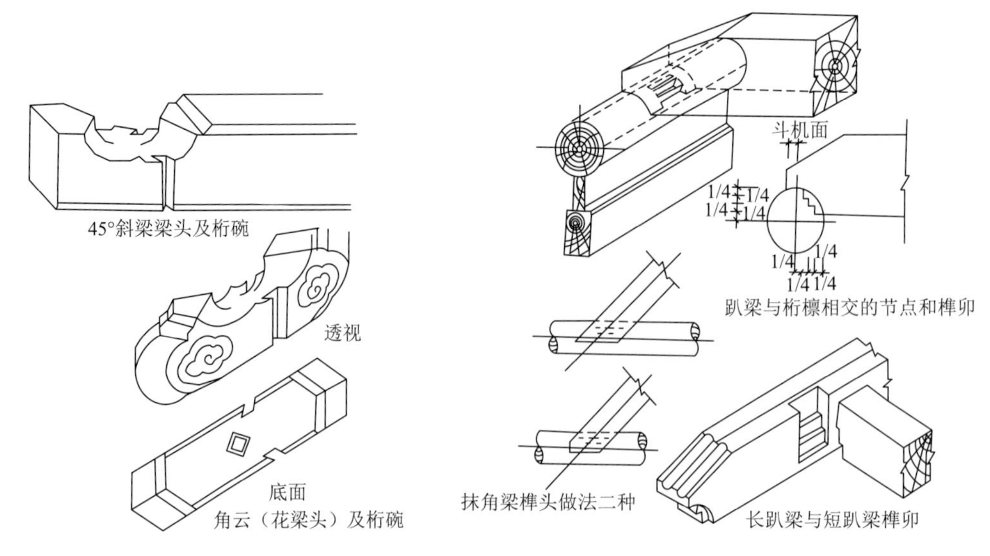

图 1-14　斜桁碗、趴梁与抹角梁榫卯

（1）桁碗

在古建大木中凡檩桁与柁梁、脊瓜柱相交处，都需使用桁碗（檩碗）。

桁碗即放置檩桁的碗口，位置在柁梁头部或脊瓜柱顶部；碗口最深不得超过半檩径，最浅不应少于檩径的 1/3。为了防止檩桁沿面宽方向移动，在碗口中间常常做出“闸口（鼻子）”；然后，将檩子对应部分刻去，使檩下皮与碗口吻合。檩桁与角梁相交时，亦按需要做桁碗，有时也在角梁碗口处做闸口。搭交桁檩与斜梁、递角梁及角云等相交时，梁头做搭交桁碗，不留闸口。

（2）压掌榫

压掌榫多用于角梁与由戗或由戗之间搭结相交的节点。压掌榫的形状与人字屋架上弦端点的双槽齿做法相似，制作时要求接触面充分、严实。

（3）趴梁阶梯榫

趴梁阶梯榫多用于趴梁、抹角梁与檩条半叠交以及长、短趴梁相交的部位。

趴梁与檩条半叠交时，阶梯榫一般做成三层；底下一层深入檩半径的 1/4，第二层尺寸同第一层，第三层有的做成燕尾榫状，也有的做成直榫状，榫长不得超过檩中线。阶梯榫两侧各有 1/4 包掩部分。长、短趴梁相交处榫的做法与上略同，可不做包掩。

抹角梁与檩条相交，由于交角为 45°，做榫时，需要在抹角梁头做直榫，在檩木上沿 45°方向剔斜卯口，榫卯的具体做法与趴梁阶梯榫相同。

5）水平及倾斜构件重叠稳固的榫卯

水平及倾斜构件重叠稳固，如额枋、平板枋与斗栱，老角梁与仔角梁，脊桩，复莲销等，使用栽销榫、穿销榫（图 1-15）。

（1）栽销榫

栽销是在两层构件相叠面的对应位置凿眼，然后把木销栽入下层构件的销子眼内；安装时，将上层构件的销子眼与已栽好的销子榫对应入卯。

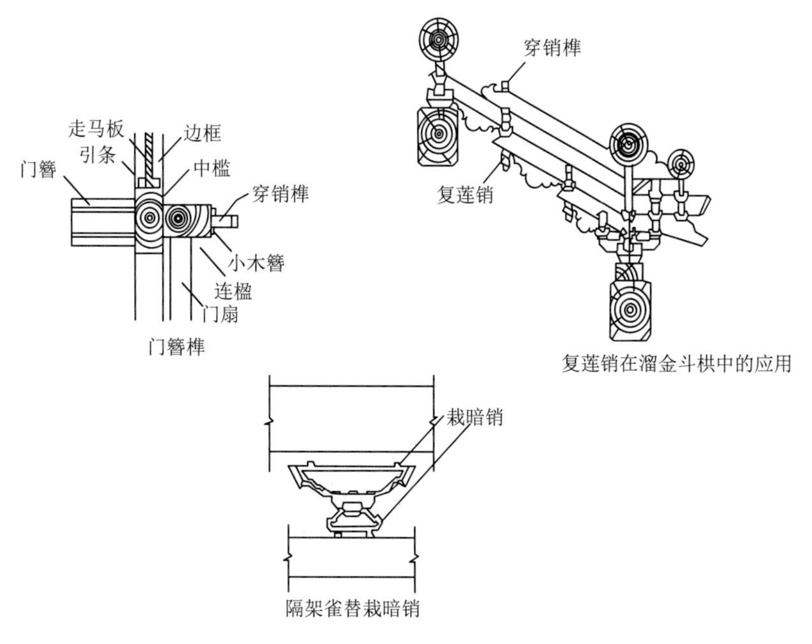

图 1-15　栽销榫、穿销榫

销子眼的大小以及眼与眼之间的距离，一般根据木件的大小和长短而定，以保证上下两层构件结合稳固。

（2）穿销榫

穿销与栽销的方法类似，不同之处是，栽销法销子不穿透构件，而穿销法则要穿透两层乃至多层构件。

穿销榫常用于溜金斗栱后尾各层构件的锁合。用于大门门口上的门簪，也是一种比较典型的穿销榫；销子将构件穿住以后，在销子出头一端，再用簪子别住。用于大屋脊上的脊桩，兼有穿销和栽销两者的特点；为了保持脊筒子的稳固，它需要穿透扶脊木，并插入檩条内 1/4～1/3，可看作栽销的一种特例。

6）板缝拼接榫卯

制作古建大木和部分装修构件，常常需要很宽的木板，如制作博风板、山花板、挂落板以及榻板、实榻大门等。为使木板拼接牢固，除使用鳔胶黏合外，还采用榫卯来拼接板缝。板缝拼接使用银锭扣、穿带、抄手带、龙凤榫和裁口（图 1-16）等。

（1）银锭扣

银锭扣，又名银锭榫，是两头大、中腰细的榫，形状类似银锭。镶银锭扣是一种键结合做法，将其镶入两板缝之间，可防止鳔胶年久失效后拼板松散开裂。

（2）穿带

穿带是将拼粘好的板的反面刻剔出燕尾槽；槽一端略宽，另一端略窄；槽深约为板厚的 1/3。然后将事先做好的燕尾带（一头略宽，另一头略窄）打入槽内。穿带锁合木板，可防止开裂，并可防止板面凹凸变形。每一块板一般穿带三道或三道以上，燕尾带应相互对头穿，以便将板缝挤严。

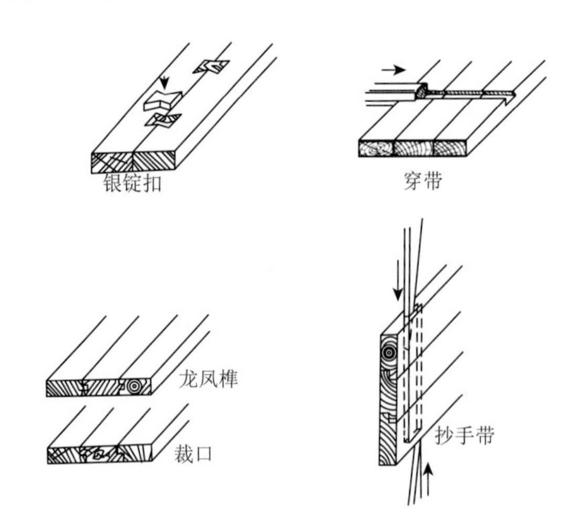

图 1-16 银锭扣、穿带、抄手带、裁口和龙凤榫

（3）抄手带

抄手带是用强度很高的硬木做成楔形件，在木板小面居中打透眼穿带拼接。制作时，先将要拼粘的木板配好，采用平缝、裁口或企口缝拼缝；然后在需要穿入抄手带处弹出墨线，在板的小面居中打出透眼；再把板黏合起来，待鳔胶干后，将已备好的抄手带抹上鱼鳔对头打入。

（4）裁口

裁口是将木板小面用裁刨裁掉一半，裁去的宽与厚相等，木板两边交错裁做，然后搭接使用。这种做法常用于山花板拼接。

（5）龙凤榫

龙凤榫亦称企口，是在木板小面居中打槽，另一块与之结合的板面居中裁作凸榫，将两板互相咬合拼接。

现存的木构架古建筑中，仅屋面椽子、连檐、望板、角梁等使用铁钉，其他木构件均采用榫卯结合，因此，榫卯节点是木构架成型和稳固的关键，需给予足够的重视。在木构架落架大修工程中，榫卯是构件中最易损伤的部位。掌握各类榫卯的构造特征、制作方法、结合方式和受力性能，将有利于科学合理地制订木构件拆卸、修缮和安装方案，避免榫卯节点的损伤，提高结构的安全性和施工工艺的有效性。

3. 木构架中的斗栱

1）斗栱的功能与应用

斗栱是我国木构架古建筑中独具特色的部件，用于柱顶、额枋和屋檐之间（图 1-17），起美化外观、传递荷载、拉结梁架、增加出檐深度和缩短大梁净跨的作用。

历史文献考证表明，早在西周时期，斗栱已被用于柱顶以承托屋檐，成为建筑结构的重要构件。随着木构架古建筑造型的发展，斗栱被广泛地用于木柱架之上，成为不可缺少的构件。到唐宋时期斗栱的形制已达到成熟阶段，凡属高等级建筑如宫殿、寺庙、城楼、宝塔和府第等，都普遍使用斗栱，以示尊威华贵。在山西五台佛光寺大殿中（图 1-18），柱架之上的斗栱由数层栱木相叠，层层挑出，使大殿的屋檐伸出墙体达四米之远；斗栱的高度也达到两米多，约为柱高的一半，充分显示了斗栱在结构上的重要作用。

图 1-17　山西万荣县东岳庙飞云楼中的斗栱

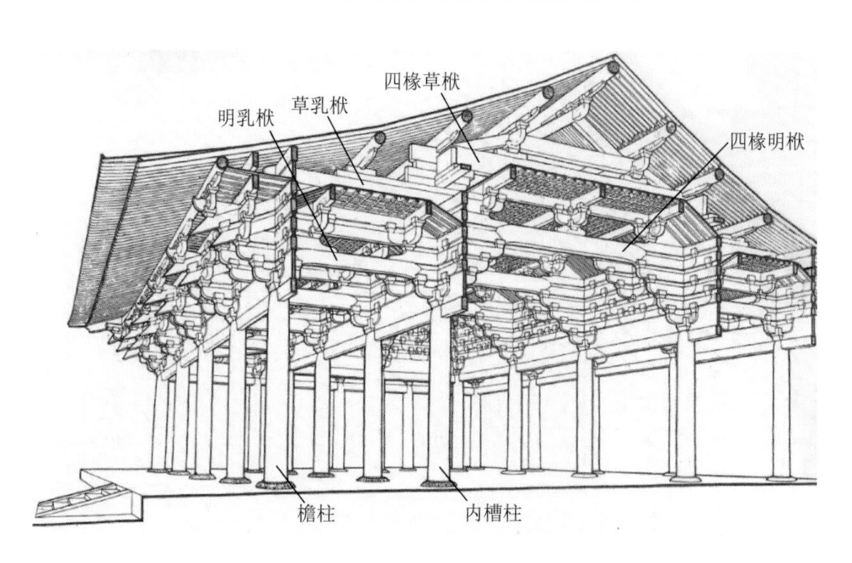

图 1-18　佛光寺大殿的木构架与斗栱

自宋代以来，随着建筑形制和制作技术的发展，房屋外墙的防水得以改善，屋盖不需太大的出檐，斗栱的支挑作用逐渐降低，斗栱的尺寸也日渐缩小。到了明清时期，斗栱的结构作用已相对减少，装饰性作用逐步增加；从现存的清代宫殿和寺庙建筑中可以看到，屋檐下的斗栱一般尺寸较小，数量增多（图 1-19），成为以装饰性为主的部件。

斗栱在建筑中的广泛应用，促进了制作工艺向标准化发展。为了便于制作和安装，组成斗栱的各构件尺寸在工程实践中逐步统一、趋于规范，并成为古代工匠建造房屋的参考尺度。

图 1-19　北京天坛祈年门的屋檐斗栱

宋代《营造法式》中将斗栱中栱的截面高度定为“材高”，上下栱之间的间隔距离定为“栔高”，一材高加一栔高为一足材[图 1-20（a）]；以“材”作为基本单位确定建筑的宽度、深度和柱高、梁宽等尺寸，这种基本“模数”制度一直沿用到清代。

清代《工程做法则例》中结合斗栱形制的改进，以斗栱最下层坐斗上安放栱木的卯口宽度为基本尺寸[图 1-20（b）]，称为“斗口”，作为建筑设计和施工的依据，并将带有斗栱、采用斗口制确定木构架尺寸的建筑称为“大式建筑”。

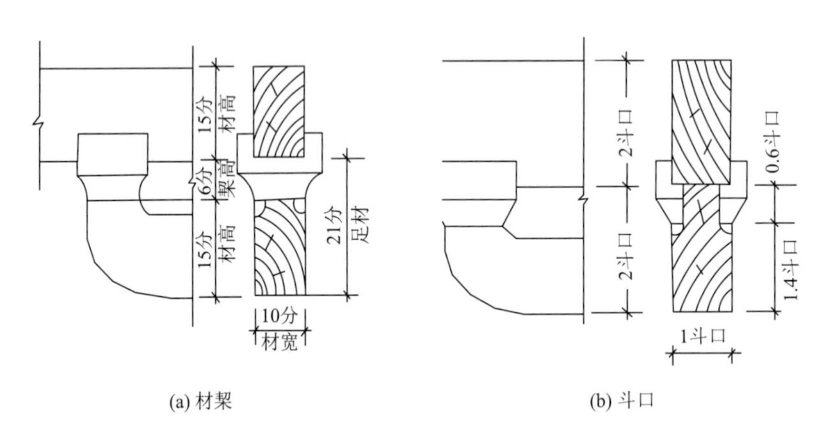

(a) 材栔　　(b) 斗口

图 1-20　以斗栱尺寸为依据的古代“模数”制度

2）斗栱的类型与基本构造

（1）斗栱的类型

在宋代《营造法式》中，斗栱称为铺作，其主要类型有柱头铺作（位于柱顶之上的斗栱）、转角铺作（位于角柱顶上的斗栱）和补间铺作（位于二柱之间阑额上的斗栱）。

清代《工程做法则例》中，斗栱称为斗科；与上述宋式三类铺作对应的斗栱，分别称为柱头科、角科和平身科。

随着建筑形式的丰富多样化和不同建筑等级的需求，斗栱的类型也不断增多。在宋代《营造法式》卷三十中，给出了十几种铺作的图样；在清代《工程做法则例》中，也列出了柱头科、角科、平身科、单翘单昂五踩、单翘重昂七踩、平台品字斗栱等近三十种不同类型的斗栱。

斗栱的类型虽然繁多，但根据它们在建筑中的位置或作用，可以进行分类。例如，按斗栱所处的位置，可以分为两大类：凡处于建筑外檐部位的斗栱，称为外檐斗栱；处于内檐部位的斗栱，称为内檐斗栱。在清式斗栱中，外檐斗栱又分为柱头科、角科、平身科斗栱，溜金斗栱，平座斗栱等；内檐斗栱又分为品字科斗栱、隔架斗栱等。

（2）宋式斗栱的基本构造

宋式斗栱的数量用“朵”表达，一朵斗栱的基本构造和构件名称如图 1-21 所示。

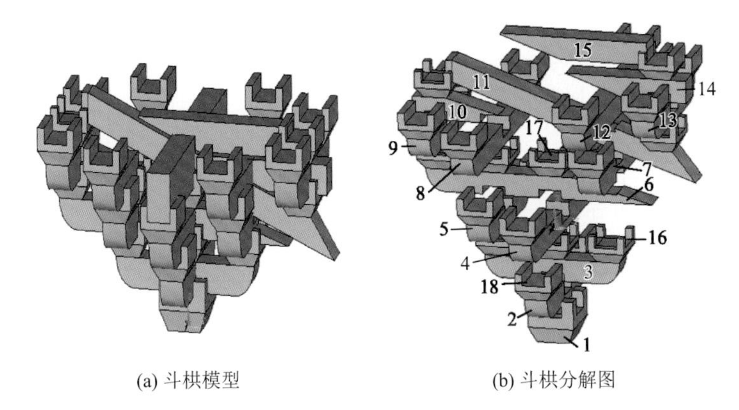

(a) 斗栱模型　　(b) 斗栱分解图

1-栌斗；2-泥道栱；3-单材华栱；4-慢栱；5-瓜子栱；6-第二跳华栱；7-瓜子栱；8-慢栱；9-令栱；10-耍头；11-下昂；12-慢栱；13-令栱；14-耍头；15-衬方头；16-交互斗；17-齐心斗；18-散斗

图 1-21　宋式斗栱的基本构造

斗栱最下部的大斗称为栌斗。栌斗上开十字口放前后和左右两向的栱，前后向（内外）挑出的称华栱，左右向的称横栱。华栱可挑出一至五层，每挑一层称一跳；挑向室外的称外跳，挑向室内的称里跳。华栱之上内外向的构件还有耍头、衬方头和斜置的昂。

位于栌斗之上的横栱称泥道栱；最外一跳华栱头上的横栱称令栱，用以承托外檐或内檐的枋。在泥道栱和令栱之间各跳华栱头上的横栱有瓜子栱、慢栱，其上可承托方木。

各层栱间用斗垫托、固定，华栱头上的斗称交互斗，在横栱中心的称齐心斗，两端的称散斗。

斗栱以榫卯结合，出跳栱、昂的卯口开在下方受压区，横栱的卯口开在上方。栱上的斗用木销钉与栱结合，斜置的昂则用昂栓穿透到下层的栱中进行固定。

（3）清式斗栱的基本构造

清式斗栱从宋式演变而来，但名称、构造和在构架中所起作用都有变化。宋、清斗栱的构件名称变化对照见表 1-1。

表 1-1　宋、清斗栱的构件名称变化对照表

宋式	清式	宋式	清式	宋式	清式
华栱	翘	令栱	厢栱	交互斗	十八斗
泥道栱	正心瓜栱	昂	昂	齐心斗	槽升子
瓜子栱	瓜栱	栌斗	大斗、坐斗	耍头	耍头、蚂蚱头
慢栱	万栱	散斗	三才升	衬方头	撑头木

清式斗栱的数量用“攒”表达，一攒斗栱的基本构造和构件名称如图 1-22 所示。

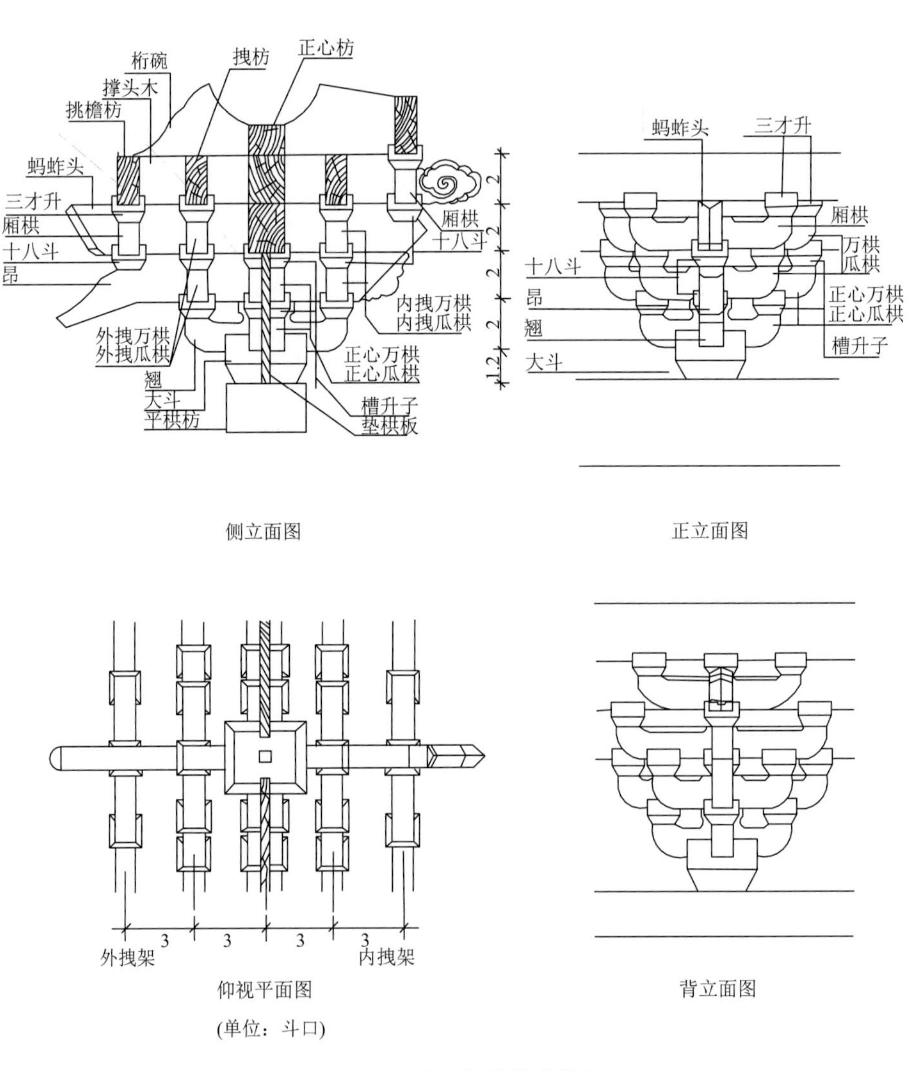

图 1-22　清式斗栱的基本构造

清式斗栱中，每个瓜栱上都用万栱。瓜栱和万栱又按所在位置冠以正心或里、外拽的称谓。如用在正心瓜栱上的万栱称正心万栱；用于斗栱前边（或室外）的称外拽瓜栱、外拽万栱；用于斗后边（或室内）的称内拽瓜栱、内拽万栱。万栱上的枋子，也依所在位置称正心枋或里、外拽枋。昂在清式斗栱中仍称昂，但只是把翘头刻成下折的昂嘴形式，不再是斜置的构件。

清式斗栱每出一跳称一拽架，最多可挑出五拽架。斗栱形制以踩数计，踩数指斗栱中横栱的道数。清式斗栱每拽架都有横栱，故每攒斗栱里外拽架数加正心上的一道正心栱枋，即每攒的踩数。最简单的斗栱是不出踩的一斗三升或一斗二升交麻叶，最多为五拽架的十一踩重翘三昂。但实际上，等级最高的明清紫禁城太和殿的上檐斗栱也只用到九踩单翘三昂。

3）斗栱与构架的拉结构造

在唐宋时期设置斗栱层的古建筑中，木构架的横向梁栿通常插入斗栱中，或代替华栱出跳于柱头铺作中，使斗栱与构架拉结在一起，以增强结构的整体性。如佛光寺大殿中的明乳栿（图 1-18 和图 1-23），其两端都做成华栱形式，架在第一跳的华栱上，成为柱头铺作的第二层华栱。在独乐寺观音阁中，除了将明乳栿的两端插入内、外槽铺作中，使之成为斗栱中的构件，还将外槽耍头的后尾延伸至内槽斗栱中，加强了内、外槽的拉结[图 1-6（b）和图 1-24]。

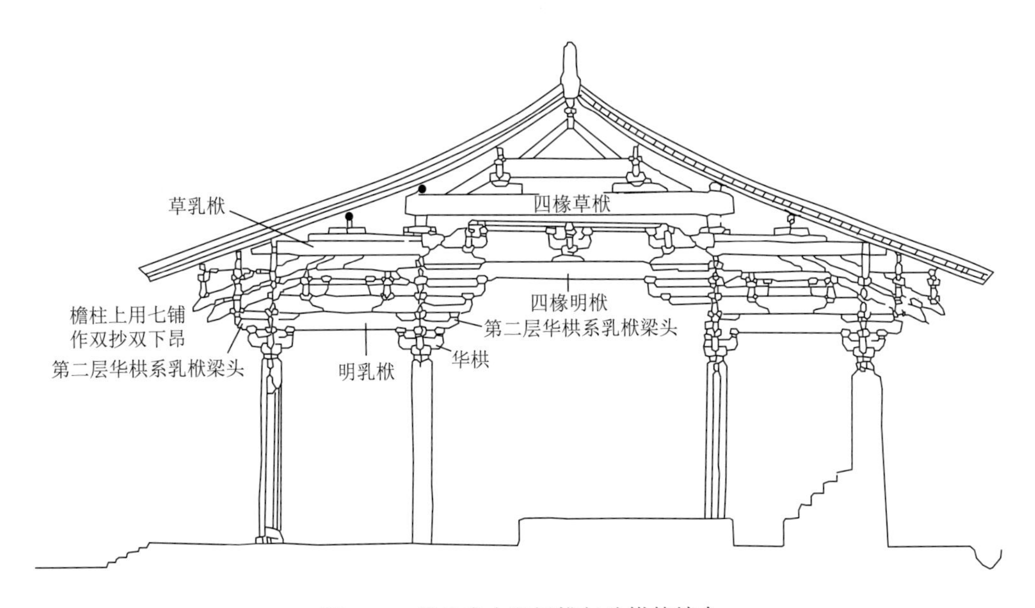

图 1-23　佛光寺大殿梁栿与斗栱的结合

在建筑的面阔方向，沿房屋纵向布置的枋子，如图 1-22 中的正心枋、拽枋、挑檐枋等，也与斗栱中左右挑出的栱木交搭在一起，使多个斗栱在纵向连接成整体。

在这种情况下，每朵（攒）斗栱已不再是独立的组件，而与梁架结为一体，且斗栱之间也相互连接，形成了复杂的结构体系。因此，在木构架落架大修工程中，当拆卸整朵（攒）斗栱以及重新安装时，应特别注意斗栱与纵、横向梁枋的整体连接构造，做到有序拆装，避免对斗栱和构架造成损伤。

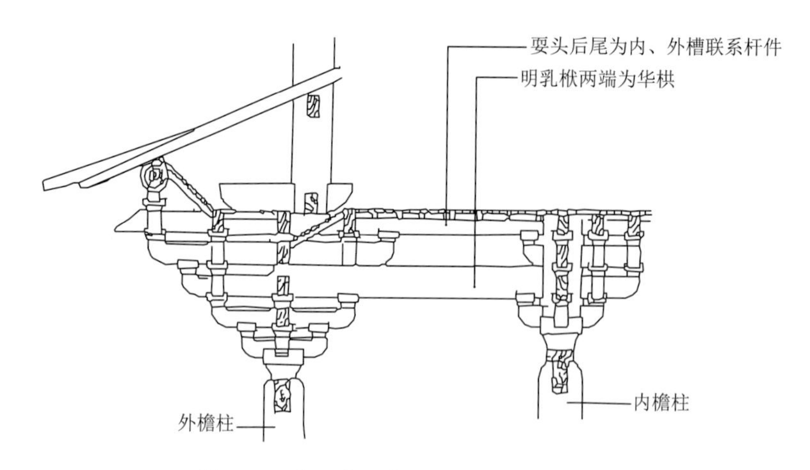

图 1-24　独乐寺观音阁梁栿与斗栱的结合

1.1.2　古建筑的屋盖

1. 屋顶的类型

中国古建筑最引人注目的外形特征，是体量硕大、外檐高挑的大屋顶。外部庄严华丽、内部构造有序的大屋顶，不仅显示了中华艺术与建筑造型的特色，也具有增强房屋整体刚度和稳定性的功能。

古建筑屋顶主要有悬山、硬山、庑殿、歇山、攒尖、卷棚等类型（图 1-25），其中又有单檐和重檐之分。屋顶形式的选用，受到封建体制和等级的严格限制，重檐庑殿式、重檐歇山式的等级最高，仅用于皇家建筑和寺庙中。

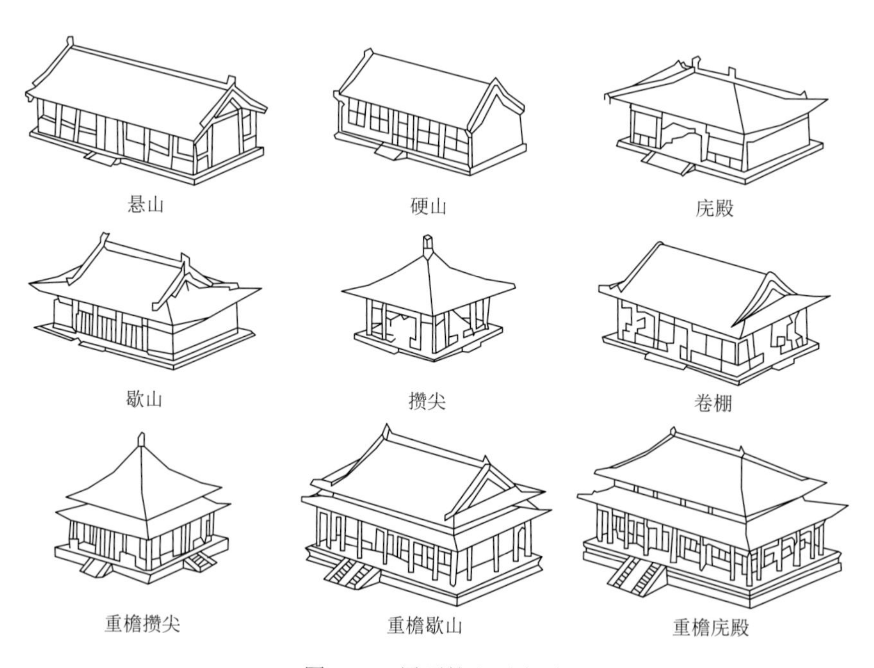

图 1-25　屋顶的主要类型

屋顶的构造特征通常可用屋脊条数、屋面坡数和布置方式来表述：

（1）悬山屋顶：两坡屋顶，由一条正脊和两侧的垂脊构成；但两端屋面悬伸到山墙以外，两山木檩露出山墙外，俗称“出梢”。

（2）硬山屋顶：两坡屋顶，由一条正脊和两侧的垂脊构成；两侧山墙与屋面相交，并将檩条及木构架封砌在山墙内。

（3）庑殿屋顶：五脊四坡屋顶，由一条正脊、四条垂脊构成；前、后坡屋面相交形成正脊，前、后坡屋面与两山坡屋面相交形成四条垂脊。

（4）歇山屋顶：九脊多坡屋顶，由一条正脊、四条垂脊和四条戗脊构成；歇山两侧的坡面称“撒头”，歇山的山尖部分称“小红山”。

（5）攒尖屋顶：有方攒尖顶、圆攒尖顶，无论几个坡面，所有垂脊都攒在一起，在顶部交会于宝顶，没有正脊。

（6）卷棚屋顶：其正脊铺圆弧形瓦件，脊部不突出，称为“元宝脊”。卷棚做成硬山形式称硬山卷棚，做成悬山形式称悬山卷棚，做成歇山形式称歇山卷棚。

古建筑屋顶使用的材料主要有琉璃瓦和布瓦（青瓦），琉璃瓦又分为上釉和不上釉两种，不上釉的琉璃瓦称为削割瓦。

屋顶按照瓦的材料可分为琉璃屋顶（包括剪边屋顶）和布瓦屋顶（俗称黑活屋顶）两大类。剪边屋顶是用布瓦或不上釉琉璃瓦做心，四边（或檐头）用琉璃瓦；或用一种颜色的琉璃瓦做心，四边（或檐头）用另一种颜色琉璃瓦。按照清代建筑等级规定，平民百姓只能用布瓦屋顶，亲王、郡王只能用绿色琉璃或绿剪边屋顶，皇宫和庙宇才能用黄色琉璃或黄剪边屋顶。

2. 屋盖体系

房屋木构架之上的檩（桁）与其上铺设的椽子、望板，构成了支承屋顶的木屋盖（可参考图 1-1～图 1-3）。建造屋顶时，通过调整木屋盖两檩之间的水平距离（步架）和垂直距离（举高），可获得不同曲度的屋面（图 1-26）；再结合角梁、飞椽等构件的设置，可获得造型优美的翼角和飞檐（图 1-27）。

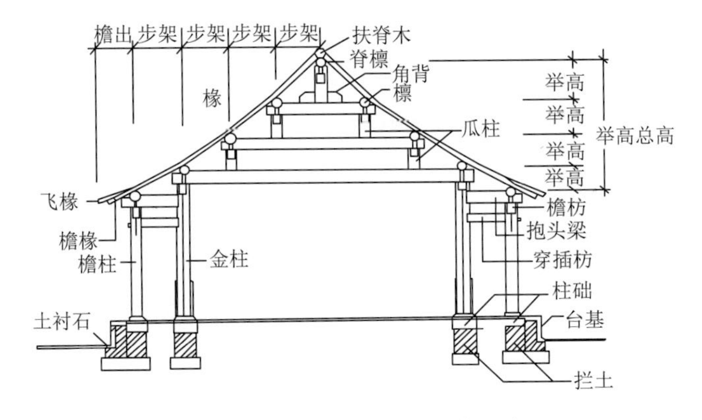

图 1-26　古建筑的屋盖构件名称

图 1-27　翼角和飞檐

屋盖的望板之上通常铺抹灰泥垫层（苫背），用于保温防水，并使屋顶的曲线柔和自然；上面再铺瓦做脊，以防雨水渗漏。屋面瓦、灰泥垫层与木屋盖结合形成的屋盖体系，进一步加强了屋顶的整体性和稳定性，也较大地增加了屋顶的重量。

在木构架古建筑的落架大修工程中，为了有效地拆除屋面和屋盖并重新铺装，需要掌握屋顶的类型与构造、屋盖体系的组成与结合方式，以合理地制订施工方案和工艺措施，避免损坏木构件和瓦件，获得与原状一致的屋顶形式。

1.1.3　古建筑的台基

1. 台基的类型

古建筑台基主要有普通台基、须弥座台基两大类型（图 1-28 和图 1-29）。普通台基为

图 1-28　普通台基

图 1-29　须弥座台基

长方（或正方）体，其高度较小、构造简单，是一般房屋建筑台基的通用形式。须弥座台基体型较为高大，且四周多带有栏板，是宫殿、寺庙建筑台基的主要形式。重要宫殿建筑的基座，常由普通台基和须弥座台基复合而成，或做成双层须弥座台基。

台基的砌筑形式和材料取决于建筑的等级，主要有四种类型：①全部用砖砌筑。砖料可用城砖或条砖，做法可分为干摆、丝缝、糙砖墙等多种类型；这种形式多见于民居、地方建筑等基座。②全部用琉璃砖砌筑。砖料为琉璃砖；这种形式多用于宫殿建筑群中以台基为主的构筑物，如祭坛等。③全部用石材砌筑。石料采用方正石或条石，也有用虎皮石、卵石或碎石砌筑；这种形式多用于宫殿或官式建筑的台基。④砖石组合砌筑。在台基的边缘和角部采用石料，其余部分用砖砌成（图 1-28）；这是古建筑台基中最常见的一种形式。

2. 台基的构造

台基在构造上为四面砌墙、里面填土的平台。台基一般分为上下两部分，地坪以上部分称为“台明”，地坪以下部分称为“埋深”。台基下面的地基通常采用素土、灰土或三合土夯实。

1）普通台基

普通台基的构造见图 1-30，主要构件有磉墩、拦土、斗（陡）板、土衬石、阶条石、柱顶石、踏跺等。

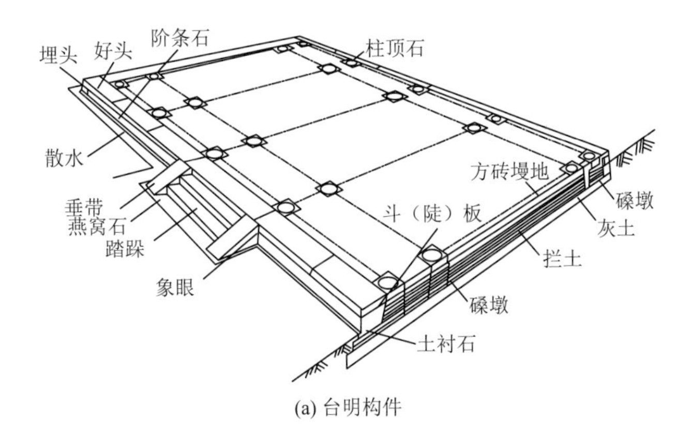

(a) 台明构件

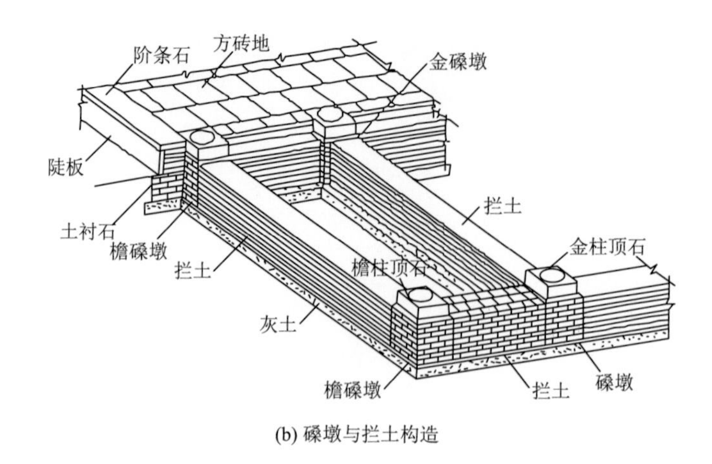

(b) 磉墩与拦土构造

图 1-30 普通台基的构造

磉墩是支撑柱子的独立基础砌体，按柱的位置设置；金柱下的称为“金磉墩”，檐柱下的称为“檐磉墩”。磉墩之间砌筑的地垄墙称为“拦土”，拦土与磉墩的高度相同。磉墩和拦土各为独立的砌体，以通缝相接；当两个磉墩相邻很近时，其间的拦土也和磉墩连成一体。有一些小式建筑的基础，将磉墩和拦土连在一起，一次砌成，这种做法叫作“跑马柱顶”。磉墩和拦土构成了承受上部荷重的台基基础，从受力性能来看，磉墩与拦土通缝相接，两者之间不均匀沉降的相互影响较小；但将磉墩与拦土整体砌筑，则有利于提高基础的整体刚度。

磉墩与拦土之间的空隙一般用灰土分层填实，上铺方砖地面。

斗（陡）板为围砌台帮的石板；土衬石为台阶之下与地面相接的石构件，用于隔水；阶条石位于台帮和台面交接处，也称为“台帮石”或“压面石”；柱顶石（磉石）位于磉墩之上，用于支撑柱子，并防止柱根受潮糟朽；台基的台阶由踏跺、燕窝石、垂带、象眼等构成。

2）须弥座台基

须弥座台基为外表面上下凸出、中间凹入的台基，凸出部分称为“叠涩”，凹入部分称为“束腰”。石制须弥座台基的基本构成见图 1-31，自下而上为土衬、圭角、下枋、下枭、束腰、上枭和上枋。须弥座各层的名称虽然不同，但在制作加工时，却可由同一块石料凿出；在实际制作中，可根据石料的大小和操作便利确定一块石料凿出的层数。须弥座

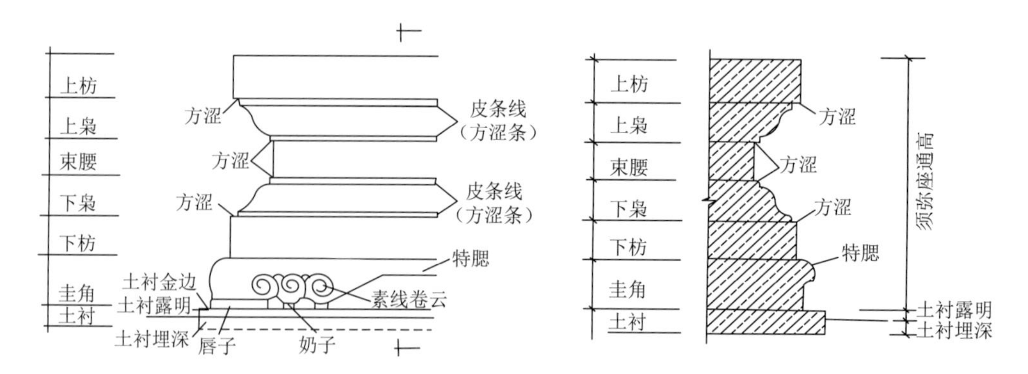

图 1-31 石制须弥座台基的各部名称

台基内部的磉墩、拦土及柱顶石等布置与普通台基相同。

1.1.4 古建筑的墙体

1. 墙体的类型及名称

木构架古建筑中的墙体主要用于外部围护和内部空间分隔，墙体的类型通常按其所在位置和功能分类。例如，明清官式建筑中的墙体，其类型及名称可按图 1-32 所示的建筑平面图中的位置确定。

（1）山墙：位于房屋两端的围护墙，按屋顶类型又分为硬山、悬山、庑殿、歇山山墙。

（2）檐墙：位于檐檩下的围护墙，一般用于后檐，称为后檐墙；根据是否将檐口木构件封闭的情况，后檐墙又分为封护檐墙和老檐出檐墙。

（3）槛墙：窗户隔扇之下的墙，一般用于房屋正面。

（4）隔断墙：与山墙平行的内墙，又称为截断墙。

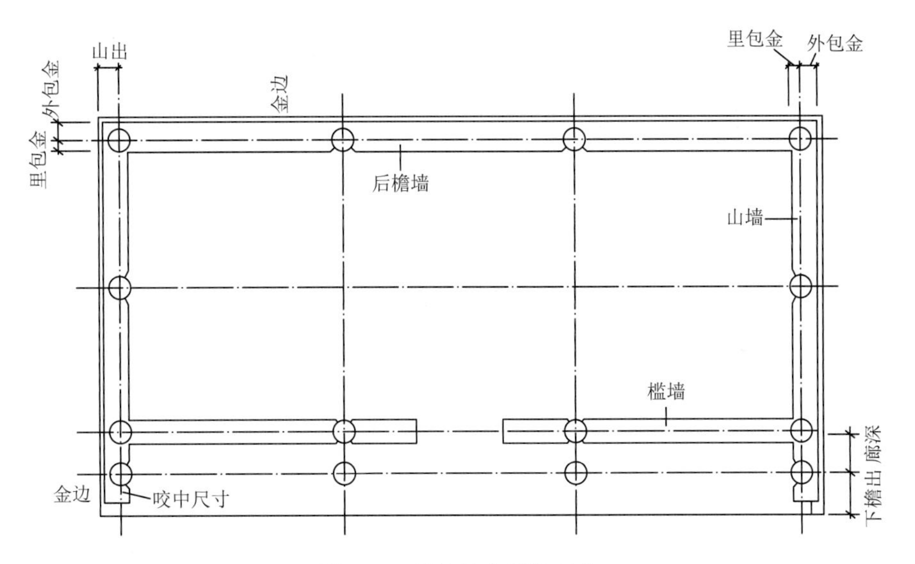

图 1-32 墙体的位置及名称

2. 墙体的构造与做法

墙体的构造与做法，取决于建筑物的等级，与屋顶、木构架的类型及位置相关。明清官式建筑中的墙体，其尺寸见表 1-2，相应的部位见图 1-32 和图 1-33。

表 1-2 各类墙体的尺寸

部位	名称	参考尺寸
山墙	里包金	大式：0.5 山柱径加 2 寸； 小式：0.5 山柱径加 1.5 寸
	外包金	大式：1.5～1.8 山柱径； 小式：1.5 山柱径

续表

部位	名称	参考尺寸
山墙的山花里皮	露明	自柱中，加 1 寸
	不露明	柱中即里皮线
后檐墙	里包金	大式：0.5 檐柱径加 2 寸； 小式：0.5 檐柱径加 1.5 寸
	外包金	大式：0.5 檐柱径加 2/3～1 柱径； 小式：0.5 檐柱径加 1/2～2/3 柱径
槛墙	里包金	大式：0.5 柱径加 1.5 寸； 小式：0.5 柱径加 1 寸，或按 0.5 柱径
	外包金	同里包金
隔断墙	墙厚	等于或大于 1.0 柱径

注：清代营造每寸等于 3.2 厘米；表中“大式”是指带有斗栱、以斗口制确定木构架尺寸的“大式建筑”；“小式”是指不带斗栱、以明间面阔和檐柱直径为标准的“小式建筑”。

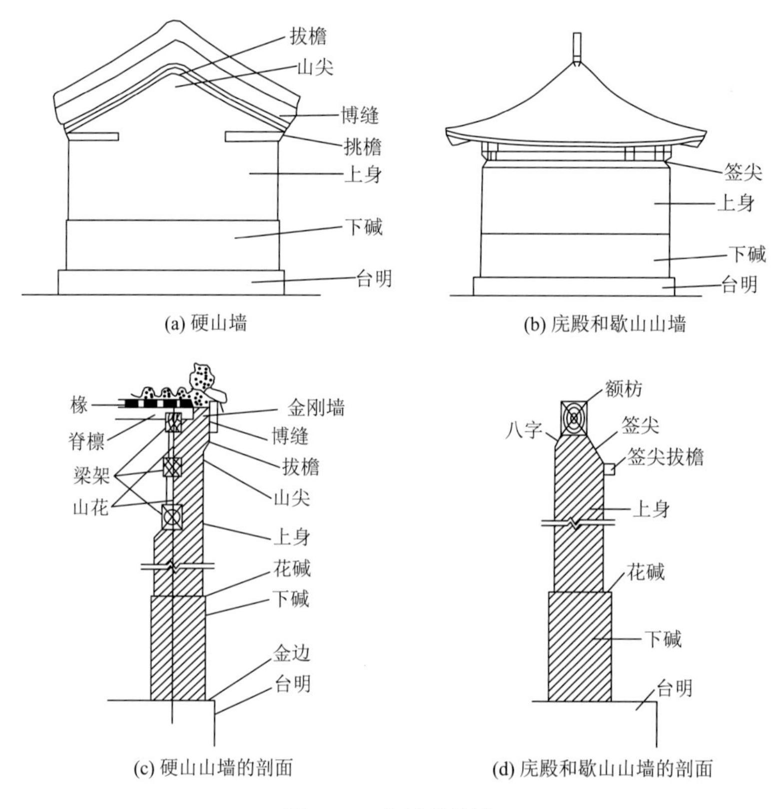

图 1-33　山墙的构造

墙体所用的材料与砌筑要求因部位而异。以山墙为例（图 1-33），下碱要求采用整砖露明做法，常带有石活，砌筑质量精细；上身和山尖的用料和砌法一般比下碱稍低。硬山山墙中，山尖砌至椽子部位，略微外伸形成“拔檐”；在庑殿、歇山山墙中没有山尖部分，上身直接砌至梁枋底，通过收缩断面形成“签尖”与梁枋衔接。

檐墙可分为下碱、上身、签尖三个部分，槛墙仅有下碱，墙体用材和做法与山墙相同。

为防止木构架腐朽，砌筑墙体时要求留有柱门，并设置透风。

砌筑山墙时，将里皮靠近木柱的砖砍去砖角成八字形状，两块八字砖之间形成柱门（图 1-32 和图 1-34），柱门最宽处应与柱径同宽。后檐墙的里皮也应留柱门；槛墙的里、外皮都要留柱门，但与山墙里皮交接处不留柱门。

图 1-34　山墙里皮木柱柱门

对于后檐墙和山墙，通常在柱子根部位置砌一块有透雕花饰的砖，即透风（图 1-35），使柱根附近的空气流通。透风一般设在下碱外皮的下部，透风与柱子之间不砌严。宫殿的墙体，还在上身顶部或山尖中部再砌一块透风，形成带双透风的墙体。

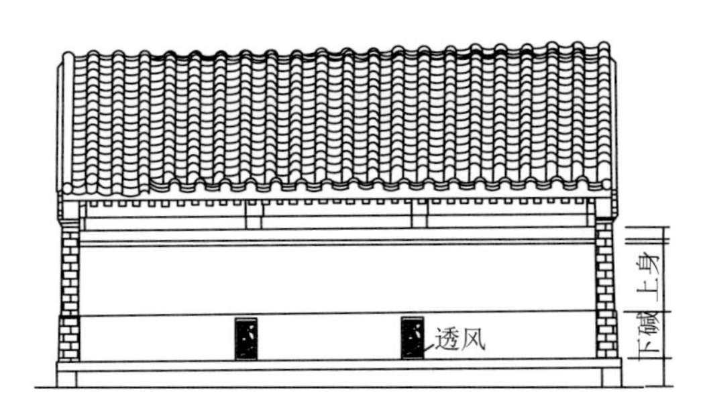

图 1-35　墙体上的透风

官式建筑墙体的砌筑质量较好，厚度大于柱子的直径，具有较大的整体刚度，对木构架的变形有较强的约束作用。

民用古建筑中墙体的构造，与地域经济和气候条件有关，但更注重美观实用。以清代扬州大量建造的盐商、官宦建筑为例，木构架多为抬梁式构架和穿斗式构架的组合，墙体为青砖整体砌筑的清水墙。与官式建筑中柱子包砌在墙内的做法不同，山墙、后檐墙和槛墙一般设于柱架中轴线的外侧，墙体厚度即外包金的尺寸，在 370～500 毫米；在墙体对应于柱子的部位，隔一定高度设铁钯锔（铁拉条）与柱子拉结（图 1-36），以增加墙体的稳定性。砌筑质量好的墙体，其整体性较好，对木构架的变形仍然具有较强的约束作用。

在西南和南方盛产竹木的地区，民用古建筑多以穿斗式构架为骨架，竹编夹泥墙是围护墙的常见形式（图 1-37）。竹编夹泥墙以竹编篾板为龙骨，上下端削尖插入木构架中，或用麻绳固定在木构架上；再用黏土加稻草、麻筋拌和成墙泥，涂抹在篾板外侧，晾干后形成墙体。穿斗式构架的柱、枋间距较小，很适合竹编夹泥墙的固定和成型，但墙体的整体刚度较小，对木构架变形的约束作用较弱。

图 1-36　拉结墙体的铁钯锔

图 1-37　竹编夹泥墙

1.2　木构架古建筑的损坏特征

我国木构架古建筑因所用材料、特有的构造方法和结构性能，以及所在区域环境条件的影响，其损坏形态较为繁杂且不尽相同，但可按照建筑结构的组成，归纳出相应的损坏特征。掌握木构架古建筑的损坏特征，是提高古建筑可靠性鉴定水准、有针对性地编制落架大修方案的前提。

1.2.1　屋盖的损坏特征

木构架古建筑屋面最常遇到的问题是漏雨，主要原因可归属为三种：第一种属于植物侵害问题，因瓦垄中间或瓦缝内年久积土、生长植物，植物根系穿破灰泥苫背，破坏了屋面防护层的完整性；第二种属于施工质量问题，如瓦件质量差、渗水或防护层不密实而发生漏雨；第三种属于结构问题，如梁柱构架局部下沉歪闪，连带瓦顶出现裂缝，或因暴风、地震等自然灾害而造成瓦顶破裂漏雨。

屋面漏雨直接造成椽子和望板等屋盖最上层构件的腐朽和损坏。屋面漏雨也易导致屋盖中主要承重构件檩条的局部糟朽，糟朽通常发生在檩条的端部榫卯处；漏雨严重时，雨水也会沿着椽子钉孔渗入檩条内部。

除了雨水糟朽损坏，檩条常见的损坏情况有拔榫、弯垂和滚动等。檩条与梁架的榫卯连接较为简单，当梁架发生歪闪时，易导致檩条拔榫。当檩条截面受损或在屋面荷载长期作用下，易沿长度方向弯垂，严重时会发生折断。当檩条与梁架的搭接构造较为薄弱如支承檩条的梁头桁碗凹槽较浅或断面尺寸较小时，檩条也容易随梁架的歪闪而滚动。反之，檩条的变形和损坏也降低了屋盖的整体刚度，会加剧梁架歪闪状况的发展。

图 1-38 为扬州清代盐商周扶九旧居屋盖变形损坏的照片，从照片中可以看出，屋面漏雨导致了屋盖构件的糟朽和破坏，屋盖的破坏进一步导致了梁柱构架的损坏和变形。

(a) 屋盖构件糟朽坍塌

(b) 屋盖下梁柱构架损坏变形

图 1-38　周扶九旧居的屋盖及柱架的损坏状况

1.2.2　木构架的损坏特征

古建筑木构架在环境侵蚀和长期荷载作用下，构件的材质老化，承载能力逐渐衰退；当原有荷载和其他外力超过构件的承受能力时，构件就会变形、损坏并导致构架整体变形。木构架的构件主要采用榫卯结合，节点易于松动，对结构的变形约束能力较弱，在较强的地震作用下或地基浸水下沉的情况下，木构架通常会发生整体性歪闪。

梁枋是木构架中的水平构件，在竖向荷载作用下构件主要承受弯矩和剪力。梁枋的损伤变形现象通常为下挠、弯曲劈裂和折断；当梁枋的端部直接承受较大的垂直压力时，横纹压缩变形很大，可导致伸出端的严重撕裂。

柱子是木构架中的竖直构件，在竖向荷载与水平荷载作用下构件主要承受压力和偏心弯矩。柱子的损伤变形现象通常为竖向劈裂和倾斜，在北方干燥和多风地区柱子的裂缝通常扩展得很大。当柱子受雨水侵蚀或被埋入墙内通风不良时，柱根处很容易糟朽，这在南方潮湿地区较为多见。

榫卯节点属于半刚性连接构造，在荷载作用下节点主要承受弯矩、剪力和压力。榫卯的损伤变形现象通常为拔榫、松脱和折断。

斗栱为小构件的组合体，各构件因互相搭交、凿刻，剩余的有效断面较小；斗的形制不宜使用顺纹材料，在竖向荷载下为木材横纹受压，易产生较大的压缩变形。位于屋盖和柱架之间的斗栱，在过大的屋面荷载作用下或受柱架变形影响，易出现构件损坏或整体扭曲现象；而斗栱的损坏和变形又进一步导致屋盖的局部沉陷和柱架的歪闪，形成不良的相互反应。

图 1-39 为山西万荣县东岳庙飞云楼木构件损伤变形的照片，由于该建筑地处北方干燥多风区域，木构件开裂、松脱现象较为严重。

(a) 梁弯曲开裂　(b) 梁、枋伸出端撕裂

(c) 柱子竖向劈裂　(d) 榫头脱落

图 1-39　飞云楼木构件损伤状况

图 1-40 为扬州清代盐商周扶九旧居柱脚糟朽、梁柱及节点糟朽的照片，反映了江南潮湿环境对木构件损坏的影响。

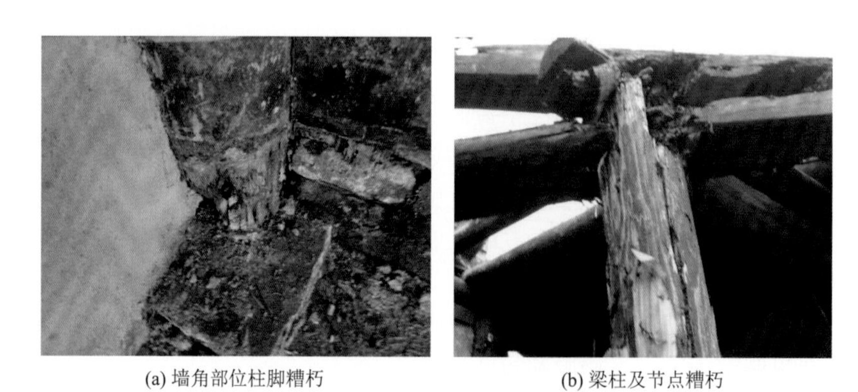

(a) 墙角部位柱脚糟朽　(b) 梁柱及节点糟朽

图 1-40　周扶九旧居梁柱构架损伤状况

图 1-41 为北京历代帝王庙的木结构歪闪、倾斜的照片，该建筑由于年久失修、屋面漏雨和墙体酥碱，木构件糟朽、构架歪闪变形。

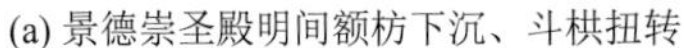

(a) 景德崇圣殿明间额枋下沉、斗栱扭转　　(b) 宰牲亭室内构架歪闪

图 1-41　北京历代帝王庙木结构歪闪、倾斜状况

图 1-42 为应县木塔第二层柱架和斗栱的变形损伤照片。由于上部竖向荷载过重以及地震、风力的作用，该层柱架发生了严重的倾斜和扭转，并带动了柱架之上的斗栱扭转变形；而斗栱的扭转变形和构件的开裂压陷，又使柱架的整体变形状态进一步恶化。

(a) 严重倾斜的柱架　　(b) 斗栱扭转、开裂压陷

图 1-42　应县木塔第二层柱架和斗栱的变形损伤状况

1.2.3　台基的损坏特征

古建筑的台基一般在夯土地基上构筑，四周砖砌台帮，中间填土，上面墁砖，其整体性较差。较多的古建筑因年久失修、台帮砖块丢失，造成台基周边塌陷、檐柱倾斜。位于河道附近或地下水位变化较大区域的古建筑，常因地基水土流失造成台基开裂或不均匀沉陷，进而导致围护墙开裂和木构架整体变形。

山西太原晋祠圣母殿的台基后半部分坐落在基岩上，前半部分位于杂土堆积层上。因地下水位下降，杂土堆积层压缩，台基产生了不均匀沉陷、鼓闪开裂（图 1-43），廊柱下沉，导致殿宇明显前倾，梁架歪闪，前、后檐柱高差达 69～72 厘米，荷载严重失衡。

(a) 台基鼓闪开裂

(b) 廊柱下沉

图 1-43　圣母殿台基不均匀沉陷

地震导致的地基滑坡，常使台基严重损坏、上部结构倒塌。在 2008 年 5 月 12 日的汶川大地震中，位于四川省高烈度区的较多古建筑，因山体滑坡、地基失效而严重破坏。图 1-44 所示的是都江堰二王庙古建筑群，由于山体滑坡或塌方，较多建筑的台基破坏、木构架倾斜、墙体和屋顶坍塌。

图 1-44　山体滑坡导致台基破坏、建筑倒塌

1.2.4 墙体的损坏特征

木构架古建筑围护墙的损坏程度，与外界因素以及墙体的整体性、刚度有密切的关系。砌筑质量较好的围护墙，在风雨侵蚀等不良气候环境下的损坏程度，一般比木构架和屋盖轻。在地基不均匀沉降和台基局部坍塌的情况下，围护墙墙体易开裂或倾斜，其损坏程度一般比木构架重。在地震作用下，围护墙因刚度大，吸收了建筑物中较大的冲击能量，损坏程度比木构架严重（图 1-45）；民间俗语“墙倒屋不塌”，较为形象地表述了木构架古建筑在强烈地震作用下的整体破坏特征。

(a) 唐山大地震北京德胜门箭楼墙体震落

(b) 唐山大地震唐山刘家祠堂墙体倒塌

(c) 汶川大地震四川平武报恩寺山墙垮塌

(d) 汶川大地震四川江油云岩寺檐墙垮塌

图 1-45　大地震中古建筑墙体损坏照片

根据唐山大地震（1976 年）、汶川大地震（2008 年）和芦山大地震（2013 年）中古建筑震害的调研和分析，可将震害分为四个等级，并归纳出各级震害中墙体、木构架的损坏特征和规律（表 1-3）。由表 1-3 可知，随着地震烈度增加，古建筑整体震害加剧，墙体损坏的程度比木构架更加严重。

表 1-3 墙体与木构架在各震害等级中的损坏特征

古建筑震害等级	墙体损坏特征	木构架损坏特征	损坏特征表述
轻微破坏	墙体轻度开裂	构架轻度变形，个别柱脚位移，榫卯松动	墙裂-构架松动
中等破坏	墙体严重开裂，倾斜或局部倒塌	构架局部歪闪，较多柱脚位移，榫卯开裂、松脱	墙坏-构架歪闪
严重破坏	墙体破碎，大部分倒塌	构架整体倾斜，柱脚大幅位移，部分榫卯损坏、拔出	墙倒-构架倾斜
完全毁坏	墙体全部倒塌	梁柱脱落，构架部分倒塌或全部倒塌	墙倒-构架倒塌

1.2.5 木构件的虫蛀破坏

除了环境因素和外力作用产生的构件损坏，虫蛀也是木构件损坏的一个重要因素，蛀食木材的昆虫主要有蠹虫和白蚁。

常见的蠹虫有窃蠹、长蠹、粉蠹等。窃蠹喜欢蛀蚀潮湿的木材，为害区域可顺木构件底部通向地下；长蠹和粉蠹喜欢在较干的木材中为害，为害区域一般在地面以上的木构件中。在蠹虫为害区域有许多的排泄孔，由于蠹虫对蛀蚀木材的吸收率不高，会在排泄孔处排出大量的粉屑（图 1-46）。

白蚁按照其生活习性，可分为木栖白蚁、土栖白蚁及土木两栖白蚁三类。木栖白蚁将巢穴直接筑在木材中；土栖白蚁在地面下土中筑巢；土木两栖型白蚁可以在干木、活的树木或埋在土中的木材内筑巢，也可以在土中筑巢。白蚁以木质纤维为食，喜食木材年轮中较软的早材部分，而保留下较硬的晚材部分，被蛀蚀的木柱内部多呈现典型的片状结构（图 1-47），严重时木材的整个腔体会被完全蛀空。

图 1-46 蠹虫对木材的损坏状况

图 1-47 白蚁对木材的损坏状况

蠹虫对古建筑木结构的损坏，以南方为主，但在全国各地都有发现。例如，西藏拉萨的布达拉宫、罗布林卡，遭虫蛀严重损坏的木构件达 40%；河北承德普宁寺大乘阁中的木雕大佛，曾被蠹虫严重蛀蚀；青海湟中的塔尔寺，殿堂的檐柱和檩条虫蛀严重，个别僧舍倒塌。

白蚁蛀蚀破坏主要发生在我国南方暖湿地区，但受气候变暖和交通物流的影响，白蚁危害的范围已扩大至东北的吉林。据不完全统计，在海南、广东、广西、福建和云南等省（自治区），65%以上的古建筑受到白蚁危害；在长江流域的江苏、安徽、浙江、江西等省，45%以上的古建筑受到白蚁危害。对这些地区木构架古建筑的调查资料表明，白蚁对木构件的损害程度，已超过潮湿、微生物等引起的腐朽损坏，给木构件的保护和修缮都带来极大的困难。

白蚁对重要古建筑的蛀蚀危害时有报道，许多著名的古建筑如杭州灵隐寺，舟山普陀山法雨寺，南京夫子庙大成殿、朝天宫、栖霞寺等都曾被白蚁危害。杭州灵隐寺因白蚁危害已翻修过两次，耗费了较多的木材和资金。北京故宫的惇本殿西侧配殿、保和殿东庑也发现过白蚁危害，北京碧云寺西配殿曾因一根大梁被白蚁蛀空丧失承载力，导致梁架倒塌。

白蚁蛀蚀木构件的特点是由内而外，在古建筑遭受虫害的初期，木构件的外部不易发现损坏的痕迹，而当外部察觉到明显的虫蛀现象时，构件的内部已经严重损坏。此外，白蚁喜欢聚集在建筑的潮湿阴暗部位，在屋盖的望板、椽子和檩条等木构件中最易发生蛀蚀，且不易被人们及早发觉。

建于清顺治年间的广东佛山祖庙万福台，因屋面整体开裂滑动、木构架倾斜和朽坏，于 2007 年进行了大修，在施工中通过现场二次检查，发现万福台木梁架超过 95%的构件遭受白蚁蛀蚀破坏；其中，檩条 63 根，完全不能再使用的 37 根；木柱 12 根，白蚁蛀空 2 根，损坏 4 根。由于木构件严重损坏，必须全部拆卸进行防虫处理或更换。图 1-48 是白蚁蛀空的万福台木构件照片。

图 1-48　白蚁蛀空的万福台木构件

此外，有些木构架古建筑在修缮过程中未对白蚁等蛀虫进行有效杀灭和处理，修缮工程完成后又遭受了严重的虫害。

建于宋代的广东潮州开元寺天王殿，于 1983 年完成了整体落架大修，但未进行有效的防虫处理，至 2011 年，屋盖中约 25%的椽子和檩条、梁架中约 10%的斗栱，以及大门的门板都被白蚁蛀空（图 1-49），必须重新实施白蚁灭杀和损毁木构件的修缮替换工程。

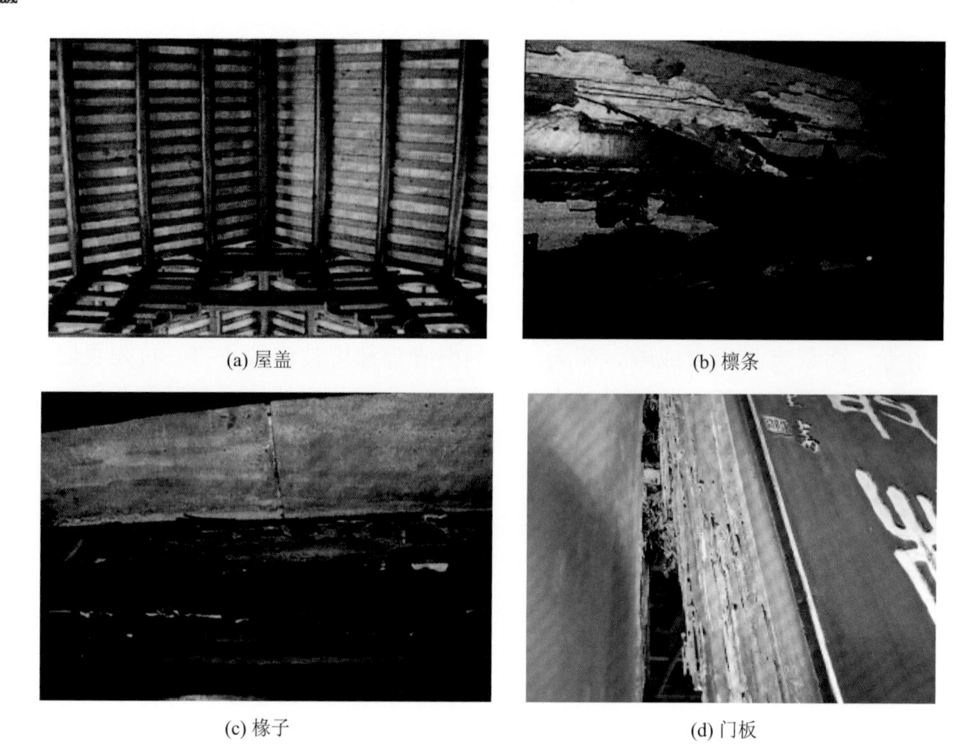

(a) 屋盖

(b) 檩条

(c) 椽子

(d) 门板

图 1-49　白蚁蛀蚀的天王殿木构件

第 2 章

木构架古建筑落架大修方法与实践

2.1 木构架古建筑修缮加固的基本规定

2.1.1 木构架古建筑修缮加固的原则

木构架古建筑具有宝贵的历史、艺术和科学研究价值，对其进行修缮加固必须遵守“不改变文物原状”的原则。文物原状系指古建筑个体或群体中一切有历史意义的遗存现状，若确需恢复到创建时的原状或恢复到一定历史时期特点的原状时，必须根据需要与可能，并具备可靠的历史考证和充分的技术论证。

在修缮加固木构架古建筑时，通常以“四个保存”来体现“不改变文物原状”的原则，即“保存原来的建筑形制、保存原来的建筑结构、保存原来的建筑材料、保存原来的工艺技术”。

保存原来的建筑形制，包括古建筑原来的平面布局、造型、法式特征和艺术风格等。对于木构架古建筑的修缮加固，需根据建筑物法式勘察报告进行现场校对，明确应保持的法式特征；对更换原有构件，应持慎重态度，凡能修补加固的，应设法最大限度地保留原件，使历史信息得以延续；凡必须更换的木构件，应在隐蔽处注明更换的年、月、日。

保存原来的建筑结构，应注意保持木构架古建筑原有的结构承重体系，以及构件的榫卯连接构造；防止采用围护墙体替代木构架承重、降低木构架体系的抗震性能。

保存原来的建筑材料，应注意保护木材的“本质精华”，木构件能修补的尽量修补，损坏严重必须更换的尽量采用同树种的木材制作替换的构件；应特别注意防止使用钢构架、钢筋混凝土构架代替古建筑原来的木构架而使珍贵的文物建筑沦为现代材料的仿古建筑。

保存原来的工艺技术，应注重继承传统的在实践中得到验证的有效工艺和方法如木结构的打牮拨正、偷梁换柱、墩接暗榫等，并在保存和提炼的基础上，开发和引入现代化的机械装置和测量仪器，进一步提高传统工艺的工作效率和施工过程的安全性。

2.1.2 木构架整体加固的基本要求

木构架是古建筑的主要承重结构，也是古建筑修缮工程中的重点加固对象。对木构架进行整体加固时，应注意保持木结构的受力体系和构造特征，注意保存有价值的历史信息，其基本要求如下。

（1）加固方案不应改变结构原有的受力体系，应保持构架中榫卯节点接近于铰接的构造与传力方式，不得将其加固成刚接方式，也不得将柱脚与柱础拉结固定。

（2）对原来结构和构造的固有缺陷，应采取有效措施予以消除，对所增设的连接件应设法加以隐蔽。

（3）对本应拆换的梁、枋、柱，当其文物价值较高而必须保留时，可用现代材料予以补强或另加支柱支顶，但另加的支柱应能易于识别。

（4）对任何整体加固措施，木构架中原有的连接件，包括椽、檩和构架间的连接件，应全部保留。若有短缺，应重新补齐。

（5）加固所用的材料，其强度应与原结构材料的强度相近，其耐久性不应低于原结构材料的耐久性。

2.1.3 现代材料和现代技术运用的规定

将现代材料和现代技术引入古建筑修缮工程以提高结构的可靠性，一直是中外工程界努力的方向，并进行了成功的尝试。采用现代钢材制作铁箍、铁钯锔、铁拉杆等木结构局部加固所用的部件，使材料具有更好的强度和耐久性，是值得鼓励的措施。一些新型、轻质复合材料在木结构中的运用，如环氧树脂的粘接和充填、碳纤维材料的补强加固等，已取得了初步效果。但由于其发展时间较短，长期效果尚无法肯定，因此，需要经过充分的论证，确保能对古建筑起到更好的保存作用时，方可在修缮工程中加以推广。

当采用现代材料和现代技术修缮加固木构架古建筑时，应遵守下列规定：①仅用于原结构或原用材料的修补、加固，不允许用现代材料去替换原用材料。②主要用于构件的内部或隐蔽部位，不应影响构件和构架的外观。③先在小范围内试用，取得适用效果后再逐步扩大其应用范围。④应用时，除应有可靠的科学依据和完整的技术资料外，尚应有必要的操作规程及质量检查标准。

2.2 木构架古建筑落架大修工艺方法

2.2.1 木构架古建筑修缮工程分类

为了有计划地保护古建筑，需要根据其残损程度和使用要求进行不同程度的修缮，因此，宜对古建筑修缮工程加以分类，以便进行规划、设计、施工与管理。按照国家有关古建筑修缮分类方法，木构架古建筑的修缮工程可分为以下五类。

（1）保养维护工程，系指不改动文物现存结构、外貌、装饰、色彩而进行的经常性保养维护。例如，屋面除草勾抹，局部揭瓦补漏，梁、柱、墙壁等的简易支顶，疏通排水设施，检修防潮、防腐、防虫措施及防火、防雷装置等。

（2）重点维修工程，系指以结构加固处理为主的大型维修工程。其要求是保存文物现状或局部恢复其原状。这类工程包括揭铺瓦顶、打牮拨正、局部或全部落架大修等。

（3）局部复原工程，系指按原样恢复已残损的结构，并同时改正历代修缮中有损原状以及不合理地增添或去除的部分。对于局部复原工程，应有可靠的考证资料为依据。

（4）抢险性工程，系指古建筑发生严重危险时，由于技术、物质条件的限制，不能及时进行彻底修缮而采取的临时加固措施。对于抢险性工程，除应保障建筑物安全、控制残损状况继续发展外，尚应保证所采取的措施不妨碍日后的彻底维修。

（5）迁建工程，系指由于大型基建工程、防范重大自然灾害等原因，需将古建筑全部拆迁至新址，重建基础，原材料、原构件按原样建造。

根据上述分类定义，对于重点文物保护单位的木构架古建筑，当木构架严重损坏变形需要进行结构加固时，应归属于重点维修工程。

2.2.2 木构架古建筑落架大修方法

1. 落架大修方法的适用性

在古建筑重点维修工程中，对于木构架的整体修缮与加固，通常根据其残损程度分别采用落架大修、打牮拨正和修整加固的方法，各方法的工艺要点如下。

（1）落架大修，即全部或局部拆落木构架，对残损构件逐个进行修整，更换残损严重的构件，再重新安装，并在安装时进行整体加固。

（2）打牮拨正，即在不拆落木构架的情况下，使倾斜、扭转、拔榫的构件复位，再进行整体加固；对个别残损严重的构件应同时进行更换或采取其他修补加固措施。

（3）修整加固，即在不揭除瓦顶和不拆动木构架的情况下，直接对结构进行整体加固；这种方法适用于木构架损伤变形较小，构件位移不大，不需打牮拨正的维修工程。

上述方法中，落架大修适用于严重损坏变形木构架的整体修缮加固。构件落架后，可对全部残损构件进行修缮或更换，消除结构中存在的安全隐患，且构件经过拆卸修整和重新安装，可使变形木构架恢复到原有的正确位置。但落架大修需要对木构架进行拆落、修整和重新安装，相应的工程量最大，构件结合部位的损伤程度也最大，必须对其工艺方法的设计、施工给予特别的重视；此外，应采取科学合理的措施，以确保木构架及构件结合部位的安全，并尽可能地减少原有历史信息的损失。

当国家大型基本建设项目与古建筑的保存发生矛盾时，常根据既有利于基本建设，又有利于保护古建筑的方针，对古建筑进行搬迁重建。一些位于山体滑坡或河道坍塌等危险地段的古建筑，为了避免自然灾害，保证古建筑的长久安全，也需要对古建筑搬迁重建。对于木构架古建筑的迁建工程，需要将全部构件拆落，在新址重建基础，用原有的构件按原样建造安装。因此，除了基础需要重新砌筑，落架大修的基本方法也适用于迁建的木构架古建筑。

2. 落架大修的两种工艺方法

木构架古建筑的落架大修，可根据地基基础的修复需要和损伤木构架在整个建筑中的分布情况，选用全部落架大修或局部落架大修的工艺方法。

1）全部落架大修

当木构架古建筑的地基基础失效或严重变形、木构架整体严重损坏时，一般采用全部落架大修的方法，以彻底解决建筑物的安全隐患、全面提高修缮工程的质量。

全部落架大修的范围通常包括基础加固在内的全部工程，即全部建筑构件拆落，基础加固或重筑，构件逐件检修、加固或更换，木构架重新安装，墙体重砌，屋顶重铺。

全部落架大修的工程面广、工序繁杂、施工周期长，需要进行全面的勘察、设计和方案论证。此外，工程涉及构件类型多、数量大，对构件的拆卸与识别，堆放与修缮场地的安排，构件修缮和重新安装的工艺等，均需进行细致的考虑。

2）局部落架大修

当木构架古建筑局部范围内的地基基础、木构架严重损坏，并危及建筑的整体安全时，可采用局部落架大修的方法，有针对性地解决严重损坏部位的隐患，以减少工程拆卸范围和工作量。

局部落架大修应以开间为单位，将落架开间内的木构架及建筑构件全部拆落、修整，并进行地基基础加固。对其他非落架开间的木构架，可根据损坏变形程度进行打牮拨正或修整加固。然后将落架开间的木构架重新原位组装，再与非落架开间的木构架结合成整体。

局部落架大修工程的针对性强，可重点解决严重损坏部位的安全隐患，减少建筑物的拆卸和安装工程量，提高历史信息的保有量，是落架大修工程优先考虑的工艺方法。但局部落架大修施工时，需要兼顾落架部位与非落架部位的安全，以及两部位连接构件的有效拆卸和重新结合，其方案的设计应细致周全，工艺的实施应加强协调管理。

2.2.3 木构架古建筑落架大修工序

落架大修是木构架古建筑修缮工程中工序最为全面、工艺最为繁杂的方法，其工序一般包括：①建筑物现状测绘；②构件编号、登记与标记；③构件堆放与修缮场地布置；④施工脚手架与防护罩棚搭设；⑤构件的拆落与安放；⑥构件的更换与修缮；⑦台基的修缮加固；⑧木构架的安装与整体加固；⑨墙体修复与加固；⑩屋顶铺装。

落架大修各工序的工作要点和基本要求分述如下。

1. 建筑物现状测绘

测量绘制建筑物的平面图、立面图和剖面图。

单层建筑的平面图包括柱网平面图、屋面俯视图和梁架仰视图；对于多层建筑，应增绘楼盖平面图；对设有斗栱（铺作）层的建筑，尚应增绘斗栱（铺作）层平面图。

立面图包括前、后檐立面图和两山立面图；对于有壁画的内墙面，尚应绘制壁画分布图。

剖面图包括横剖面图和纵剖面图。横剖面图应按每缝（榀、帖）构架绘制；对于纵向连接不规则或较为复杂的建筑，需绘制纵剖面图。

建筑物的平、立、剖面图应基于原状按常规制图要求绘制。对于建筑和构件的变形、残损状况，应标注在图中，并记录在损伤现状登记表中；对于具有特殊形制和构造的部位，以及需保存的壁画、彩绘、雕刻图案等，应拍照片作为辅助资料。

2. 构件编号、登记与标记

以建筑物现状测绘图为底图，对木构架、斗栱和屋盖的构件，木装修中的隔扇、门窗等进行编号。

在柱网平面图中，需对每根柱子、柱础编号；在立面和剖面图中，需对每朵（攒）斗栱编号；在剖面图中，需对梁架的全部构件编号；在梁架仰视图中，需对每根檩（桁）条、角梁编号；在楼盖平面图中，需对每根楼盖梁编号。

构件编号之后，以损伤现状登记表为底表，核对、完善各类构件的编号登记，作为拆卸、检修、加固、安装的依据。

构件拆卸之前，应按照编号对每一构件进行标记，制作编号牌钉挂在构件规定的部位，小构件可将编号直接书写在构件未损坏的表面上。

3. 构件堆放与修缮场地布置

为保证拆卸构件的堆放安全和修复要求，需要对堆放场地进行合理的规划和布置。一般要求做到：①木构架、木装修、瓦、砖块应分区堆放；②场地分区应便于构件的拆落、搬运和修缮；③木构件堆放场地要考虑修缮加固及防腐防蛀处理空间；④木构件堆放场地要采取防火、防雨措施，注意消防安全；⑤壁画、塑像、砖雕、石雕等艺术品应妥善包装后，放入专用储藏房间。

4. 施工脚手架与防护罩棚搭设

构件落架前，需沿房屋的周边和各缝梁架搭设脚手架。对于基础需要加固的工程，在构件落架后，通常需拆除脚手架，待基础加固后再重新搭设脚手架。施工周期较长的工程，尚应搭设防雨防晒罩棚。

脚手架和防护罩棚的设计和安装，要求做到安全稳固、操作方便、运输畅通，应满足构件拆卸、后期木构架安装、墙体砌筑和屋面铺瓦的操作要求。

5. 构件的拆落与安放

构件落架应制订详细的拆卸方案，明确构件拆卸顺序和交叉作业的协调措施。

构件拆卸之前，应按照编号类型和位置钉挂编号牌或书写编号。构件的拆卸按照先上后下、先外后内的顺序实施。构件拆卸过程中，应采取合理的操作方法和保护措施，保证构件的安全。

拆下的砖、瓦、木构件，应及时送至指定的堆放区，按照构件分类和编号有序地堆放。

6. 构件的更换与修缮

对拆下的构件，应按照现行《古建筑木结构维护与加固技术标准》（GB/T 50165—2020）的规定，确定其损伤部位、程度和修缮要求。对凡能修补加固的木构件，应设法最大限度地保留构件；凡必须更换的木构件，应在隐蔽处注明更换的日期。

木构件的修缮主要是裂缝和榫卯的修补，腐朽部位的剔除和加固，以及构件的防腐防蛀处理。对砖石构件和瓦件，主要的修缮工作是剔除、更换损坏的构件，补齐或重新烧制缺失的构件。对木装修的修缮，主要是照原样进行修补、拼接和加固，以及金属零件的添配。

7. 台基的修缮加固

台基的修缮加固包括地基基础的加固和台明的修缮。

对地基基础的不均匀沉降，需查明原因后进行处理和加固。基础加固方案的设计，应符合现行《既有建筑地基基础加固技术规范》（JGJ 123—2012）的要求。

台明的修缮主要是按照原状修补、安装砖石构件，铺设地面，调整柱础位置。

8. 木构架的安装与整体加固

木构架的安装，按照“先内后外，自下而上”的顺序实施。对于全部木构件，按照原来的构架位置和组成，对号入座，逐步安装到位。对于安装就位的木构架，进行整体加固，并根据抗震鉴定和加固要求，进行抗震构造加固。

9. 墙体修复与加固

墙体修复包括已拆落墙体的重砌或非拆落墙体的修补，以及墙面的抹灰和粉刷等。

墙体应按原样修复，应采用与原墙体相同的砖、砂浆，按原墙体的式样和工艺砌筑，并根据抗震鉴定和加固要求，进行抗震构造加固。

10. 屋顶铺装

屋顶的铺装包括重铺望板（或望砖），苫背，重铺瓦顶和安装脊件。

屋顶应按原样修复，应采用与原屋顶相同的灰背材料、瓦件、脊件，按原屋顶的式样和工艺铺设，使修复后的屋顶在构造和外观上与原屋顶一致。

2.3 木构架古建筑落架大修工程实践

2.3.1 我国古建筑落架大修工程概况

自 1949 年中华人民共和国成立以来，国家和各地政府制定了古建筑认定、保护的法规和制度，使木构架古建筑这一宝贵的文化遗产逐批纳入了国家、省、市级重点文物保护单位，得到了有效的修缮和保护。其中，对一批年久失修、严重损坏的古建筑进行了落架大修，恢复了建筑原状，延续了生命周期。

1978 年改革开放后，我国经济建设的持续发展及科技水平的不断提升，为古建筑的科学保护提供了扎实的基础条件。一些曾因经费和技术难度而未能全面修缮，或因地震、滑坡等自然灾害严重损坏的木构架古建筑，逐步通过严格的科学论证，成功地实施了落架大修，彻底消除了安全隐患。

木构架古建筑落架大修的几十年工程实践，为我国建筑遗产的有效保护积累了宝贵的经验。据统计分析，我国已完成落架大修的木构架古建筑主要位于历史文化悠久、建筑遗产丰富的地区，且大多为国家、省级重点文物保护单位。例如，我国较早开展古建筑重点修缮保护工程的河北省，完成落架大修的木构架古建筑物有二十多座，其中，正定隆兴寺慈氏阁、转轮藏阁的修缮工程，是中华人民共和国成立以后首批国家级重点修缮项目。拥有宋金以前木结构建筑最多的山西省，完成落架大修工程的也有二十多处。

全国实施落架大修的重点文物保护单位包括中国现存最早的唐代木结构建筑——山西五台南禅寺大殿，完整地保存了宋代布局规制的大型寺院——河北正定隆兴寺，供奉世界上最大木雕佛像的木构架楼阁——河北承德普宁寺大乘阁，具有唐宋时代华南建筑风格的大殿——广东潮州开元寺天王殿，具有典型宋代殿堂式构架的大殿——山西太原晋祠圣母殿，现存最大的明代木结构城楼——山东聊城光岳楼等一批有代表性的中国著名古建筑。

本章通过对工程技术报告、学术期刊等文献资料的整理，从中选取了河北、山西、山东等地一些落架大修工程实例，按其工艺方法分为落架大修、局部落架大修两部分，归纳了工程的特征及修缮经验，为今后各地实施木构架古建筑落架大修或重建工程提供参考和借鉴。

2.3.2 古建筑落架大修及重建工程选录

1. 河北正定隆兴寺转轮藏阁、慈氏阁修缮工程

正定隆兴寺始建于隋代，宋初开宝年间（公元 968～976 年），宋太祖赵匡胤敕于寺内铸造大悲铜像，建大悲之阁，之后又增建殿堂，奠定了现在的规模。该寺是我国现存规模较大、较为完整地保存了宋代布局规制的寺院，寺内存有转轮藏阁、慈氏阁、摩尼殿、大悲阁等宋代木构建筑。隆兴寺于 1961 年被国务院公布为全国重点文物保护单位。

1）隆兴寺转轮藏阁修缮工程

转轮藏阁与慈氏阁分别位于隆兴寺主体建筑大悲阁前面的西侧和东侧。转轮藏阁为二层木楼阁建筑（图 2-1 和图 2-2），底层平面为三开间三进深正方形，前面另设雨搭；正方形平面中间设有直径约 7 米的转轮藏（图 2-3），使其左右两边的柱子向外让出，形成了特殊的六角形柱网布置。在转轮藏后方，有扶梯沿西墙由北向南直上二层。二层同样为三开间三进深的正方形平面，其四周设有平座；正中间供有佛像，下层转轮藏的转轴在佛像前的地板上伸出。

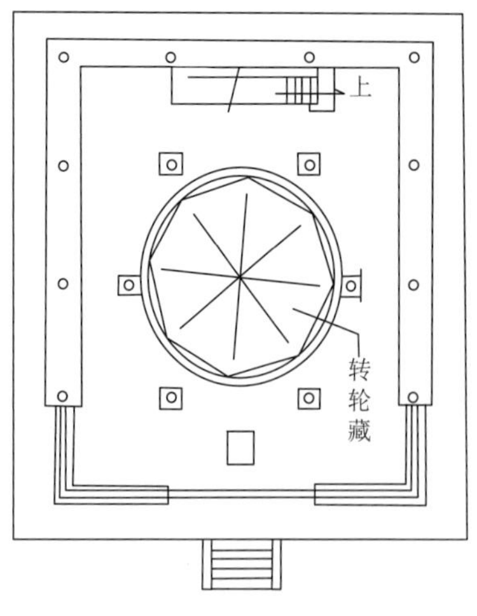

图 2-1　转轮藏阁底层平面

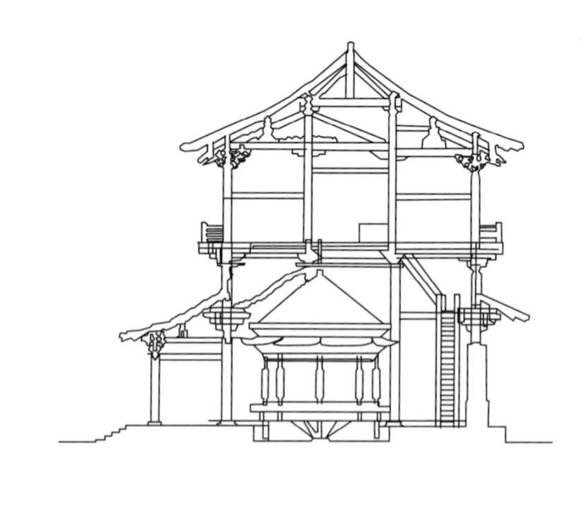

图 2-2　转轮藏阁剖面

图 2-3　转轮藏照片

1950 年，中央人民政府文化部组织雁北文物勘查团对山西大同和河北正定的古建筑进行了实地考察，编制了《雁北文物勘查团报告》以及《大同及正定古代建筑勘察纪要》。在《大同及正定古代建筑勘察纪要》中，对慈氏阁、转轮藏阁的记述是："慈氏阁三间，六椽正方形，三檐九脊，斗拱五铺作，为元代重修。现已大部坍塌，修复不易。然应设法支撑牢固，勿使继续残破，以便将来修整。转轮藏阁三间六椽，正方形殿，三重檐九脊，斗栱五铺作，与慈氏阁形制大小相同，似为宋金间物。明清大加修葺者。殿内正中为八角形重檐之转轮藏，雕饰精美，为清初之物。现殿之楼板、楼梯全毁，屋顶朽坏，宜加修葺。"依据勘查团报告中所反映的正定隆兴寺慈氏阁、转轮藏阁的重要价值、残破状况及"宜加修葺"的保护意见，经科学研究论证，中央人民政府文化部将这两座建筑列入首批重点修缮项目之列。

转轮藏阁修缮工程，是中华人民共和国成立后河北省第一项木结构文物建筑重点修缮保护工程，也是北京文物整理委员会（1956 年改名为文化部古代建筑修整所）承担的第一个外省市古建筑维修保护工程。为保证工程顺利进行，特聘请由著名专家学者朱启钤、梁思成、杨廷宝、刘致平、莫宗江、陈明达诸先生组成的专家顾问组对工程进行全面的科学论证，形成专家意见，指导工程进展，并由国家、省、县三级组成了修缮委员会。国家下拨经费 16 万元，确定北京文物整理委员会余鸣谦先生为工程项目主持人。该工程设计的基本原则是以本地区同时期的实物及宋代《营造法式》为主要参考资料，在建筑本身基础上进行复原；无资料依据者维持现状，实施局部复原。这是中国古建筑修缮保护工程中首次运用的理念和方法，对其后古建筑维修工程影响甚大。

依照上述原则，工程技术人员编制了详细的修缮说明书，绘制了现状图、施工图和复原图。修缮工程中，拆除并取消了转轮藏阁二层清代所加的腰檐，恢复了一层前檐雨搭，对大木结构进行了全面加固维修，依宋代规制恢复了博风与悬鱼，山墙与后墙砌体内部的木柱改用钢筋混凝土仿木柱，瓦顶部分依当时现状进行修配，重新包砌台基、铺墁地面。同时还修复了阁内转轮藏，其顶部斗栱与圆顶构件大多数为重新配制。整个落架复原性修缮工程始于 1954 年 9 月，1955 年 8 月竣工，图 2-4 和图 2-5 分别为转轮藏阁修缮前后的照片。

图 2-4　转轮藏阁修缮前照片

图 2-5　转轮藏阁修缮后照片

2）隆兴寺慈氏阁修缮工程

慈氏阁位于大悲阁前面的东侧，与转轮藏阁相对，两者形式极其相似。慈氏阁底层平面也是三间三进深的正方形，前有雨搭，但阁内前面二根金柱，则完全省却（图 2-6）。殿内供女弥勒立像，通上下二层（图 2-7），两侧有罗汉像。大像座后有木梯达二层，二层九间，四周有回廊平座，与藏殿同。正中一间则无地板，大佛像的头由空井中伸至二层楼板之上。

依据《雁北文物勘查团报告》以及《大同及正定古代建筑勘察纪要》精神，经科学研究论证，中央人民政府文化部于 1952 年将慈氏阁与转轮藏阁同时列入首批重点修缮项目。

由于慈氏阁已大部坍塌，修复不易，在 1953 年进行了拆卸保存（又称落架保存），1956 年由文化部古代建筑修整所祁英涛先生主持制订复原设计方案，于 1957 年 9 月开始大修，至 1958 年 9 月竣工。

慈氏阁自北宋始建以来，历经重修，掺杂了一些后世手法，尤其是清朝重修时加入了清官式做法。为此，修缮工程遵循“在本身基础上争取做到部分复原，在总体外观上尽量与转轮藏阁取得协调一致，对于缺乏复原资料者维持现状”的原则。修缮过程中，取消了清代大修时增加的腰檐和各层擎檐柱，取消了天花板，恢复了宋式博风、悬鱼，恢复了前雨搭；上下檐出檐按照宋制予以加长，椽飞形制亦按宋式制作；上檐斗栱、内檐梁架及瓦顶部分按当时现状进行修补；底层墙体内木柱亦改用钢筋混凝土柱，平座四角廊内木楼板上加铺地面砖。

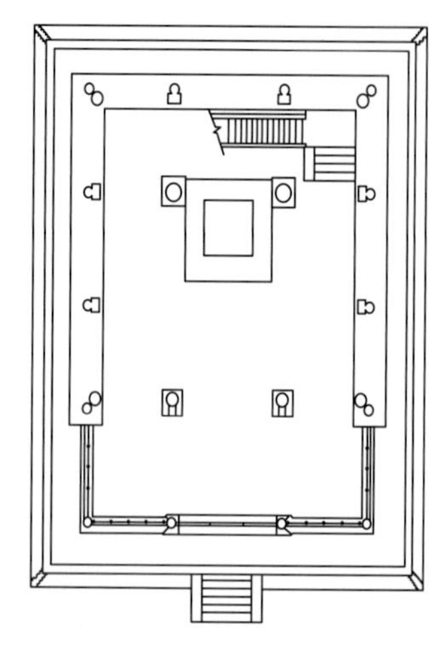

图 2-6 慈氏阁底层平面

图 2-7 慈氏阁剖面

2. 河北正定隆兴寺大悲阁重建工程

大悲阁是隆兴寺的主体建筑，坐落在中轴线后部，旧名“佛香阁”“天宁观音阁”，始建于宋初开宝年间。大悲阁高 33 米，总面阔七间，总进深五间，为五重檐三层楼阁（图 2-8）。阁内矗立着一尊高大的铜铸大菩萨，称“大悲菩萨”（图 2-9），高 19.2 米，立于 2.2 米高的须弥石台上，是中国保存最好、最高大的铜铸观音菩萨像。大悲阁由主阁与两耳阁组成，主、耳阁之间上部以阁道（桥）相连。宋初建成后曾多次维修，清乾隆年间重建。至 20 世纪 30 年代，主阁上层顶部塌落，大悲菩萨已处于露天状态。

图 2-8　大悲阁

图 2-9　大悲菩萨像

1943 年，隆兴寺住持纯三和尚在当时的河北省省长吴赞周支持下，由北京一居士刘世铭设计，进行了重建。此次重建工程由于种种原因，拆毁了两耳阁，主阁原副阶也被取消，于前檐建抱厦，同时拆毁的还有乾隆时期大修时保留下来的部分壁塑。一部分结构采用了钢筋混凝土结构，但是可能因为当时材料短缺，前面“钢筋混凝土”横梁内使用了两件钢道轨，柱子内的钢筋部分由竹竿代替，木结构部分构造多处不合理，选材也较差。

1966 年邢台地震后，大悲阁的结构隐患逐渐暴露，一些主要构件也出现破坏，直接危及大悲菩萨像的安全。1992 年国家文物局决定对大悲阁进行落架大修，经过多次论证，于 1995 年确定按宋代风格重修主阁，同时恢复两耳阁。

此次重建工程是当时国内最大的木结构修建工程，1997 年由河北省古代建筑保护研究所承修，同年 8 月开始拆落旧阁，整个工程于 1999 年 9 月竣工。施工过程中，在原内槽后部 20 世纪 40 年代所筑毛石砌体内发现部分宋代斗栱等木构件（多已糟朽），拆除毛石砌体后，发现大悲菩萨像背后设有拉环，像后下部已有裂缝，并有铜锈分布，像上部有前移迹象。为保其安全，及时对裂缝进行了加固，清除后部有害铜锈，砌筑像后靠背墙。屋盖落架时，发现望砖有“孤舟重修”“大悲菩萨”“纯三和尚”印记，于正脊筒中发现景泰蓝瓶一件，内有经卷、钱币等物；像首颈后有一洞，可由此进入像内，于其中清理出一批 40 年代放置的经卷、佛像、佛塔等；还于下层发现纯三和尚墨书重修大悲阁题记木板一块，记述了 40 年代的修阁经过。

3. 河北承德普宁寺大乘阁大修工程

承德普宁寺始建于清乾隆二十年（1755 年），是乾隆继承了康熙的“怀柔”政策，为纪念平定准噶尔部达瓦齐叛乱的胜利而建此庙；因“臣庶咸愿安其居，乐其业，永永普宁”，故取名普宁寺。大乘阁仿西藏桑耶寺乌策大殿格局建造，通高 36.65 米，为普宁寺的主体建筑，内供千手千眼观音大型木雕立像，外观正面为六重屋檐五层楼阁（图 2-10），背面因依靠山坡减为四层（图 2-11）。

图 2-10　大乘阁正面照片

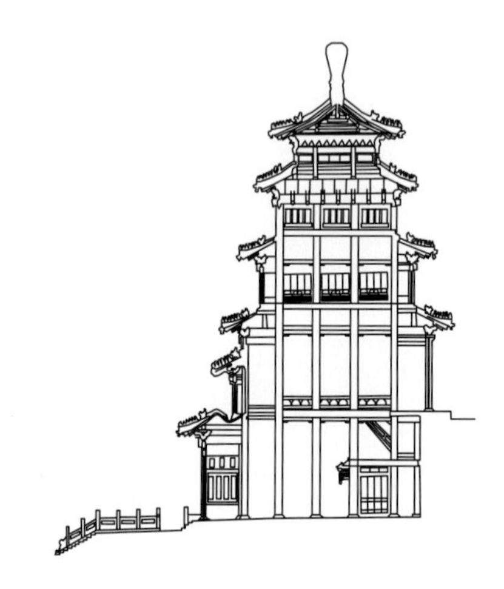

图 2-11　大乘阁剖面图

由于年久失修，至 20 世纪 50 年代，大乘阁东部方亭坍塌，多处渗漏，二层檐已全部无存，阁身构架向东南方倾斜 70 多厘米。自 1957 年起，国家和省市文物主管部门组织技术人员进行了勘察、测绘、研究，制订维修技术方案，最终确定对大乘阁进行落架大修，并于 1958 年开始备料，1961 年初开工，1963 年底完工。

大乘阁落架之后，将已酥裂的柱础，按原式样用房山艾叶青石料复制后原位安装；对于倾斜弯折的 16 根金柱，进行了卸除包镶板全面检查，更换糟朽柱心木后重新拼接包镶，并施铁活加固；于三层楼板之下隐蔽处，加设一圈木斜撑，在柱框架的顶部于水平方向增设了十字形铁拉杆；两山墙砌体内金柱（通柱）及后檐金刚墙前的柱子均改用钢筋混凝土柱；前面二层檐依据残存痕迹分析后恢复，为了避免今后再重蹈覆辙，在椽尾与承椽枋连接处加设了铁活。

维修大乘阁的同时，对阁内木雕大佛进行了检查，经测量当时雕像内部中心柱的上端向西南方向倾斜 67 厘米，中心柱四周戗柱的柱根埋入石台面以下部分基本糟朽，外部衣纹板下部由于采用杨、榆木料制作，均已出现虫蛀，整个大佛已存在倾倒危险。此次维修时，于大佛腰部设置了钢缆绳，其两端固定在两山墙内的金柱上，绳上设花篮螺栓以牵拉大佛复位。因衣纹板虫蛀问题当时没有解决，大佛归位的设想没有实施，缆绳作为保护拉索保留。佛像内部戗柱的柱根糟朽部分全部掏出之后，插入槽钢浇铸混凝土，以槽钢外露部分夹住戗柱，并用螺栓固定。经过长期观测，此次加固后佛像较稳定，1976 年 7 月 28

日唐山大地震之后，于当天下午进行观测，佛像无变形迹象。除此之外，施工中还取消了斜方格扇，对装修做了复原处理。后来，1993 年又对大乘阁外檐重新进行了油饰彩绘。

4. 河北清东陵裕陵神功圣德碑楼落架大修工程

裕陵为乾隆皇帝的陵寝，神功圣德碑楼（图 2-12）建于嘉庆六年，内有裕陵神功圣德碑。神功圣德碑为双碑，碑体巨大，全高约 8.5 米（图 2-13）；碑文由嘉庆帝撰写，成亲王永瑆用满、汉文书写，东碑刻满文，西碑刻汉字。

清朝灭亡之后，东陵原有管理机构几近瘫痪，多次发生盗案，建筑亦遭到严重破坏。1952 年裕陵神功圣德碑楼因雷电起火，上部木结构全部烧毁。之后，为了保护清东陵，政府成立了清东陵文物保护所，开始对陵区文物进行抢救保护。

裕陵神功圣德碑楼是残破较为严重的建筑之一，清东陵文物保护所于 1960 年对其进行了全面勘察，从 1964 年 8 月开始落架，对上部木结构做了全面补修，更换了损坏严重的构件，1966 年重新安装大木架，至 1967 年夏重新修配瓦顶。碑楼下部砖石结构部分保留原物，未予重新拆砌。

图 2-12　裕陵神功圣德碑楼

图 2-13　裕陵神功圣德碑

5. 河北曲阳北岳庙德宁之殿落架大修工程

曲阳北岳庙始建于北魏，元世祖至元七年（1270 年）重建，是历代帝王祭祀北岳之神的场所；至清顺治七年（1650 年）移祭北岳之神于山西浑源之后，此庙遂废。

德宁之殿是北岳庙内规模最大的主体建筑，也是我国现存最大的元代木结构建筑。德宁之殿建在 2.9 米的高台之上，坐北朝南，殿身面阔七间，进深四间，外带回廊围绕，重檐庑殿琉璃瓦剪边屋顶，檐下置斗栱（图 2-14）。德宁之殿前出月台，月台及台基四周施汉白玉望柱、栏板，望柱上雕有姿态各异的石狮，形象逼真、栩栩如生。大殿平面布局采用减柱、移柱的做法，使室内空间扩大。内槽与殿身除正面明间、次间装格扇，后檐明间装板门外，其余均筑墙体围护，东西墙内壁绘有壁画。这样的平面布局与宋代《营造法式》中的“殿身七间、副阶周匝……身内金箱斗底槽”一图基本相符（图 2-15）。此殿虽为元代遗物，但仍继承唐宋以来的“官式”制作手法，梁架结构为十架椽屋前后乳栿用四柱，使用天花藻井。

由于北岳庙废弃后，年久失修，庙内建筑大都残破严重。德宁之殿的地面高低不平，柱顶石下沉达 20 厘米之多，柱、梁架倾斜 20 多厘米，山面屋架的下中平榑折断外滚。

1981 年河北省文物工作队对德宁之殿进行了全面勘测，并制订了德宁之殿维修方案。1984 年 7 月国家文物局批准对德宁之殿进行落架大修，至 1987 年底完成了修缮工程。

德宁之殿落架修缮过程中，深挖地槽直至原来夯实灰土层，然后用灰土夯实和砌筑毛石混凝土的办法稳固柱顶石，重新包砌台基、铺墁地面；更换了副阶后檐及前檐明间清代所配杨木柱，因结构原因更换内槽柱及殿身檐柱各四根，上檐东北角斗栱复原，大木架全面修整，并于两山下中平榑的底部加设了工字钢梁；对壁画进行了加固，依据殿内彩绘遗存，恢复外檐及天花板彩绘；瓦顶吻、兽件由故宫北窑依旧烧制，正脊花脊筒为明代所配，这次维修时仅更换了六块。施工过程中发现墨书题记多处，其中于殿身乳栿拼合缝处发现“至元五年北平郡都料”等题记，证实德宁之殿为此时修建。

图 2-14　德宁之殿正立面

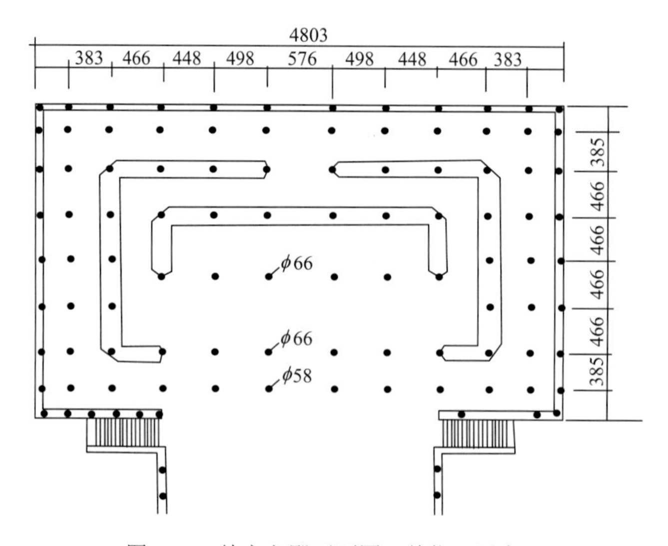

图 2-15　德宁之殿平面图（单位：厘米）

6. 河北正定开元寺钟楼落架复原工程

正定开元寺创建于东魏兴和二年，原名净观寺，隋开皇年间改名为解惠寺，唐开元年间改为开元寺。钟楼建于晚唐，是河北省现存最早的木结构古建筑，内悬铜钟也是唐代原物。

钟楼平面呈正方形，面阔三间、进深亦为三间，前出月台，是一座由上下两个单独的结构层组成的二层楼阁式歇山青瓦盖顶的建筑（图 2-16 和图 2-17）。

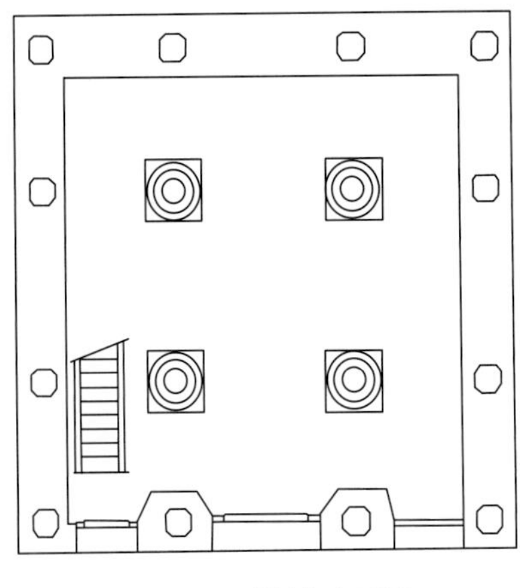

图 2-16　钟楼平面图

图 2-17　钟楼立面图

钟楼的墙体高 450 厘米，分上下两段，中以木腰线相隔。木腰线以下墙高 129 厘米，周圈均用白灰碎砖糙砌；木腰线以上北面和西面用土坯，南面和东面则碎砖和土坯兼用。墙内砌体施木骨联结。钟楼的柱子分上檐和下檐两部分；上檐 16 根，下檐 16 根，共计 32 根；下层内外柱头均施斗栱，共 16 朵；上层仅在金柱柱头上施斗栱 4 朵。梁架结构极为简洁，下层仅在内、外柱之间施乳栿、斜乳栿和草栿；上层为六架椽屋架。

钟楼虽经历代重修，但现存墙体酥裂，部分倒塌，下层檐部柱根糟朽成灰，榑枋大木、斗栱、椽飞、楼板、角梁等木构件亦朽折严重，峻脚椽、遮椽板所剩无几。尽管如此，其下层梁架、斗栱、墙体、门窗等仍保留晚唐风格，科学、历史、艺术价值尤高，可惜上层被清代改动过大，失去原貌。

1987～1988 年初由文化部文物保护科学技术研究所祁英涛先生主持制订复原设计方案，拟定“依照下层用材尺度、制作手法恢复上层”的落架复原修缮方案，1989 年 2 月国家文物局批准修复设计方案（图 2-18），同年 5 月开工，于 1991 年竣工。

修缮工程中，对上层落架重修，取消了清代改建部分，大木结构及瓦顶均以唐代规制进行了复原；位于下层墙砌体内的檐柱下部多已糟朽，明间前檐柱及东北角柱更换，其余进行墩接；下檐东北角转角铺作斗栱因严重破坏，予以重新配制；于柱头与阑额上皮连接处加设铁活预防脱榫；围护墙重新拆砌，下肩为素面青条砖（外侧磨光），木腰线以上为土坯砌筑内加设木筋；大木构架土红油饰断白，原板门加固保留；落架时专门搭设了承重架撑托大钟，安装时再将其置于钟架上。落架过程中发现望砖上有“孤舟重修”字样，还有明嘉靖二十七年八月二十八日、清康熙七年三月十一日重修题记木板两块。开元寺钟楼的现状照片见图 2-19。

图 2-18　钟楼 1989 年修缮设计剖面图

图 2-19　钟楼现状

7. 山西五台南禅寺大殿落架大修工程

南禅寺大殿是中国现存最早的木结构建筑，位于山西省五台县城西南 22 公里的李家庄，始建年代不详，重建于唐建中三年（公元 782 年）；宋、明清时期经过多次修葺，1974 年又进行了复原性整修，恢复了唐式殿宇建筑出檐深远的浑朴豪放面貌（图 2-20）。1961 年南禅寺大殿被确定为全国重点文物保护单位。

南禅寺大殿平面近方形（图 2-21），面阔、进深各 3 间，通面阔 11.75 米，进深 10 米，单檐歇山灰色筒板瓦顶。殿四周施檐柱 12 根（图 2-22），西山施抹楞方柱 3 根，皆为创建时的原物，余皆圆柱；柱底自然料石作柱础，尺寸不一致；柱头设斗栱，斗栱用料较大。殿内无柱，无天花板，彻上露明造，通长的两根四椽栿横架于前后檐柱之上。殿内有泥塑佛像 17 尊，安置在凹形的砖砌佛坛上，佛坛上后部正中为释迦牟尼塑像，庄严肃穆，总高近 4 米，基本保存了原有风貌，是现存唐代塑像的杰出作品。

图 2-20　南禅寺大殿

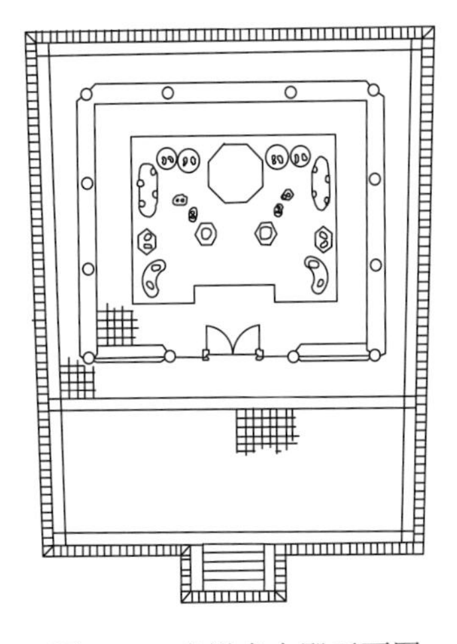

图 2-21　南禅寺大殿平面图

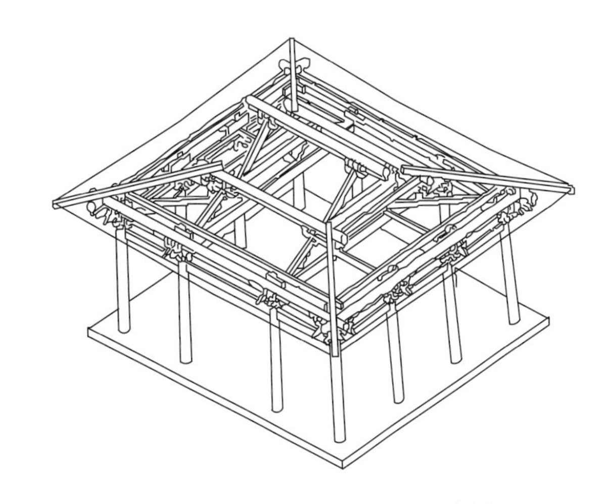

图 2-22　南禅寺大殿木构架示意图

南禅寺大殿因年久失修，加之地震波及，檐柱倾斜。1953 年后，几次维修，几度抢险，其损坏的险情均未能缓解。为此，有关部门曾反复勘察测绘，发掘殿周基址，发现原有的台明、月台、散水旧基。大殿损坏现状：明清修葺时檐头锯短，殿内梁栿荷载加重，两缝四椽栿分别垂弯 9～11 厘米，角梁敞露在外甚长，梁架荷载的变化使部分构件出现拔榫、移位、滚动等现象；四面墙体皆外倾，后檐墙体坍塌。险情已严重到不可延缓的地步。

根据上述情况，山西省文物局提出了南禅寺大殿落架大修方案，并根据殿宇自身痕迹予以复原。国家文物局对南禅寺大殿的修缮非常慎重，组织了全国著名古建筑专家进行实地勘察，根据专家论证意见确定方案后批准实施，于1974～1975年落架修缮。

落架大修的基本方法和主要经验如下：①建立科学的记录工作。在修缮前，经过反复勘察，除发掘殿周圈基址、测量绘图、临摹题字和文字记录外，还将大殿的外形、全貌和各个结构艺术部分（包括塑像），拍摄了完整的照片资料。拆除过程中发现题记、彩绘、卯榫等情况，及时进行了摹绘、记录和拍照。为了施工方便和研究需要，随着大殿的拆卸和加固，将所有构件的形制、规格、榫卯结构、隐蔽部分等全部绘制草图，测量了尺寸，装订成册。②扎实加固地基基础。为保护寺内塑像安全，修缮方案原定柱底石原位不动，基础不予重筑。拆除后发现柱础之下和檐墙一周的基础皆为污土和瓦砾填充，极为松软，深度90～180厘米不等，这在我国早期建筑中尚属少见。为了保证质量，决定将杂土挖除并重筑基础。基础铺筑灰土两道，小头木夯夯实，上砌糙砖，再将柱础原位安装。③隐蔽部分增强防震设施。南禅寺大殿唐建以来，宋元祐元年的大修与地震有着直接关系。这次修缮时，在防震方面采取措施，予以加强。根据大殿的形制和结构，在背面和两山檐墙中线上，增设地栿和12厘米×12厘米的木撑杆、交叉斜撑，上端戗至阑额下皮和柱头两侧，下端与地栿连接，前檐有榑柱和立颊支撑，窗槛下坎墙内也增设斜撑，檐墙砌筑后，全部隐至墙内。这样既增强建筑的稳定性和抗震能力，又不影响外观的形制。④认真保护旧构件的安全。修缮时，除砖、瓦、檩、椽、望板等小型构件残缺不全或腐朽过甚，无法加固继用需照旧复制外，其余柱、额、梁枋等木构件和斗栱，尽量原件加固继续使用，以保持唐代建筑的原构件。因此，拆卸、加固和安装时，必须注意保护构件的安全，严防碰撞损伤。木构件上的题字和色彩，拆卸和安装时用细纸和棉花、草绳包装，防止绳索磨损和雨水浸入，加固时亦应设法保存完好。书写在木牌上的题记，拆除前，将木牌卸下妥善保存，竣工后原位安装。⑤严格按照原样复制构件。损伤严重和腐朽过甚需复制更替的构件，除砖瓦部分外，木构件都严格按照原有规格制作；各构件的榫卯均需在搭套和安装时开凿，交构严实。承重构件的原材需严格选择，无节无朽、无裂痕。⑥采用科学合理的加固方法。加固残损木构件时，采用了化学加固和铁活加固相结合的办法。弯垂构件适当予以矫直，劈裂以致折断部分用环氧树脂等化学材料粘接加固，同时用铁活束紧。在承受压力较大和容易脱榫的部位，用传统办法增设必要的铁件，加强木构件的承载能力和联结力。⑦控制构件安装过程中的位置。柱架按原有的间距、标高、侧角和生起安装，用撑杆固定后，再安装斗栱、梁架。重大构件安装随时进行校核，发现歪闪及时校正。屋顶铺设之前，不对榫卯缝隙随意支垫，防止屋顶荷载加重后造成新的局部受力点。⑧严格保护塑像安全。殿内17尊泥塑是我国中唐时期殿宇塑像中仅存的遗物，甚为珍贵，方案确定就地保护。揭瓦前，按照各个塑像的尺寸订制木板条框架，用塑料口袋逐个罩严，然后搭设保护全部塑像的架木，用席子交错重叠围牢，顶部铺设架板，并覆以油毡和棚布，进行了有效的安全防护。

8. 山西朔州崇福寺弥陀殿落架大修工程

弥陀殿为朔州崇福寺主殿（图2-23），建于金熙宗皇统年间（1141～1149年），面阔七间，进深四间（图 2-24）。单檐歇山式屋顶，殿顶绿色琉璃剪边，黄绿色脊饰吻兽，十分精美。殿前五间装格扇，棂花雕饰精细至极。殿内正中供奉着阿弥陀佛、观音菩萨和大势至菩萨三座巨大的塑像（图 2-25），殿之四壁绘有大幅壁画。弥陀殿不仅柱、额、枋、斗栱、梁架等木构架是金代原作（图 2-26），砖瓦、琉璃、格扇、板门、牌匾、塑像、壁画等也都是金代遗物，使其具有非常珍贵的历史文物价值。

图 2-23　弥陀殿照片

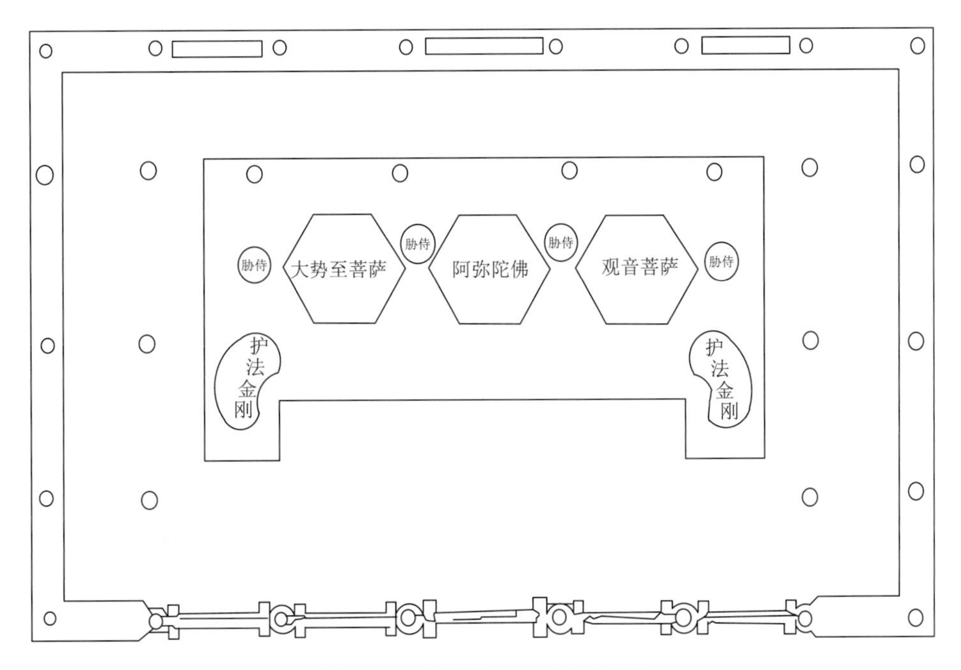

图 2-24　弥陀殿平面布局示意图

图 2-25　弥陀殿彩塑

图 2-26　弥陀殿木构架

由于年久失修、地下水位的变化，弥陀殿后檐和后槽地基软化，加之地震冲击，致使后檐和后槽柱子不同程度沉降，严重者达 40 厘米。梁架随柱子的不均匀沉降而扭曲、后倾，导致檩椽滚动，屋顶漏雨。为此，后人几度修葺瓦顶，加厚灰泥覆盖，致使殿顶灰泥加厚致 30～35 厘米，殿顶荷载加剧，又增加了梁架的负担，致使两根四椽栿压断，内槽柱头枋叠架五层多数被折损，梁架斗栱残损状况连年加剧。根据题记所示，明代中叶殿内已增设有支柱，清朝末年后檐和殿内支柱已增至二十根，中华人民共和国成立以后三次维修加固，内外支柱增至三十二根，但险情仍在发展，残损状况已无法继续维持。

1986 年开始，对弥陀殿实施了落架大修，工程历时五年，顺利完成了任务。修缮工程中，将前后槽金柱、内槽山面中柱、大额枋、两道四椽栿等大木构件架上原位保存，原物继用，其余皆落地检修加固后重予搭套安装。

修缮范围和基本方法：①后槽明间二金柱沉陷，抄平后移位加固磉墩。后檐和西南角柱基础加固重砌，其余基础经检测符合要求后保留。柱子下部朽坏者墩接，内腐空者掏去朽坏部分用环氧树脂灌注，加铁箍束紧。内槽四角柱因乳栿、丁栿插卯相叠而形成两段，修前已折闪，拆卸后检修完好继用。②斗栱构件因斜栱斜昂较多，折损严重，粘接后加铁活固定，搭套和安装时加施“米”字形铁板连接，缺失的小斗用同样材料补齐。③梁架上朽坏的构件，照旧复制，折损者粘接后加铁活补强。前槽大内额负重超量，原有斜材加螺栓形成三角形框架传承荷重，有效缓解了大额枋压力，已缺榫卯全部补齐，梁架与檩搭交处用异向扒钉连固。每间有两根椽子与檩条贯固，致使梁架与槫椽构成一体。④殿顶瓦件中，全部金制旧瓦继用，缺者照旧复制；琉璃脊兽已成残块，对接后粘连牢实；已缺或残损部位依旧件捏成坯胎，按原色调烧制后粘接。⑤原有部分木构件基本完整，修补后继用；格扇棂花残洞甚多，雕刻棂花补配。⑥殿内塑像基本完好；殿周壁画除漏雨塌损一部分，还保存有 320 多平方米；东金刚像高 8 米，倾侧 40 厘米，下部泥皮脱落，主要木骨折断，于木骨内拉铁线扶正，木骨加铁板固定，像后侧地面以下埋石条拉住，最后修复下部衣饰肌肤；西次间背光折损，高达 13 米，吊至脊槫扶正，加木板和铁活固定。

9. 山西太原晋祠圣母殿落架大修工程

圣母殿是晋祠的主要建筑（图 2-27），坐西向东，位于中轴线终端，为奉祀晋国开国诸侯唐叔虞的母亲邑姜所建。圣母殿建于北宋天圣年间（1023～1032 年），崇宁元年（1102 年）重修，是我国宋代建筑的代表作。大殿通高 19 米，重檐歇山顶，面阔七间，进深六间，四周围廊，殿堂梁架是现存古建筑中符合宋代《营造法式》殿堂式构架形式的孤例。圣母殿中有彩绘塑像四十余尊，圣母像居正中，周围有众多女官、侍女环绕（图 2-28）。塑像动作各异、神态自然，被誉为国内塑像中的瑰宝。

图 2-27　圣母殿正面照片

图 2-28　圣母殿中塑像

圣母殿依山而建，台基后半部分坐落在基岩上，前半部分位于杂填土地基上；殿下原有泉水三道，流入鱼沼之内。1978 年改革开放以来，太原市工业发展较为迅速，地下水抽取量激增，导致晋祠地下水位下降 6 米有余，圣母殿台基明显前倾。1980 年测量时，圣母殿倾斜 30 厘米，至 1990 年前廊柱已沉降 45 厘米，前后檐柱高低悬殊 69～72 厘米。殿宇倾斜导致梁架歪闪，构件拔榫者甚多，槫、枋、斗栱、乳栿、丁栿等大都移位，荷载严重失衡。经定点钻探测量，前檐廊柱下 9～11 米深为基岩，后檐廊柱下 20 厘米深为基岩，地基土厚薄不均引起的沉降差是导致建筑倾侧的主要原因。

中华人民共和国成立以来，对圣母殿廊庑、瓦顶曾维修三次，力求解决廊柱和乳栿的扭曲以及殿顶漏雨现象。因险情来自基础的变化，维修并不能解决根本问题。山西省文物局根据勘察钻探资料制订了落架大修方案，经国家文物局专家组两次集体审核确定，由国家文物局批准于 1993 年实施。

修缮的基本方法：①将所有柱下基础全部挖至基岩处（基础石下 25～30 厘米），浇筑钢筋混凝土灌注桩，顶部用钢筋混凝土系梁连接，上面安放柱础，使殿宇荷载直接传递到基岩上。②对底部严重朽坏的柱子墩接修补，掏去朽木，加心柱灌注严实，加铁箍束紧。③梁架构件拔榫者较多，折损者较少，除仔角梁外大都加固继用；阑额、普拍枋大都完好继用；斗栱大都采用加固方法，缺者复制；檩条椽飞损伤较多照旧补齐。④殿内神龛和圣母像、廊下二将军像就地保护；四十二尊待女像依其体量，每像做一桥式框架，异地保存，竣工后归位。⑤殿顶琉璃基本完好，拆卸包装，原件原位归安继用。⑥壁画分别揭开，加固保护。

10. 山东曲阜颜庙复圣殿落架大修工程

颜庙又名复圣庙，位于曲阜旧城北门，为主祀复圣颜回的祠庙。庙宇始建年代不详，元延祐四年（1317 年）于现址重建，明万历二十二年（1594 年）修建奠定现存规模。颜庙 2001 年被国务院公布为第五批全国重点文物保护单位，2006 年 12 月被国家文物局列为世界文化遗产“三孔”的扩展项目，进入《中国世界文化遗产预备名单》。

复圣殿是颜庙的正殿，元代时为五间重檐，明正统四年（1439 年）重修，明正德二年（1507 年）重建，建后的正殿为七间重檐（图 2-29）。殿的前面有四根石雕龙柱，其他十八根为八角石柱，浅刻龙凤、花卉。1930 年军阀混战时，东山大梁折落，东北角柱折断，东面斗栱被打落；1934 年重修，1978 年大修，拆卸彩画上甍，更换部分木构件。复圣殿由于年久失修，多处部位出现不同程度的残损，结构严重歪闪，屋面漏雨，彩画斑驳脱落，木基层糟朽，整体建筑处于濒危状态，保护修复已经势在必行。经过勘察和研究分析，复圣殿需实行落架大修。

图 2-29　颜庙复圣殿

受曲阜市文物管理局的委托，山东省文物科技保护中心在曲阜市三孔古建筑工程管理处的协助下对复圣殿进行了细致的现场勘察，并通过查阅历史文献、走访老工匠等方式对收集到的信息资料进行分析梳理，于 2002 年 6 月形成了《曲阜颜庙复圣殿维修和总体规划前期工程方案》。2003 年，国家文物局通过该方案。

颜庙复圣殿落架大修工程被国家文物局列入 2006 年国家重点文物维修工程。落架大修包括现场勘察、方案设计、项目立项、项目发包、工程施工、竣工验收等环节，每个环节都严格遵照国家相关规定有序进行。工程严循古法、有效创新，在最大限度地保留文物信息方面取得了如下经验：①牢牢把握真实性原则。复圣殿落架大修工程中，关注了不同历史时期的修复信息，注重了建筑营造的地域性做法，如屋面苫背、油饰彩绘修复项目，在专家的研究论证后，确定了以现存彩画进行原样修复的方案。其中，复圣殿外檐梁枋彩画为我国现存唯一的具有浓厚地域风格及明式彩画遗风的彩画。这种施工中严格遵守历史真实性、不改变文物建筑原状的原则，有效地避免了文物建筑“破坏性修复”的发生，保留了有价值的历史信息。也正是在这一原则的指引下，对原有文物构件进行了合理的保护和使用。针对现状构件残损程度的不同，或修补或更换，对于更换下来的构件，不仅建立其维修档案，并将其进行展陈，以发挥其历史信息价值。②认真贯彻可识别性原则。复圣殿落架大修工程开展以前，不仅对文物建筑进行了现状勘察，并查验了其历史上各个时期的修复史料。根据史料信息，在拆除过程中勘验各个时期的修复特征、判定其构件年代，建立科学档案。这项工作的开展，对于研究我国古代历史上各个时期的建筑构件的构造工艺及做法特点具有十分重要的意义。同样，此次大修中，对于更换、复制的构件，不仅建立了更换档案，更是通过多种方式做到了新换构件的可识别性，如屋面瓦件，其背面则打上了生产窑厂的印记。③严格按传统工艺进行施工。在施工前做好文物保护工作，对文物建筑的石构件、油漆彩画和文物陈设及古树名木采取有效的覆盖和包裹措施。施工中尽最大努力保持了古建筑的完整、健康和原始状态，最大限度地延续其历史真实性和完整性。新添配的古建筑专用材料，均符合国家文物古建筑的质量标准要求和验收规范。施工工艺方面，在现有设计和规范的基础上，严格采用传统工艺做法施工，在保证结构安全的前提下，尽可能使用原始构件，使古建筑保持了“原汁原味”的风貌。④建立文物修复责任制度。大殿修复过程中，建立了建筑部位修复责任人制度，对每一道工序、该道工序的具体实施人员、监理人员、文物局驻现场代表人均进行了档案记录，对于上道工序不合格的情况，根据具体存在问题，修改直至拆除后重新制作。并建立了基于建筑质量的奖惩制度。

颜庙复圣殿落架大修工程总投资 561.86 万元，于 2006 年 3 月开始施工，2009 年 7 月完成全部修缮项目，2011 年 6 月顺利通过了国家文物局竣工验收，工程以严谨、细致、科学、规范的施工质量入选“2011 年度全国十大文物维修工程”。

11. 山东济南府学文庙大成殿落架抬升工程

济南府学文庙始建于宋熙宁年间（1068～1077 年），位于大明湖畔，历史上曾数次被毁又数次重修，到明朝末年，建筑布局已臻于完善。济南府学文庙是历代济南文化、教育的中心，但是到了民国时期废除科举后，济南府学文庙便逐渐败落。由于连年战争，济南解放前济南府学文庙已经遭到破坏。中华人民共和国成立后，大成殿曾被辟为礼堂，后来济南府学文庙成为大明湖路小学校舍。

大成殿为济南府学文庙的主体建筑，是全省最大的单檐庑殿顶建筑。大殿面阔九间，东西阔 34.5 米，进深四间，南北深 13.9 米，通高 13.86 米，面积约 480 平方米。单檐庑殿顶上，覆盖黄琉璃筒瓦；柱网布置与宋代《营造法式》所载双槽平面相似；木构架为抬梁式，金柱承五架梁；柱有收分、侧角和生起，保留了宋代建筑的特点。外檐斗栱为重昂五彩斗栱，明间平身科两攒，其他间各一攒。大殿顶部设天花，明间天花上升并内收至五架梁底皮形成覆斗式藻井。殿周东、西、北三面围以檐墙，南面前檐居中各间均为六抹头菱花隔扇门，唯两端尽间为菱花窗。

大成殿原坐落在宽阔的月台上，随着岁月变迁，建筑已破损不堪，殿基也与地面齐平；木构架整体严重歪闪，东北角基础下沉，两山面斗栱向外倾斜，导致了上部构件的变形错位，只有通过落架大修，才能从根本上解除大成殿存在的隐患。此外，鉴于大成殿月台已埋入地面以下，且下部常年浸泡在地下水中，需抬升台基，保证大殿修缮后的整体稳定。因此，大成殿的修缮采用了“落架抬升”方案，即将大殿全部拆除并仔细标记构件，抬高地基，然后在原地尽量使用原物重建。

在修缮保护工程中，专业人员对于现存建筑，按照文物保护的办法进行修葺。需恢复历史上存在的古建筑时，依托历史资料以及考古发掘，按照传统建筑的构建办法施工。在拆卸木构架时，采用了由上而下逐层拆卸构件的方法，以防止部分腐烂的木件在拆卸过程中因承受不住上层压力而断裂坍塌。在修缮木构件时，根据构件在结构中的受力状况和自身的损伤程度，在保证承载能力的前提下，优先采用原构件修补加固的方法，尽量减少构件的更换量。在斗栱的复位安装过程中，采用图纸安装与电脑模拟操作相配合，使复杂的安装工艺变得简单明了，提高了安装精确度。

大成殿落架抬升工程 2005 年 9 月开工，2006 年 8 月竣工。修缮后的大成殿，整体抬升了 1.5 米，重现了当年的高峻。根据完工后两年多的观察，整体建筑稳定，构件受力正常，表明工程质量达到了预期的要求。图 2-30 和图 2-31 分别为大成殿修缮前、后的照片。

图 2-30　修缮前的大成殿

图 2-31　修缮后的大成殿

12. 山东聊城光岳楼落架大修工程

光岳楼位于聊城旧城中央，其主体结构建于明洪武七年（1374 年），由楼基和主楼两部分组成（图 2-32），总高 33 米，是我国现存明代楼阁中最大的一座，1988 年被国务院列为全国重点文物保护单位。

光岳楼的楼基为砖石砌成的方形高台，占地面积 1236 平方米，边长 34.5 米，向上渐有收分，垂直高度 9 米，由交叉相通的 4 个半圆拱门和直通主楼的 50 多级台阶组成。

光岳楼的主楼为木结构楼阁，4 层 5 间，歇山十字脊顶，四面斗栱飞檐，且有回廊相通；全楼有 112 个台阶、192 根金柱、200 余朵斗栱。采用了主体结构与附加结构相结合的方法，内以 32 根直通向上的内、外槽柱构成楼的主体（图 2-33），外以一楼回廊和二楼平座构成楼的保护层。

图 2-32　光岳楼外立面

图 2-33　光岳楼木结构

楼内匾、联、题、刻琳琅满目，块块题咏刻石精工镶嵌，其中尤以清康熙帝御笔“神光钟瑛”碑，乾隆帝诗刻，清状元傅以渐、邓钟岳手迹，郭沫若、丰子恺匾额、楹联至为珍贵。

据史料记载，光岳楼建成600多年来，几经战火和地震，主体结构却一直未动过，但每隔五十年左右，都要进行一次外部完善性的修缮。自1933年国民政府对光岳楼修缮后，到20世纪80年代，主楼出现了漏雨、倾斜等现象。经深入勘察，发现二层平座回廊普遍下沉，地板外闪，外檐外倾；较多木构件已经腐朽，节点松脱，特别是外檐角柱腐朽严重，影响结构的安全，亟须大修。为此，聊城市政府成立了光岳楼修复工程领导小组，邀请了国内著名专家研究修缮方案。鉴于光岳楼的木柱均是由基台直达三楼，木柱之间用横木穿插、梁枋扣合的方式形成内外框架，每根木柱连接点有几十处，若不对结构落架，要进行更换是不可能的，为此，确定了主体结构落架大修的方案。

光岳楼主楼修缮工程由曲阜古建公司负责施工，工程于1984年5月开始，至1985年12月竣工，耗资45万元。维修的主要部位，一是揭盖翻修了全部瓦顶，更新了全部连檐瓦口，更换了全部望板和部分檐椽，重新制作安装了透花铁葫芦宝顶。二是更换、贴补、矫正了第一、二层廊柱和第四层八根辅助圆柱，加固了第二层东北、东南、西南角檐柱，用化学高分子材料灌注了上端中空的四层四根金柱，更换了部分梁檩桁枋，修补更换了大部分斗栱，更新了第二、三层部分地板，修理了全部门窗。三是对全楼进行了油饰。四是按原样重新制作了五块匾额，重新树立和接补了五通石碑。此次维修是遵循“保存现状、恢复原状”的原则，以尽量不动原件为前提进行的，修缮后的光岳楼总体上仍保持了创建时的原貌。

2.3.3 古建筑局部落架大修工程选录

1. 河北正定隆兴寺摩尼殿修缮工程

摩尼殿坐落在隆兴寺中轴线前部，殿内供释迦牟尼佛。摩尼殿平面布局为十字形，总面阔七间、通进深六间；重檐歇山屋顶，绿琉璃瓦覆顶，与一般重檐建筑不同处是把外墙砌到副阶檐下，另在副阶四面正中各加一座山面向外的歇山顶抱厦（图2-34）。大殿结构属抬梁式木结构，殿内的梁架结构均与宋代《营造法式》相符；大木八架椽屋，前后乳栿四柱结构形式，檐下斗栱宏大，分布疏朗；柱子粗大，有明显的卷刹、侧角和生起。

摩尼殿由于年久失修以及1966年邢台地震的影响，整体构架向东南方向倾斜，部分壁画碎落。1973年由文化部文物保护科学技术研究所祁英涛先生主持对其进行勘察、测绘和制订修缮技术方案；经国家文物主管部门批准，1977年10月开工，由河北省古代建筑维修队根据“保存现状、部分复原”的原则，组织进行了局部落架修缮，至1980年春完工。

修缮工程中，落架至檐柱、金柱，内槽柱不动，在对柱框进行调正、修配梁架和斗栱之后重新安装定位；维修时取消了殿内后加的天花板，按原有规制恢复为彻上露明造；取消了清代维修时增加的山花板，恢复为宋式博风、垂鱼，还配齐了四个抱厦扇门，重新包砌了台基。瓦顶部分按当时现状修复，保留了明代格局及脊饰构件；内檐残存的彩绘全部保留，外檐斗栱、额枋一律刷灰绿色，其余明柱、扇等以土红色断白；对四抱厦的壁画进行了揭取修复，内槽扇面墙壁画进行了加固，扇面墙后背的明代悬塑现状保留。施工过程中在许多木构件上发现了墨书题记，证实此殿为宋皇祐四年建造。

图 2-34　隆兴寺摩尼殿

2. 河北承德安远庙普渡殿局部落架大修工程

安远庙建于乾隆二十九年，乾隆二十四年新疆准噶尔部达什达瓦部众约 6000 人迁至热河，为满足入迁部众宗教信仰的要求，朝廷仿原新疆伊犁河北的“固尔札庙”，建安远庙于承德，故又称“伊犁庙”。

普渡殿是安远庙的主殿，为三层楼阁式建筑，通高 27 米；面阔、进深均为七间，平面呈正方形，具有蒙古族寺庙中传统的都纲（讲经堂）法式，布局严谨。普渡殿最下层为砖石砌筑，外观一层，内分两层，墙壁饰以藏式盲窗；下层正中有三座圆形栱门，中层和最上层为汉式重檐歇山顶楼阁；中间装有木制菱花隔扇，檐下高悬满、汉、蒙、藏四种文字的乾隆皇帝题写的“普度殿”云龙匾额；最上层殿顶用黄剪边黑赭色琉璃瓦覆顶，正脊上装置三座铃状喇嘛塔，正中稍大，两侧稍小，间以八宝法器饰纹。

普渡殿内正中三间为空井，檐柱、老檐柱、金柱共 32 根由外至内环布成三层柱网，上下贯通中间。后檐在金柱与老檐柱之间设平缓宽敞的木楼梯通达上层，各层以木栏杆环绕，如走马廊状。殿内正中供奉的主尊佛像是绿度母，二层楼上供有三世佛和菩萨像，三层楼上供奉大威德金刚，殿内四壁满绘工笔重彩的壁画。

随着清王朝的日益衰败，安远庙的功能逐渐丧失，寺内建筑因缺乏维护损毁严重。至中华人民共和国成立前，普渡殿的外檐装修已经无存，且由于下层屋面及局部墙体坍塌、直达顶层的重檐金柱部分柱心糟朽和中部折断，致使上层楼板及梁局部下沉塌陷。1974 年开始国家拨款对安远庙进行大规模整修，包括对普渡殿以杨、桦木围箍金柱逐层支顶。1983 年对普渡殿全部揭瓦，更换飞檐望板，补换大木；上层檐两山大木斗栱落架 10 间，一层檐大木斗栱、童柱落架，下层檐东面斗栱大木落架；补配换修墙内檐柱，重砌坍塌墙体，归安压面石。此外，采用了包镶法加固水平构件，对斗栱及飞椽做了全面修补，修换补配了门窗装修。

图 2-35 和图 2-36 分别为普渡殿修缮前、后的照片。

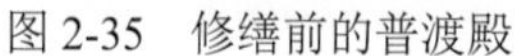

图 2-35　修缮前的普渡殿

图 2-36　修缮后的普渡殿

3. 山西代县边靖楼局部落架大修工程

位于北京-原平铁路线上的代县城，是一座古老的城池，从隋唐到明清，一直是代州治所驻地，也是山西北部的军事重镇。代县边靖楼为安定边塞和极目赏景而名，含有远眺、警戒来敌的意义，是代县的标志性建筑（图 2-37）。

图 2-37　代县边靖楼

边靖楼始建于明洪武七年（1374 年），后多次重修。面宽五间，进深四间，三层四檐，歇山式楼顶，层间设以平座，楼基为 13 米高的城墙，巍峨之势冠于三晋。

因年久失修，楼身四檐外倾，插廊歪闪，梁架扭曲折损，楼顶漏雨。虽几经支撑维修，但险情继续发展，后决定局部落架修缮。

根据残损情况，拆卸上层梁架及其插廊，拆卸后检修加固，底层廊柱、檐柱、梁架、斗栱等原构保护，平座斗栱、梁枋架上检修，加固后归位，然后归安上层梁架斗栱，椽子、檩子朽坏者复制，按原方法铺钉。为使梁架与斗栱联构一体，加拉筋和铁活辅助（图 2-38）。

图 2-38　修缮后的梁架

楼阁建筑的榫卯是木构件结合的重要部位，修缮中将已损的榫卯补齐，松弛者楔紧；对于榫卯松弛引起垂弯的插枋，采用严实榫卯，横枋与檐柱加铁活的方法加固。楼身二层无金柱，梁栿承重过大，通过发挥三架梁上叉手和五架梁上缴背（覆梁）的作用，尽可能地分散荷重，稳固梁架结构功能。

代县位于雁门关脚下，风力甚巨，尤其是夏季或夏秋之交，狂风屡屡出现，牢固楼顶瓦件脊兽十分重要。除瓦下灰背泥背牢固外，筒板瓦下灰泥饱满，两侧勾抿严实，是保证楼顶质量的关键。同时，对鸱吻加拉链，檐头沟头加瓦钉，以增强构件的抗风能力。

4. 山西繁峙岩山寺文殊殿局部落架大修工程

岩山寺位于山西省繁峙县东南的天岩村，地处五台山北面，是由北路进入五台山的必经之地。岩山寺古称灵岩院，根据寺内留存的碑文和文殊殿西壁的题记，可知该寺建于北宋元丰二年之前。金正隆元年，重建此寺及文殊殿，并于金大定七年绘制完成文殊殿壁画，年款、匠师墨题于壁间，至今犹存。

文殊殿殿身宽五间，深六椽，单檐歇山顶（图 2-39 和图 2-40），斗栱以下柱子、阑额、普拍枋为宋金原构，门窗为金制，斗栱以上及梁架元代修葺，特征显著。文殊殿内保存有泥塑和壁画，其中壁画尤为精美，采用界画画法，所绘建筑及人物非常注重细节，堪比壁画界的“清明上河图”。

文殊殿因年久失修，殿宇四周台基损毁，基础不均匀沉降，壁画鼓闪裂缝，梁架扭动，檩条移位，椽子部分拔钉，脊兽残坏，殿顶局部漏雨，但金柱及柱础皆牢固。1982 年，岩山寺纳入全国重点文物保护单位。1999~2001 年，国家文物局拨款 180 万元对岩山寺进行了全面维修，并揭取、加固、修复了壁画。

图 2-39　文殊殿正面照片

图 2-40　文殊殿屋架结构

文殊殿的修缮采用了局部落架大修工艺；四金柱及前后檐明、次间柱子原位不动，梁架中大额枋和大木构件大部分保存架上原位不动；对两山面及四角基础加固，柱子下部朽坏者墩接，残甚者复制。斗栱结构部分折断，尽量加固后继用，折断且已朽坏者复制，前后檐墙和两山墙酥软，已补修几次，连接不同，且壁画大部鼓闪，曾几次用木块和铁栓拉结。修缮工程中，揭取壁画加固后归安，墙体重砌；梁架构件大都原作继用，檩条局部更制，梁架斗栱中许多构件手法式样有异，均原件保留；门窗原物保存，原位安装；残缺的瓦件脊兽补齐。通过修缮，解决了文殊殿的地基沉降问题，修复加固了壁画，较好地保留了金元时期的建筑风格。

5. 山西长治市城隍庙城隍殿局部落架大修工程

长治潞安府城隍庙是全国现存已知的府城隍庙中，规模较大、保存较完整的一处。始建于元至元二十二年（1285 年），在明弘治五年（1492 年）、嘉靖（1522～1566 年）、万历（1573～1620 年）以及清道光十四年（1834 年）都有扩建和重修，长治潞安府城隍庙不仅历史悠久，而且城隍庙中不同时期修建的建筑依旧保留了那个时代的特色。整个城隍庙坐北向南，一进三院，沿着中轴线，从南向北依次是六龙壁、宏门、木牌楼、石牌楼、山门、玄鉴楼、戏楼、献亭、城隍殿、寝宫以及各院的东西配殿、廊房等，于2001 年被国务院公布为全国重点文物保护单位。

城隍殿为元代建筑，面阔五间，进深六椽，悬山顶（图 2-41 和图 2-42）。殿内采用减柱法，仅用内柱四根。梁架简略，用材硕大。前檐斗栱六铺作、重栱计心造。檐柱、内柱为石制抹棱小八角方柱。殿顶用彩色琉璃铺设，色彩纯正、富丽堂皇，反映了山西省在元、明时期琉璃制作的高超技艺。

图 2-41 城隍殿正面

图 2-42 城隍殿后面

城隍殿落架修缮前已严重破损，两山墙外倾，檩子滚动，椽子折断，殿顶西半部全都坍塌，殿内塑像不存。修缮工程中，经测量，金柱及前后檐柱基本牢固，高差不过 5 厘米，因此，檐柱、金柱和梁架上主要构件不予拆卸；对两山柱础进行加固，柱子抄平后填塞牢实，墙体重新砌筑；斗栱局部拆卸后修补归安，已折损的檩、枋、叉手等构件按原状复制；大梁、二梁、三架梁、单步梁等虽塌露但未损坏，为原件原构，修复后续用。殿顶西部瓦件脊兽因坍塌而损失大半，照旧复制；殿顶东侧的吻、脊、垂兽、瓦件、沟滴尚存，修缮后照用。

6. 山西五台佛光寺文殊殿局部落架大修工程

文殊殿位于佛光寺寺门内北侧，建于金天会十五年（1137 年），元至正十一年（1351 年）重修。殿面阔七间，深八架椽，抬梁式构架，单檐悬山式屋顶（图 2-43 和图 2-44）；殿内金代塑像一尊，明代壁画五百罗汉图。

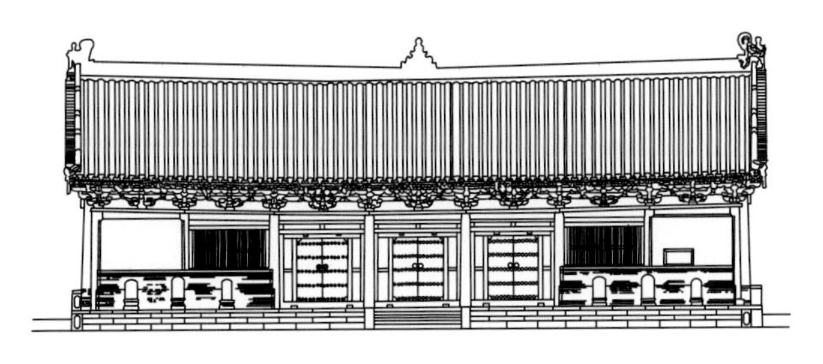

图 2-43 文殊殿正立面

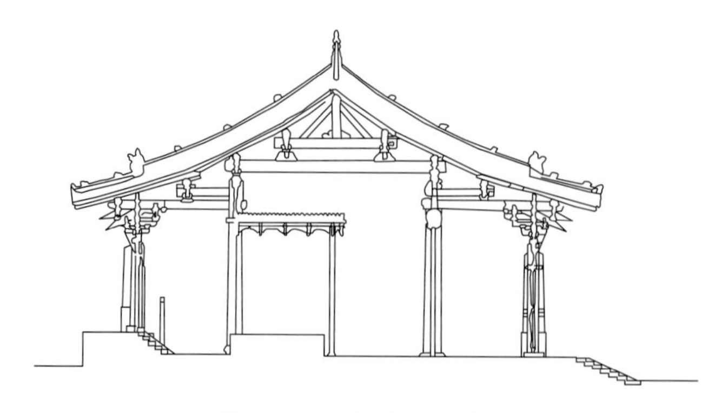

图 2-44　文殊殿明间横剖面

文殊殿的柱网和纵向构架较为特殊，其前、后檐各设八柱，为了扩大殿内空间面积，并增加壮阔感，对内部柱网采用了减柱造手法（图 2-45）。殿内前金柱槽，仅在次间设两柱，后金柱槽，仅在明间设两柱，致使两柱间内额的最大跨度达三间约 14 米。但因承载力不足，于是工匠在内额之下约一米处加设类似由额的辅额一道。主额与辅额之间以枋、短柱、斜柱等联系，形成人字柁架，类似近代桁架（图 2-46），这在我国古建筑中为孤例。

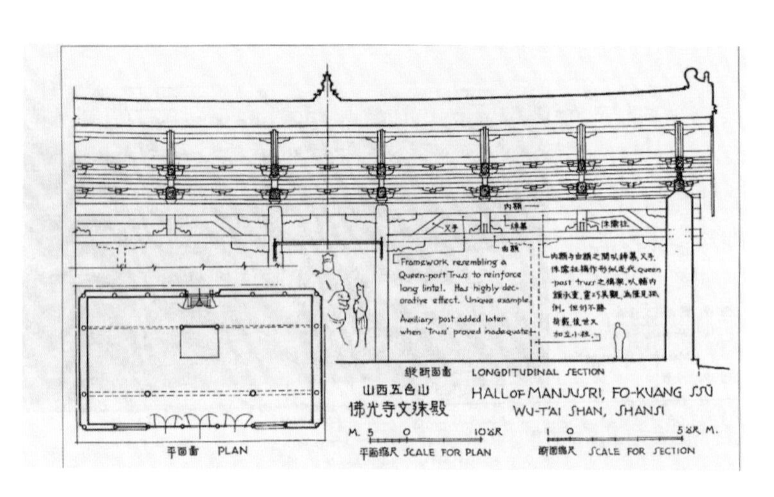

图 2-45　文殊殿柱网平面及纵断面图（梁思成《图像中国建筑史》）

中华人民共和国成立初期，文殊殿梁架折损，檩条滚动，漏雨严重，于 1954 年局部落架修缮。修缮工程中，金柱原位不动，更换后槽金柱柱础一方，四椽栿更换三根，后檐柱子抄平重新安装，前槽斗栱原构未卸，山墙上部重砌，下部墙体因内侧绘有壁画保留，瓦顶脊刹、鸱吻、小兽保留，其余重砌，瓦件、青砖照旧复制。修缮时，由于瓦顶未抹泥背，全部用白灰代替掺灰泥，白灰内又未加麻刀防裂，致使修后不久殿顶各处漏雨，后经几次加工防雨，但效果不佳。随着瓦顶雨水的渗漏，负荷增大，梁架荷载加重，新更替的三根大梁折断，不得已用铁板上下承托加螺栓固定，险情有所缓解但未能根除。由于石灰的钙化，殿顶漏雨连年加剧。经山西省文物局和国家文物局共同勘察决定，再次局部落架修缮。

图 2-46　人字柁架构造（因刚度不足，后采用钢管支撑）

2001 年对文殊殿进行第二次局部落架修缮，金柱、大额枋、前檐柱基本上原位不动，东梢间和西尽间梁架亦架上保存，原物继用。后檐和两山面柱子斗栱及明次间大梁落地修缮。将 1954 年更换后折断的三根四椽栿，依其金代梁栿材质、材种和规格复制。后檐及东山面柱子下部腐朽沉降，墩接加固后继用。斗栱梁架少许构件损坏，大都加固后使用。部分檩条更制。脊兽瓦保存较好，不足者添配。壁画除下部腐朽脱落者外，大都进行了揭取加固，原位安装。塑像原位支架保护，完好无损。经有关方面几次实地检查验收，达到了预期效果。图 2-47 和图 2-48 分别为文殊殿修缮前、后的照片。

图 2-47　修缮前的文殊殿

图 2-48　修缮后的文殊殿

7. 山西大同上华严寺大雄宝殿局部落架大修工程

大雄宝殿在上华严寺内北隅，始建于辽代，保大二年（1122 年）毁于兵火。金代天眷三年（1140 年）在旧址重建，以后历代屡有修葺。大殿矗立在 4 米多高的月台上，依辽代契丹族风俗坐西面东，面阔九间，进深五间，单体建筑面积 1559 平方米，是我国现存辽、金时期最大的佛殿（图 2-49）。大殿的屋顶采用单檐庑殿顶，檐高 9.5 米，出檐 3.6 米；外檐斗栱为双抄五铺作，形制硕大有力；大殿正面辟三门，殿内采用减柱法，减少内柱十二根，有效地增加了安置佛像和礼佛的空间。殿内佛坛上供五方佛和胁侍菩萨塑像（图 2-50），两侧供二十诸天像。殿周墙壁上满绘壁画，近 900 平方米，内容庞杂，色彩艳丽。一座佛殿之中存有如此巨大的壁画面积，是全国仅存之孤例。

图 2-49　大雄宝殿全景

图 2-50　大雄宝殿内塑像

大雄宝殿虽经历代修葺，但因年代久远，残损较为严重。殿宇四周檐柱不均匀沉降，北山面尤甚。殿周墙壁和上部梁架随檐柱大都向外倾斜，结构松弛，构件脱榫，檩条滚动，椽子拔钉，瓦顶漏雨严重。几次维修保护，由于未能根除沉降病患，险情继续加剧。1993 年雨季，大殿前坡南侧大面积塌陷约二百平方米，殿顶南半部塌陷，构件折损，殿内直通天空，临时加支柱遮盖防避雨雪。

1995 年，国家、省市有关部门联合组织技术人员进行实地勘察测量，制订了局部落架大修方案。1996 年，经专家组论证审定，国家文物局批准后实施。工程的主要项目包括：①加固基础，精砌墙体；②整修补配木构件，拨正加固梁架；③精修殿顶；④壁画精工细作；⑤保护彩画，油饰做旧；⑥月台翻新。由于该殿宇体积庞大，工程项目较多，技术亦较复杂，木料选购、加工、工程管理等均按落架大修对待。实施中，因殿内金柱一周高低悬殊较小，全部未予拆卸，原状保护继用。殿宇梁架的大梁、二梁、平梁等包装后架上保护，未予拆卸，原位安装恢复。殿周檐柱及墙基、台明、月台、踏道因塌陷或沉降，加固重砌。柱子下部朽坏者墩接，内部腐空者加心柱灌注，铁箍束牢。西山面墙内一柱，历史上火灾碳化严重，照旧复制。梁架斗栱的残裂构件大都加固后继用；裂碎部分粘接，未予更换。殿顶塌陷时天花板少部分砸坏，照旧补齐。壁画全部提取加固后原位安装。塑像全部支搭架木工棚，就地保护，使之安然无恙。

大雄宝殿修缮工程由山西古建筑保护研究所负责设计与施工，自 1997 年 6 月开始，于 2001 年 6 月竣工。竣工后国家文物局组织专家实地验收，认为工程认真坚持了文物保护原则，在修缮过程中，甲乙双方管理制度健全，质量勘察资料齐备，全程质量跟踪，工程内在质量和观感效果俱佳，符合国家有关文物保护工程管理要求，具有典范意义，是一次大型文物保护工程的成功范例。

第 3 章

落架大修工程准备工作

“好的开始是成功的一半。”做好落架大修工程的准备工作是保证工程顺利实施的前提。落架大修工程的准备工作主要包括：①建筑物的现状测绘与资料完善；②木构件的编号与挂牌；③修缮场地的规划与布置；④施工脚手架与防护罩棚的搭设。各项工作的具体要求和做法详述如下。

3.1 建筑物的现状测绘与资料完善

属于重点文物保护单位的古建筑，一般都存有图纸档案，可作为修缮加固的基本依据；但对于拟落架大修的古建筑，由于损坏严重，其现状与图纸档案有较大的误差，需要进行现状勘察与测绘。此外，为保证古建筑安全有效的拆落、修复和重新安装，需要提供比文物保护档案更为全面翔实的图纸、图像、文字资料，以满足落架大修方案的制定和施工校验。

3.1.1 现状图纸绘制

1）柱网平面图

柱网平面图主要表达建筑的通面阔、面阔、通进深、进深、柱网尺寸、墙体尺寸和间距，以及台明范围和柱础位置等。

绘制柱网平面图时，需将平面内所有露明柱子、柱础的现状布局和尺寸表示清楚。柱网尺寸的测绘以柱底的中线为依据，逐间确定建筑面阔和进深尺寸；对于大型古建筑，还需测绘柱头的中线，柱底中线与柱头中线垂直线之间的水平距离即为柱子的侧脚尺寸，这是早期建筑的重要标志。柱子、柱础的尺寸（或直径）应在图中标出。

在柱网平面图中，需将墙体与墙体、墙体与柱子之间的关系表示清楚；墙体的长度、厚度，墙体厚度与柱网轴线的关系（里包金、外包金尺寸），以及墙体与柱子交接处八字墙（柱门）的尺寸均应标出。此外，阶条石、踏跺、散水的位置与尺寸也尽可能标出。

对于台明的构造较为复杂或有较多柱础沉降的建筑，可在柱网平面图的基础上另绘台明平面详图。此时，可将柱础尺寸、水平偏移和竖直沉降值标注在台明平面详图上。

2）前檐立面图

前檐立面图即正立面图，主要表达台明正面构件、檐柱、斗栱、檐口、屋面、装修等。

测绘台明时，台帮、阶条石、踏跺等构造可分层标注其高度和宽度。

测绘檐柱时，柱子的高度、直径、倾斜度均应测量，其收分、卷杀等特征也应表述，柱间的额枋、雀替连接构造均应表达。檐柱若有侧脚，应按实际倾斜尺寸绘出。

斗栱可按其位置和构造特征绘制简图，另外绘制斗栱大样图。

测绘檐口时，尽可能绘制出全部椽子，并标注檐椽椽底和飞椽椽底的高度。

测绘屋面时，需绘出屋顶正脊和吻兽、垂脊和垂兽，并标注出高度；脊瓦、檐口瓦也应绘出；对于有翼角的屋面，还应测绘翼角的起翘。

对于前檐装修较为简单的情况，可在立面图上直接绘制构件图样并标注名称；否则，应专门绘制装修大样图。

3）后檐立面图

后檐立面图即背立面图，其测绘要点同前檐立面图。

后檐的立面主要为墙体，木装修较少，测绘时将外露的构件表达清晰即可。

4）两山立面图

古建筑两山墙的立面基本相同，主要表达台明、山墙、山面构架、博风板、垂脊、垂兽、戗脊、戗兽等。

山面台明、廊柱、斗栱的测绘要求同前檐立面图。

山墙墙体，应将下碱、上身、签尖、拔檐等构造表达清楚。

博风板、屋面构件及外露的山面构架，应全部表达清楚。

5）横剖面图

横剖面图应按每缝（榀、帖）构架绘制，分为明间横剖面图、次间横剖面图等。

横剖面图应标注室内外地面高程、前后檐台明高度、柱子顶部高度、脊檩顶部高度，标注台明宽度、柱距、前后飞檐的距离。

横剖面图测绘的重点是木构架，上自脊檩，下至柱础，将构架的上、下架构件及连接构造表达清楚，并逐檩标注举高、步架的尺寸。构架中柱的横向倾斜度和梁的下挠度均应标出。横向有侧脚的柱子，尚应标注侧脚的尺寸。

屋面构造、木装修等可以简略绘制，尺寸也可用文字的形式说明，其细部另绘详图表达。

6）屋面俯视图

对于常见的硬山、悬山屋面，一般不需要绘制屋面俯视图；对于歇山、庑殿、攒尖等复杂形式屋面，需绘制屋面俯视图来表示屋脊、脊饰、吻兽和一些代表性瓦件的位置。

对于类型不同的瓦件或有明显不同时期修缮痕迹的瓦件，应标注其范围和位置。

对于有翼角的屋面，应在屋面俯视图上标注翼角投影尺寸，以及翼角的生出尺寸。

7）梁架仰视图

梁架仰视图表达了梁架（屋架）与屋盖的构造关系，一般依据柱网和构架的轴线，以及斗栱仰视图绘制。

梁架仰视图与屋面俯视图在平面外形上基本对应，对于有翼角的屋面，应在梁架仰视图上标注翼角构造与角科斗栱的位置关系，以及翼角的生出尺寸。

8）斗栱大样图

对于柱头科和平身科斗栱，需要绘制侧立面图和仰视图，角科斗栱尚需绘制 45° 剖面图，一些特殊构件如昂、耍头还需用大样单独表示。

斗栱的构件数量较多，需测量全部构件的尺寸和变形，标注缺失构件，并分类列表登记。

9）翼角大样图

对于歇山、庑殿建筑，翼角大样图是必不可少的图样。

翼角大样图应表达老角梁、仔角梁、续角梁、隐角梁的截面尺寸以及搭接关系，各构件与角科斗栱、檐檩、金檩的位置关系，以及翼角生出和起翘的尺寸。

10）装修大样图

装修大样图包括平面图、正立面图、背立面图、断面图，一座建筑中不同类型的装修应全部单独绘制大样图。

装修大样图应表达装修与墙体、柱子的相邻关系，注明装修构件的名称、构造和尺寸。

3.1.2 现状文字记录

1）损伤现状登记表

古建筑现状的文字记录，主要记载各部位、各构件的损伤状况，包括缺失、变形、折断、裂缝、风化、腐朽等。现状文字记录可在初步勘察的基础上，结合图纸测绘进一步细化，采用分类登记的方式，现场测定记录各部位、各构件的损伤状况和程度。

为了准确地记录落架建筑的损伤状况，需要对建筑分类编制登记表。对于砖木古建筑，通常按建筑部位分类，如按台明、墙体、木构架、斗栱、屋盖、屋面、装修等分类。一些修缮工程也习惯按照施工工艺分类，如按石作、木作、砖作、瓦作、彩画作等分类。无论采用哪种分类方式，制表时均应将全部构件有序地列入，以便对损伤状况进行全面的记录和统计。

以某抬梁式木构架房屋为例，该房屋面阔五间，其明间剖面如图 3-1 所示。对于一般修缮工程，木构架的损伤状况登记仅需一张表（表 3-1），将各缝构架作为子项，在子项中主要记录损伤构件的状况和修缮要点，基本可以满足鉴定要求。但对于落架大修工程，需要对木构架全部构件进行损伤状况分类，确定是否继续使用、修缮或更换，登记内容要求更为详细准确。因此，宜以各缝构架分别制表（表 3-2），将柱、梁、枋等横向构件分别作为子项并编号，自上而下、自南向北逐项记录各类构件的损伤部位及程度，为修缮方案的制订提供具体、可靠的参考。

在修缮工程施工中，若采用分层落架方案，并将檩、枋、梁、柱分类堆放和修缮时，也可以各缝构架损伤现状登记表为依据，将各类构件的资料进行归并登记，便于施工操作。

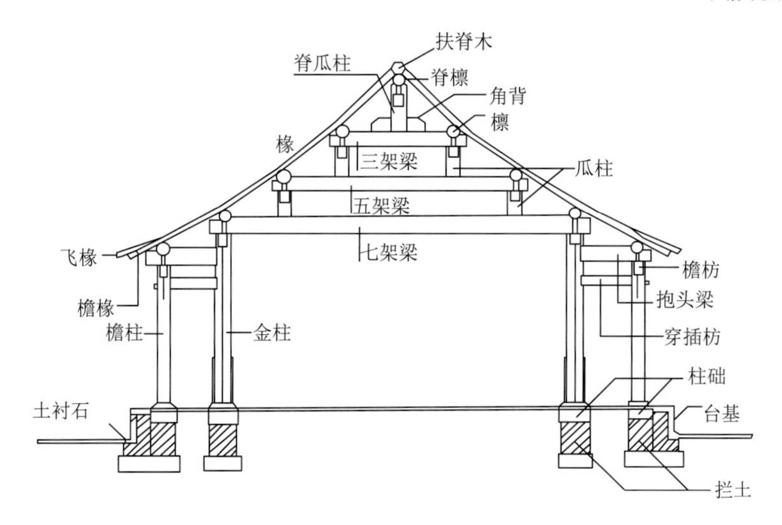

图 3-1　抬梁式木构架房屋明间剖面图

表 3-1　× × 房屋木构架损伤现状登记表

部位	材质/规格	构件损伤状况	修缮要点	备注
明间东缝构架		（以损伤构件为登记重点）	（针对损伤构件提出）	
明间西缝构架				
次间东缝构架				
次间西缝构架				
东山墙构架				
西山墙构架				
檩、枋、椽				

表 3-2　× × 房屋明间东缝构架-构件损伤现状登记表

构件类型	构件	编号	材质/规格	损伤部位	损伤程度	修缮要求	备注
柱类	脊瓜柱						
	南角背						
	北角背						
	南上瓜柱						
	北上瓜柱						
	南下瓜柱						
	北下瓜柱						
	南檐柱						
	南金柱						
	北金柱						
	北檐柱						

续表

构件类型	构件	编号	材质/规格	损伤部位	损伤程度	修缮要求	备注
梁枋	三架梁						
	五架梁						
	七架梁						
	南抱头梁						
	北抱头梁						
	南穿插枋						
	北穿插枋						

注：①图 3-1 中的纵向构件檩、檐、枋，以及沿纵向铺设的椽子，一般按房屋开间制表，列入屋盖损伤登记表中。②图中方向：左南、右北。

2）损伤状况记录要求

表 3-3 给出了砖木古建筑的主要损坏状况，进行文字记录时，要针对各部位、各构件的受力和材料性能，表述其损坏的特征。

对于构件的损伤程度，应依据现场勘测并结合无损或微损检测，确定准确的位置、范围和宽度、长度、深度，为后期构件修缮方案的制订提供量化的依据。需要注意的是，一些难于检测的部位或隐蔽部位，应在损伤现状登记表中注明情况，待落架施工中进一步测定。

对于现状测绘中发现的构件形制变动、历史修缮的特征，如木构件的修补、更换或施工题记，砖墙的挖补或重砌，瓦件和吻兽的修补或更换等情况，应及时记入损伤现状登记表中的备注一栏（表 3-2），作为建筑年代和法式考证的辅助材料。

表 3-3 砖木古建筑的主要损坏状况

部位或构件	主要损坏状况
台明	阶条石、踏跺的缺失、开裂和风化；柱顶石的缺失、破碎、沉陷
墙体	墙根酥碱、墙头风化；墙顶坍塌、砖块缺失；墙体沉降、倾斜、开裂
木梁、枋	构件弯曲、下挠，跨中断纹开裂，梁端劈裂，榫头脱落；木材腐朽、老化变质，木材虫蛀
木柱	构件倾斜、柱础错位，柱身劈裂、压皱；木材腐朽、老化变质、空洞，木材虫蛀
斗栱	整朵（攒）斗栱变形或错位；栱翘折断、小斗脱落；大斗压陷、劈裂、倾斜或移位；木材腐朽、老化变质、虫蛀
檩条	构件弯曲、下挠，檩端脱榫，檩条外滚；木材腐朽、虫蛀
椽条	木材腐朽、虫蛀；椽、檩间钉子锈蚀，椽条松动；构件弯曲、下挠，引起屋面变形、坍塌
翼角、檐头	木材腐朽、虫蛀；尾部松脱或拉结失效；劈裂、折断或端部下垂
屋面	吻兽、垂兽的破碎或缺失；瓦件破损、缺失、形制不一；木望板糟朽

3.1.3 现状图像记录

运用摄像或摄影的方式，对古建筑的整体形态和细部特征进行图像记录，是提高和完善建筑测绘质量的重要手段，也是图文档案的有效佐证。目前，数码技术和遥控技术已广泛运用于拍照和摄影，为全面实施图像记录工作提供了便利。

古建筑的图像资料一般采用数码相机采集；对于古建筑与周边环境的鸟瞰图、屋面俯视图，可用无人机自带的相机航拍；对于建筑的艺术构件、细部构造，可用像素较高的相机静态拍摄。数码相机采集的图像资料，具有直观、翔实的特点，并能体现所拍摄物体的真实色彩与损伤现状。

图像记录应与图纸绘制工作环节相配合，贯穿于古建筑测绘的全过程。为了全面、有序、有效地进行图像记录，一般应做好如下工作。

（1）预先编制图像记录方案。参照图纸测绘的要求，并考虑需完善的任务，编制图像记录方案，确定拍摄图像的部位、张数和要求。例如，与前檐立面图对应，需拍摄正立面全景照片，每根檐柱全高照片、每攒斗栱照片、台明细部构造照片、檐口细部构造照片等，以全面准确地表达建筑的形制和构造特征。编制图像记录方案时，应与图纸测绘方案细致协调，便于实施和提高效率。

（2）预先确定拍摄图像号码。参照图纸绘制的编号系统（见 3.2 节，木构件编号方法），对计划拍摄的每张照片预编号，并确定照片名称。例如，对应于某间横剖面图，图纸测绘要求将构架的全部构件及连接构造表达清楚，图像拍摄时，除了对构架进行全景扫描拍摄，尚需拍摄每根构件、每个节点的照片。因此，需按照图纸测绘中每根构件、每个节点的编号，预定对应照片的编号。预定编号后，打印出表格，用于现场拍摄核对。

（3）图像拍摄与图纸测绘协同进行。古建筑的图纸测绘通常需登高作业，由测量、绘图和记录人员合作完成。图像拍摄宜与图纸测绘协同进行，以节省人力并相互配合。图像应由专人拍摄，依据图像记录方案或结合测绘方案，选定拍摄对象后，逐张拍摄。绘图记录员可兼作摄像记录员，对照拍摄图像预编号表，协助拍摄人员及时核对图像部位和编号。对于测绘过程中发现的有价值的题记或隐蔽损伤部位等特殊情况，可现场附加拍摄照片，并应及时记录，并参照预定编号系统附加子号码。

（4）图像核对与保存。图像拍摄因与图纸测绘协同进行，通常需多次操作完成。每一次图像拍摄之后，应及时将所拍摄的数码图像导入电脑。对照预定的图像号码和拍摄记录，核对图像的有效性，并正式确定图像编号、保存在文件夹中。

3.1.4 图像处理

利用计算机图像技术对测绘成果进行深度处理和综合表达，已成为古建筑图样完善、资料分析与保存的重要手段。

目前常用于古建筑测绘资料处理和建模的计算机软件有 AutoCAD、3DMAX 等，

AutoCAD 主要用于二维图纸的绘制表达，3DMAX 主要用于三维模型的构建。两款软件均具有较强的文字编辑功能，3DMAX 还可以对模型的材质、纹理进行编辑处理和动画显示。经过计算机绘制、处理的图像电子版，可较好地表达古建筑的现状和特征。特别是三维模型的效果图，便于古建筑修缮方案的研究制定，也可为落架和安装的施工过程提供直观的参考。

古建筑测绘草图完成后，一般用绘图软件整理成电子版。绘制电子图时，可将平面图、立面图、剖面图中的主要构件和部位作为控制单元，构成图样的主体，并标注柱网轴线和各类尺寸线；然后，对斗栱、翼角、装修单独绘制大样图，将其中相关视图分别嵌入平面图、立面图、剖面图中，形成完整的图样。横向构架的绘制，也可依据柱网轴线和高程线，先构成梁、柱、檩主体结构；然后，补充叉手、驼峰等细部构件；再依据步架、举高确定椽子的位置；最后形成完整的图样。梁架仰视图可依据柱网、构架的轴线，以及斗栱、翼角的仰视图投影绘制。屋面俯视图可利用立面图、翼角俯视图投影绘制。各类图样完成后，应将各构件的主要损伤状况，用文字标注在相应的位置上。

3.2 木构件的编号与挂牌

木构架古建筑中的木构件类型多、数量大，做好木构件的分类与编号，是保证落架大修工程有序、有效实施的重要措施。

木构件的编号以建筑物现状测绘图为底图，以损伤现状登记表为参照，并考虑木构架拆落、修整和重新安装的施工顺序要求，做到易于理解、易于识别、合理有序。构件编号应避免重复或遗漏，同一建筑中不得有重名编号构件，同一构件在各图中的编号应相同，编号的书写方法以及编号牌的钉挂位置应规范、统一。

3.2.1 木构件编号方法

木构件编号可按照各地传统的方法确定。对于柱子，通常以柱网平面图为依据，采用横向或纵向编号的方法编号；对于横向梁、栿，通常以各缝构架横剖面图为依据，自上而下逐根编号；对于檩条、角梁，通常以梁架仰视图（或另绘屋盖简图）为依据，自左向右、自南向北逐间逐根编号；对于斗栱，通常以立面图为依据，按各朵（攒）所在位置编号；当木构架的横向梁栿插入斗栱中，成为构架与斗栱的共有构件时，应以构架构件编号为主，并注明其在斗栱中的构件编号。为节约篇幅，本节以柱子为例，介绍横向编号和纵向编号方法。

1）柱子横向编号方法

以图 3-2 柱网平面图中柱子编号为例。横向编号以明间横向构架位置为基准，分别向东、向西按每缝构架排序；然后，自南向北按檐柱、金柱等排序；对于山墙部位有中柱的情况，也可将中柱单独编号，用“中”表示其位置。

编号时先注明构架位置，然后确定相应柱子的号码。图 3-2 中共 26 根柱子，各柱的编号与具体名称详见表 3-4。这样的编号，便于施工人员依据建筑开间和构架的方位来识别柱子的位置，也使得柱网平面图与横剖面图（按每缝构架绘制）中柱子的编号相互对应。

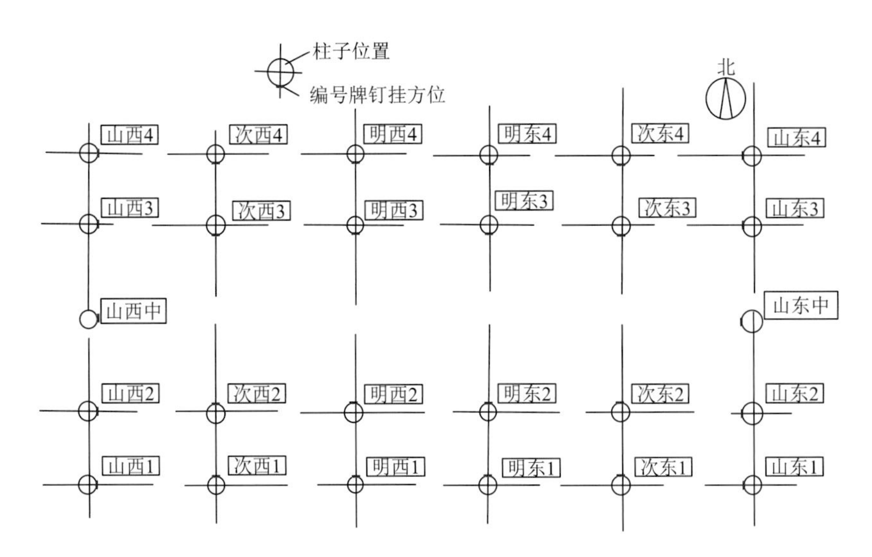

图 3-2　柱网平面图中柱子的横向编号

表 3-4　××房屋柱子编号表（横向编号）

构架位置	编号	构件名称	书写方法	备注
明间东缝	明东 1	明间东缝南檐柱	明东 1（向北）	
	明东 2	明间东缝南金柱	明东 2（向北）	
	明东 3	明间东缝北金柱	明东 3（向南）	
	明东 4	明间东缝北檐柱	明东 4（向南）	
明间西缝	明西 1	明间西缝南檐柱	明西 1（向北）	
	明西 2	明间西缝南金柱	明西 2（向北）	
	明西 3	明间西缝北金柱	明西 3（向南）	
	明西 4	明间西缝北檐柱	明西 4（向南）	
次间东缝	次东 1	次间东缝南檐柱	次东 1（向北）	
	次东 2	次间东缝南金柱	次东 2（向北）	
	次东 3	次间东缝北金柱	次东 3（向南）	
	次东 4	次间东缝北檐柱	次东 4（向南）	
次间西缝	次西 1	次间西缝南檐柱	次西 1（向北）	
	次西 2	次间西缝南金柱	次西 2（向北）	
	次西 3	次间西缝北金柱	次西 3（向南）	
	次西 4	次间西缝北檐柱	次西 4（向南）	

续表

构架位置	编号	构件名称	书写方法	备注
东山缝	山东 1	东山缝南檐柱	山东 1（向西）	
	山东 2	东山缝南金柱	山东 2（向西）	
	山东中	东山缝中柱	山东中（向西）	
	山东 3	东山缝北金柱	山东 3（向西）	
	山东 4	东山缝北檐柱	山东 4（向西）	
西山缝	山西 1	西山缝南檐柱	山西 1（向东）	
	山西 2	西山缝南金柱	山西 2（向东）	
	山西中	西山缝中柱	山西中（向东）	
	山西 3	西山缝北金柱	山西 3（向东）	
	山西 4	西山缝北檐柱	山西 4（向东）	

2）柱子纵向编号方法

以图 3-3 柱网平面图中柱子编号为例。纵向编号先自南向北对檐柱、金柱、山墙中柱等排序，然后自西向东按每缝构架的顺序，确定各柱的号码和名称。图 3-3 中 26 根柱的编号与具体名称详见表 3-5；这样的编号，在柱网平面图中的纵向顺序较为清晰，便于施工人员按照纵向排架识别柱子的位置，但与横向剖面图中各缝构架的对应关系不强。

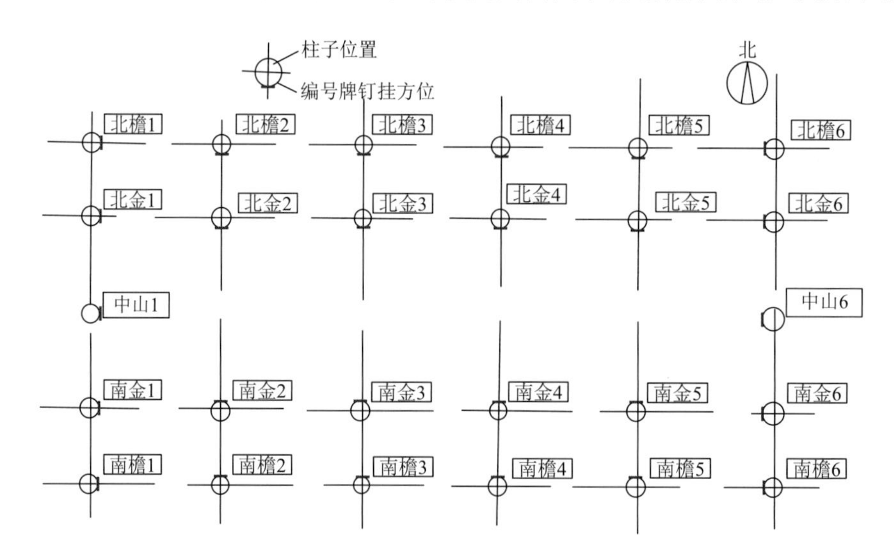

图 3-3　柱网平面图中柱子的纵向编号

表 3-5　××房屋柱子编号表（纵向编号）

柱列位置	编号	构件名称	书写方法	备注
南檐柱	南檐 1	山墙西缝南檐柱	南檐 1（向东）	
	南檐 2	次间西缝南檐柱	南檐 2（向北）	

续表

柱列位置	编号	构件名称	书写方法	备注
南檐柱	南檐 3	明间西缝南檐柱	南檐 3（向北）	
	南檐 4	明间东缝南檐柱	南檐 4（向北）	
	南檐 5	次间东缝南檐柱	南檐 5（向北）	
	南檐 6	山墙东缝南檐柱	南檐 6（向西）	
南金柱	南金 1	山墙西缝南金柱	南金 1（向东）	
	南金 2	次间西缝南金柱	南金 2（向北）	
	南金 3	明间西缝南金柱	南金 3（向北）	
	南金 4	明间东缝南金柱	南金 4（向北）	
	南金 5	次间东缝南金柱	南金 5（向北）	
	南金 6	山墙东缝南金柱	南金 6（向西）	
中山柱	中山 1	山墙西缝中柱	中山 1（向东）	
	中山 6	山墙东缝中柱	中山 6（向西）	
北金柱	北金 1	山墙西缝北金柱	北金 1（向东）	
	北金 2	次间西缝北金柱	北金 2（向南）	
	北金 3	明间西缝北金柱	北金 3（向南）	
	北金 4	明间东缝北金柱	北金 4（向南）	
	北金 5	次间东缝北金柱	北金 5（向南）	
	北金 6	山墙东缝北金柱	北金 6（向西）	
北檐柱	北檐 1	山墙西缝北檐柱	北檐 1（向东）	
	北檐 2	次间西缝北檐柱	北檐 2（向南）	
	北檐 3	明间西缝北檐柱	北檐 3（向南）	
	北檐 4	明间东缝北檐柱	北檐 4（向南）	
	北檐 5	次间东缝北檐柱	北檐 5（向南）	
	北檐 6	山墙东缝北檐柱	北檐 6（向西）	

3.2.2 编号牌书写与钉挂要求

木构件采用榫卯连接，为了保证榫卯的对号入座、正确结合，对构件的安装方向有严格的要求。因此，需在构件编号的基础上，做好编号牌的制作、书写和钉挂工作，注明构件在建筑中的正确安装方向。

柱子的安装方向一般要求朝向房屋的内侧，编号牌钉挂在柱子安装方向的中线上、距柱子底部约一人的高度处。对于房间缝上的柱子，编号牌钉挂在南北向的内侧；对于山墙缝上的柱子，编号牌宜钉挂在东西向的内侧。图 3-2、图 3-3 分别标出了柱子上编号牌钉挂的方向，表 3-4、表 3-5 分别给出了对应的编号书写方法。如图 3-2 中明间东缝南檐柱，在该柱的正北面上钉挂编号牌，牌上注明：“明东 1（向北）”；东山缝上南金柱，在该柱的正西面上钉挂编号牌，牌上注明：“山东 2（向西）”。

对于梁枋构件，一般要求编号牌钉挂在构件的上表面，位于梁头朝前的一端，并在编号牌上注明“向南”或“向西”。对于穿插进斗栱中的梁枋，尚应在插入部位钉上其在斗栱中相应的编号牌。

对于特别重要或构造复杂的古建筑，也可在木构件的两端均钉挂编号牌，此时，应分别在两个编号牌上注明上、下或左、右方位。

对于构架和斗栱中的小构件，可将编号直接书写在构件未损坏的隐蔽部位表面上。

图 3-4 为山西万荣县东岳庙飞云楼修缮工程中的斗栱构件编号牌钉挂照片。

图 3-4　钉挂编号牌的斗栱层（构件上白色塑料片为编号牌）

近年来，建筑信息模型（BIM）技术已在古建筑保护中得到应用，基于 BIM 技术构建的模型，不仅可表达古建筑的几何特征和材料特性、展示所附有的资料信息，还具备了根据工艺做法更新信息的功能，为落架大修方案的制定和过程管理提供了更为直观高效的依据。此外，一些修缮工程已将 BIM 技术与射频识别（RFID）技术结合，采用信息含量大的二维码图片代替传统的编号牌，既简化了制作工艺，又提高了信息承载能力。有关 BIM 技术在落架大修准备工作中的运用要求，可进一步参考第 7 章的相关内容。

3.3　修缮场地的规划与布置

3.3.1　修缮场地的规划

落架大修工程中，需对拆卸的全部构件分类堆放并进行修缮。一些大型古建筑的构件多、修缮时间长，对修缮场地的要求较高，合理地规划修缮场地，以有效地利用现有建筑空间，提高施工过程的安全性，是科学施工的第一步。修缮场地的规划，通常要考虑如下问题。

1）场地防火安全的规划

木构架古建筑的木构件多，修缮场地的防火安全规划，是落架大修工程的第一要务。

国家和省级重点文物保护单位的修缮场地，应设置消防车辆可直达现场的通道。

应结合重点文物保护单位的消防给水系统设置，合理地确定修缮场地的分区，尽可能将木构件堆放、修缮场地靠近消防水源布置。

严禁将施工人员宿舍、食堂等临时用房布置在修缮场地内，以杜绝任何生活用火、用电引起的火灾隐患。

2）构件拆卸、重装的施工作业场地

构件的拆卸和修缮后重新安装，均需要运用吊装设备并搭设施工脚手架，应在建筑物内部和周边留出必要的架设场地和空间。对于高度较大的单层古建筑或楼阁式古建筑，通常需要搭设大型外檐双排脚手架，并留出构件和材料运输的坡道场地。

3）构件堆放、修缮、拼装的场地

为保证拆卸构件的安全堆放和有效修复，需要根据构件的类型和修复工艺，提供相应的场地或工棚。规划场地时，先依据 3.1 节所述的构件损伤现状登记表，汇总各类构件的数量和体积，以及构件修补、更换所需材料的体积，然后，按照构件的堆放方式和修复工艺要求，估算出所需的场地和工棚面积。

对于砖块、瓦、石构件，可以选择室外场地分类码放，并考虑构件调换、配置所需的场地面积。

对于柱、梁、枋、檩、椽等木构件以及斗栱、木装修，需要有防火、防雨、防潮、通风、搬运方便的工棚，其场地面积要考虑构件分类堆放、修缮、防腐防虫处理、化学加固的要求。此外，修缮后的构件在重新安装之前应进行试拼装（会榫），需要根据构架的尺寸留有足够的拼装场地面积。

4）艺术品储存、修复的库房

对于壁画、塑像、砖雕、石雕等艺术品，要求有专用的储存、修复库房。库房面积依据艺术品和包装搬运所用木框架的尺寸确定，并应满足艺术品修复所需空间的要求。

3.3.2　修缮场地的布置要点

1）构件修缮区的布置

构件堆放与修缮的场地，宜靠近建筑物布置，以省时、省工，减少运输量。

鉴于构件落架与重新安装的施工顺序相反，落架时顺序为先上后下、先外后内，因此，对于先拆卸的屋面瓦件、墙体砖块的堆放修缮区，可放在修缮场地的外围，而后拆卸的木构架构件的堆放修缮区，宜靠近建筑的周边。

木构件的数量多、修缮量大，为减少搬运工时，宜将修缮加工、化学处理及试拼装的场地靠近布置、综合利用。

2）修缮区道路的布置

当构件堆放区相互靠近时，各区之间应留足安全通道，保证施工期间运输车辆和消防车辆的行驶。道路的路面、路基应能承受车辆及荷载的压力。

对于大型古建筑拆卸木构件较多的修缮场地，宜围绕木构件堆放区设置环状消防道路，以满足消防车辆安全快捷通行的要求。若布置上有困难，可结合构件试拼装场地的预留，在消防道路的尽端设置不小于12米×12米的回车道。消防道路的净宽度，对于一般消防车不小于4米，小型消防车为3～4米，消防摩托车为2～3米。

3.3.3 修缮场地的合理安排

列入落架大修工程的古建筑基本属于重点文物保护单位，大都位于风景旅游区内，且周边的建筑一般较为密集，其修缮场地较为紧缺。一些工程结合周边环境整治动迁民房征用土地，或因地制宜对周边空置场地临时征用，或合理运用施工周期对现有场地进行分段安排，较好地解决了困难，其经验值得借鉴。

辽宁省义县奉国寺大雄殿1984年外檐铺作和殿顶落架修缮时，因寺内面积狭小，寺外土地都为学校和民居占据，拆卸下的构件和修缮所用木材均无处存放，修缮场地也无处安置。在当地政府的统一安排下，结合全国重点文物保护单位周边环境的治理，划出修缮必需的场地面积，并征用周边学校操场和民居占用的土地。经过十个多月的细致工作，完成了居民15户、房屋50多间的动迁任务，同时拆迁寺内文管所办公用房11间，彻底解决了材料堆放和施工所需场地，并消除了居民用火的隐患，保证了修缮工程的防火安全。

山西太原晋祠圣母殿在1993年落架大修时，由于圣母殿两侧建筑密集，无隙地可用，经勘测规划，采用了拆卸构件分散存放的方案。修缮场地的安排如下：①在殿后山坡和围墙外公路一侧，存放一部分砖瓦、琉璃和无须加固的木构件；②在殿南800米的干部疗养院内划出一块空地并进行围护，用于存放和修缮拆卸下来的斗栱、梁枋、壁画，以及新购木材的加工；③柱础、料石在大殿台基周边就地保存加固。

广东省潮州开元寺天王殿在20世纪80年代落架大修期间，寺内其他殿阁也在进行维修，天王殿周边难于安排合适的修缮场地。天王殿面阔50多米，由三段建筑构成，大殿又兼作全寺通道；为了确保拆卸安全和不影响过往交通，对面阔十一间的大殿采用了分三段轮流施工的方案。第一阶段先拆下中段五间进行施工，两侧各三间暂作通道兼作材料堆放与修缮场地；至中段复位安装将要铺钉檩、椽时，再拆卸东段三间，进行第二阶段施工，并与中段衔接；最后，拆卸西段三间进行第三阶段施工，并与中段完整衔接。

3.4 施工脚手架与防护罩棚的搭设

3.4.1 施工脚手架搭设

1. 脚手架搭设基本要求

构件落架前，需要沿着建筑的外围和各缝构架搭设脚手架。脚手架的设计和安装，要求做到安全稳固、操作方便、运输畅通。应根据建筑周围的地形和空间、上下料的方便、场内运输距离等条件，按照脚手架的不同用途，对脚手架的主体和出入口、马道、起重平台位置等进行全面的安排。

落架大修的古建筑，一般都存在较大的变形，一些曾经修缮过的建筑，甚至把糟朽的飞椽截短。因此，要按照古建筑修复后的尺寸确定脚手架位置，预留木构架拨正、重新安装所需的空间。此外，脚手架不得借用建筑中的构件搭设，以免拆除建筑后，脚手架不能独立存在。

脚手架的高度应满足构件分层拆卸，以及后期木构架安装、墙体砌筑和屋面铺瓦的操作要求。脚手架的宽度应满足结构自身的刚度、稳定，以及拆装运送构件和人工操作的要求。

脚手架的立杆宜设在靠近柱子的位置，便于构件拆卸安装时稳固柱身。对于梁柱构件或节点严重损坏的部位，脚手架需提供可靠的支撑，保证木构架拆卸过程中的安全。

脚手架应根据拆卸构件及架上起吊设备的重量，按承重结构设计；对于大型构件临时依靠或架上设备外伸吊装的情况，尚需考虑脚手架的侧向稳定。

对于房屋拆卸过程中需要将脊饰、瓦件、斗栱等临时放置在脚手架上的情况，应缩小横木间距或加大脚手板厚度，并进行承载能力验算。

我国早期的古建筑修缮工程中，一般采用木构件搭设脚手架，并按照传统方法布置脚手架和选用构件，积累了丰富的实用经验。自改革开放以来，脚手架已普遍采用钢管构件搭设，构件的强度和防火性能都有较大的提高，但搭设脚手架时应参照传统方法进行布置，既要满足整体刚度和稳定性要求，还要便于古建筑的修缮施工。

2. 外檐双排脚手架的搭设

外檐双排脚手架是落架工程中常用的脚手架，主要用于拆卸各层屋檐的瓦顶、望板、椽飞、檩条、斗栱等。当需要拆卸较大的梁、柱构件时，必须在室内另行搭设承重脚手架，与外檐脚手架协同工作。

传统外檐双排脚手架的外观如图 3-5 所示，架体由立杆、顺杆、护身栏杆、十字杆等木构件搭设而成。为了不使脚手架有碍出入搬运构件，要在建筑的主要出入口，采用减两步顺杆并且悬起一根立杆的方法，开辟进出通道。另外，为了下运瓦件、椽飞、望板等构件，需要在建筑的一侧搭设探海平台架子和马道（戗桥）。在屋檐的外伸部位，通常采用握杆（悬挑顺杆）、悬空立杆和提金（加固斜杆）构成脚手架外伸架体。

外檐双排脚手架的宽度一般为 1.2～2.0 米，架子里皮距离正身飞椽头 30～35 厘米（可贴着翼角飞椽头），每排立杆之间的水平距离为 1.5 米。双排架子的顺杆每步垂直距离为 1.2～1.4 米，一般以穿插枋距离地面的高度均匀分布；顺杆之间架设的横木，间距以 1 米为宜。在脚手架的外皮，每隔 4～6 根立杆，绑一副十字杆（剪刀撑）；在各层檐头之上分别绑扎两步护身栏杆，每步 35～40 厘米。

马道（戗桥）的宽度一般为 1.2～2.0 米，坡度一般为 1∶4，可根据场地状况和运输要求适当调整；马道的两侧必须绑扎两步护身栏杆，每步垂直高度约 50 厘米。

搭设脚手架时，先架里排立杆，后架外排立杆，里外排立杆都应先立角杆，后立中杆；立杆要垂直，顺杆要水平，横木、脚手板两端都要绑牢，绳结要打紧；上下两根立杆的搭接长度不得小于 1.5 米，相邻立杆的接头应相互错开；顺杆的搭接长度必须超过两根立杆之间的距离，相邻顺杆的接头应相互错开；十字杆的交叉点应绑在顺杆或立杆之上。此外，不准利用落架建筑的柱子、梁枋等构件绑扎脚手架。

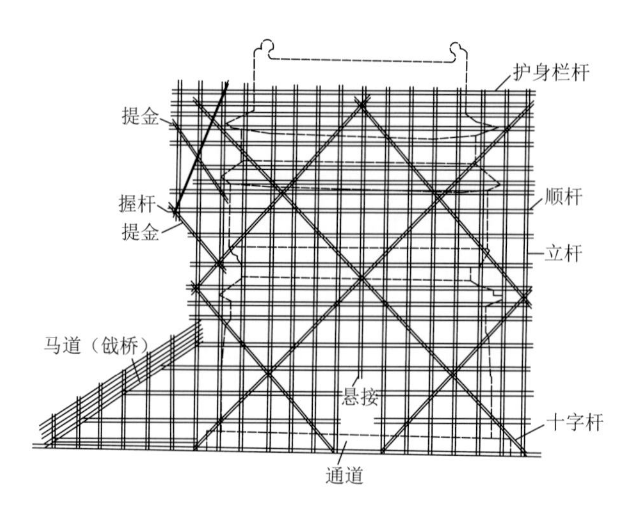

图 3-5　外檐双排脚手架示意图

图 3-6 为河北承德普宁寺大乘阁修缮工程采用木构件搭设的外檐脚手架。图 3-7 为山西万荣县东岳庙飞云楼修缮工程采用钢管构件搭设的外檐脚手架。

图 3-6　大乘阁修缮工程外檐脚手架

图 3-7　飞云楼修缮工程外檐脚手架

3.4.2　防护罩棚搭设

对于屋顶揭除和局部落架大修的建筑，在工程实施之前，需要搭设可以遮盖整个建筑场地的防护罩棚，以防止不落架木构件和台基在施工期间遭受雨雪侵袭。对于一些全部落架大修但尚有大型构件需放置在场地内或部分文物不能移出的建筑，也应搭设防护罩棚。

防护罩棚一般采用钢木支架搭设，其上覆盖塑料布和防水油布。防护罩棚的空间尺寸应满足施工操作的要求，但需考虑施工现场地盘的条件，并尽可能与施工脚手架结合，以节约场地、节省搭设材料。

山西太原晋祠圣母殿在落架大修时，将受损较轻的梁、柱拆卸后放置或依靠在施工脚手架上，就地进行修缮保护，以节省施工场地并减少起吊搬运工作量。为了保护留在场地内的梁、柱构件，在殿基范围内搭设了防护罩棚，顶部用油毡棚布覆盖，四面系紧，既防止构件被雨雪浸湿，又保证工程不致因雨雪气候变化而影响施工。

辽宁省义县奉国寺大雄殿局部落架修缮时，考虑到大殿体量大、修缮工期长的实际情况（历时 6 年），必须解决防雨防风问题，以确保文物安全和顺利施工。在揭开殿顶之前，就设计了防护罩棚。在大殿顶上高出 2.5 米、周围跨出 3 米，搭起一个 2500 平方米的高大防护罩棚，将整个大殿完全罩在棚内。为了防止拆卸过程中掉下砖瓦砸坏殿内文物，又在大梁以上架设一层 1500 平方米的防护板，以确保附属文物安全。此外，为了雨季防雷，还在大雄殿东西两侧安装了两座 35 米高的临时避雷设施。图 3-8、图 3-9 为奉国寺大雄殿防护罩棚的平面图和立面图。

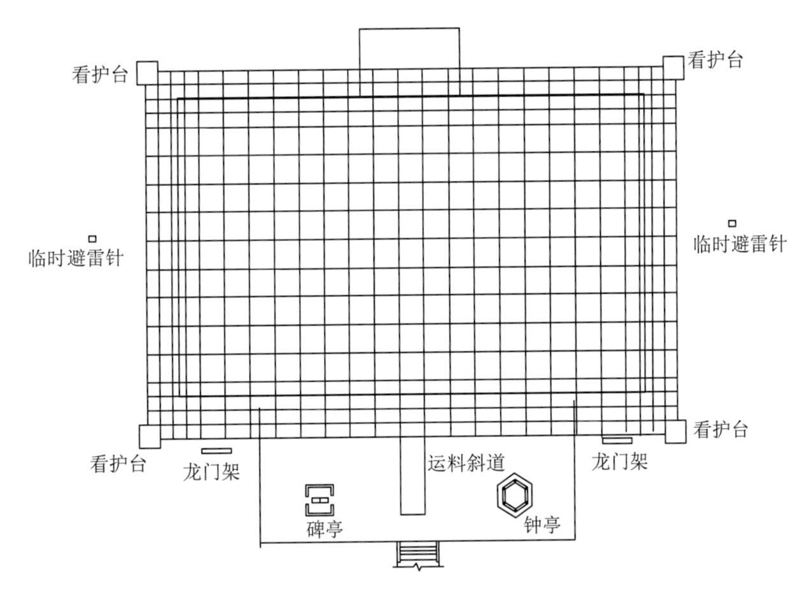

图 3-8　奉国寺大雄殿防护罩棚平面图

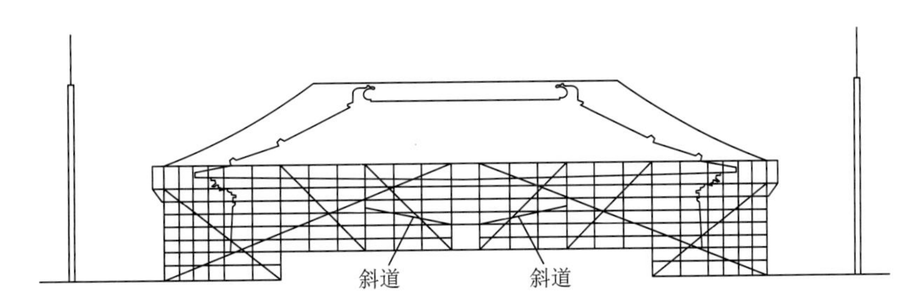

图 3-9　奉国寺大雄殿防护罩棚立面图

第 4 章

构件落架与修缮

4.1 构件落架与堆放

4.1.1 构件落架

构件落架应制订详细的拆卸方案，明确构件拆卸顺序和交叉作业的协调措施。

构件的拆卸按照先上后下、先外后内的顺序实施，一般情况下，先拆卸瓦顶，然后拆卸望板、椽子等屋盖木基层构件，待围护墙体拆除后，再分缝拆卸檩条、梁柱构架。

对于带斗栱层的大式建筑，应采用分层拆卸的方法。先拆卸斗栱层以上的柱、梁、枋（俗称上架构件），然后拆卸斗栱层，最后拆卸斗栱层以下的柱、梁、枋（俗称下架构件）。

构件拆卸之前，应按照编号类型和位置钉挂编号牌或书写编号。构件拆卸过程中，应采取合理的操作方法和保护措施，保证构件的安全，尽量避免二次损伤。

1）拆卸瓦顶、灰背

拆卸瓦顶前，应对脊饰的数量和位置、瓦的垄数、瓦件搭接状况等进行核对和记录；揭除灰背时，应对灰背的层次、各层材料、做法等做好记录；记录资料应及时补注在建筑横剖面测绘图及屋面测绘图上。

瓦件拆卸的顺序为先拆揭檐头瓦、盖瓦、底瓦，然后拆揭瓦垄和垂脊、戗脊等，最后拆大脊。

拆卸脊饰、吻兽时，先去掉铁链、扒钉等连接件，揭去扣脊瓦和脊吻孔洞上的帽盖填充，然后，松动相互粘接的灰缝和内部灰浆，将脊饰、吻兽轻轻取下。

拆卸瓦件时，先铲除连接灰缝和压在瓦上的泥土，由侧面起动，不得从一端揭撬。

揭除灰背时，应松动后再铲除，避免损伤望板、椽子等木基层构件；对于制作方式特殊或构成不清晰的灰背，可整块切割留样，作为设计研究和重新铺设的参考。

2）拆卸望板、椽子

望板和椽子位于屋盖上部，受雨雪侵蚀较易损坏，拆卸时应细致操作，避免将能修复使用的构件致残。

粘接在望板上的护板灰和椽子上的灰泥，可用木锤轻轻敲击，使其松散后扫除。望板和椽子原为铁钉贯固，需用铁撬拔出铁钉，再将构件取下。

3）拆卸梁柱构架

拆卸梁柱构架要注意榫卯节点的保护，防止榫卯折断或劈裂。拆卸时，先用木锤敲松节点并清除积尘，然后抽去销栓或涨眼中的木片，再退出榫头。

抬动或悬吊梁柱构件时，绳索或着力点要置于两端榫头和卯口以内的部位，并防止碰撞；拆卸下的梁柱构件，不应以榫卯部位作为码放的支撑点。

对有彩画和墨书题记的木构件，应采取有效的保护措施，避免磨损。

对于拆卸过程中发现的构件特殊构造、损伤状况或历史修缮特征、标记等，应详细记录、拍照，并补注在梁架横剖面测绘图上。

4）拆卸斗栱

斗栱中的小构件多，且采用榫卯搭接，构造较为复杂；为避免构件散落错乱，宜整朵（攒）拆落。凡能整朵（攒）拆卸的斗栱，应在原位捆绑牢固，再整朵轻卸至脚手架下。

设有斗栱层的建筑，拉结梁架的纵横构件通常穿越斗栱，增加了斗栱按朵（攒）拆卸的难度，需要分清穿插构件与斗栱的结合关系，提出有效的拆卸方法。一般情况下，可按穿插构件所在位置将斗栱分层，先拆卸该层以上斗栱构件，再拆卸穿插构件，然后拆卸该层以下斗栱构件。

对于不能整朵拆卸的斗栱，应按照斗栱的编号位置，将拆卸的斗栱构件码放在脚手架的脚手板上，进行整朵组装后，再吊放到脚手架下。

明清时代以后的斗栱，构件上多有彩画纹样，拆卸搬运过程中，要采取保护措施，避免磨损。

5）拆卸墙体

拆卸墙体时，应自上而下将砖块及墙内石、木件逐层揭起，不允许将墙体整片推倒或分段击碎后拆砖。拆卸过程中注意考察墙内的隐蔽结构和未能查明的砌筑构造，记录后补注在墙体测绘图上。

当需拆卸有壁画的墙体时，应有可靠的揭取、保管和复原措施，并报上级文物主管部门批准后，方可动工。

图 4-1 为山西太原晋祠圣母殿落架大修工程中拆卸构件的相关照片。

(a) 拆卸瓦件

(b) 拆卸椽飞

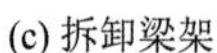

(c) 拆卸梁架

(d) 拆卸柱子

图 4-1　圣母殿落架大修工程拆卸构件照片

4.1.2　拆卸构件的堆放

拆卸下的瓦件、脊件，应根据屋面分区进行分类，先放置在脚手架下，清除灰泥后，分别运至堆放区码放。拆除下的灰背、泥背，要装进塑料袋内，运至建筑垃圾场清倒，防止污染环境；切割留样的灰背、泥背，应防止碰碎，送至材料实验室妥善保存。

拆下的砖块应按墙体位置分类，清除表面砌筑灰浆后，送至指定的堆放区码放。对于砖块损坏较多的建筑，由于重新砌筑墙体时需将完好的旧砖集中使用，可以根据砖块的损坏程度分类码放。

拆卸下的望板、椽子和梁柱等木构件，应根据编号分类运至堆放区，在专用的工棚内码放。梁柱构件分层码放时，要求下层构件的底部距地面不宜小于 40 厘米，每层不少于两处垫木，垫木的位置应上下对齐，厚度不宜小于 5 厘米。

拆卸下的斗栱，应按朵（攒）包扎，分组运至堆放区，在专用的工棚内码放。对于斗栱数量较少的建筑，可以朵（攒）为单位，将构件集中码放和修缮；对于同类斗栱数量较多的建筑，可根据修缮要求，将构件分层或分类码放。不论采用那种码放方式，都应注意按构件的编号顺序放置，避免修缮时发生错乱。

图 4-2（a）和图 4-2（b）分别为义县奉国寺大雄殿、太原晋祠圣母殿落架大修工程中，拆卸构件分类码放的照片。

(a) 梁板构件的分类码放

(b) 斗栱构件的分类码放

图 4-2　构件的分类码放

4.2　木构件修补与更换

对于拆卸下来的木构件，应对照构件损伤现状登记表（表 3-2）的记录，核对、确认构件的损伤部位和类型，以及开裂、折断、腐朽或虫蛀的程度，提出具体的修缮措施和要求，作为修缮和验收的依据。

对于损伤的构件，应尽可能进行修补加固，避免更换；一些全国重点文物保护单位的古建筑，为最大限度保存文物信息，要求落架大修后梁、柱、枋、檩、斗栱等主要构件的原件复用率达到百分之九十以上。

木构件修缮加固过程中，应注意防火安全；修缮现场严禁明火、吸烟，消防设施齐备，并按照施工现场消防管理规定做好各种消防预案措施；施工中产生的刨花、碎木等下脚料，应当日清理干净，及时运至指定的存放地点。

4.2.1　柱子修补与更换

1）裂缝的修补

对于木柱的干缩裂缝，当其深度不超过柱径（或该方向截面尺寸）的 1/3 时，可采用嵌补的方法。

（1）当裂缝宽度不大于 3 毫米时，用腻子勾抹严实。

（2）当裂缝宽度在 3～30 毫米时，用木条嵌补，并用耐水性胶黏剂粘牢。

（3）当裂缝宽度大于 30 毫米时，除用木条以耐水性胶黏剂补严粘牢外，尚应在柱的开裂段内加铁箍 2～3 道。若柱的开裂段较长，则箍距不宜大于 0.5 米。铁箍应嵌入柱内，使其外皮与柱外皮齐平。

对于柱子关键受力部位的裂缝，或干缩裂缝深度超过柱径（或该方向截面尺寸）的 1/3 时，必须进行强度验算，然后根据具体情况采取加固措施或更换新柱。

2）腐朽部位的挖补和包镶

当木柱外表有不同程度的腐朽时，可分别采用挖补或包镶的方法处理。

（1）当表层腐朽的面积较小，可采用局部挖补的方法。挖补时，将腐朽部分剔除干净并进行防腐处理；然后，用干燥木材做成与挖补部位相互吻合的嵌补木块[图 4-3（a）]，再用耐水性胶黏剂补严粘牢。

（2）当表层腐朽的面积超过柱子圆周的一半以上，但深度不超过柱径的 1/5 时，可采用包镶的方法。包镶时，先将腐朽部分沿柱子圆周截成锯口，剔除腐朽部分后形成凹槽；经防腐处理后，用干燥木材胶粘、镶补凹槽，使柱子表面平整浑圆，再用铁箍将上下槽口箍紧[图 4-3（b）]。

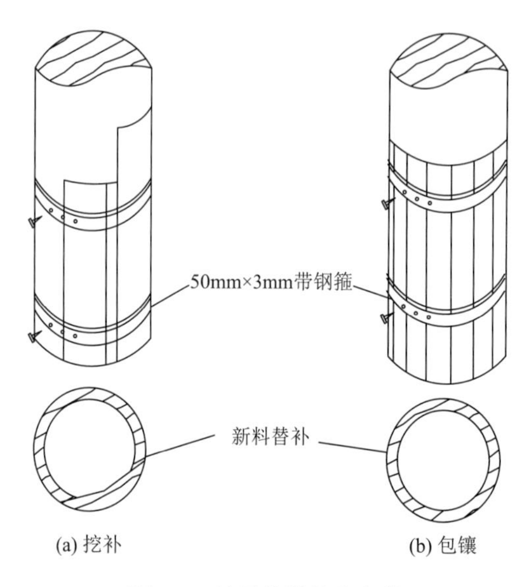

图 4-3　柱子的挖补和包镶

3）柱子的墩接

当柱脚腐朽严重，但自柱底向上未超过柱高的 1/4 时，可采用墩接柱脚的方法处理。墩接时，先将腐朽部分剔除，并进行防腐处理。然后，再根据剩余部分选择墩接的榫卯式样，如巴掌榫、抄手榫、平头榫等（图 4-4）。

（1）制作巴掌榫时，将墩接部位各刻去直径的 1/2 作为搭接部分，搭接长度为 40～50 厘米，端头做半榫，以防止搭接部分移位。

（2）制作抄手榫时，将墩接部位按十字线锯成四瓣，各剔去对角两瓣，然后对角插在一起，搭接长度为 40～50 厘米，端头宜做半榫，以加强结合。

（3）半榫宽度应为柱径的 1/15～1/10，半榫高度应与其宽度一致。

（4）柱的搭接两端接缝处应设铁箍，铁箍厚度不宜小于 4 毫米；当柱径不大于 250 毫米时，铁箍宽度不宜小于 40 毫米；当柱径大于 250 毫米时，铁箍宽度不宜小于 60 毫米。铁箍表面应与柱外表平齐。

（5）墩接柱接头的中心线应与原柱的中心线在同一垂直线上，接缝应严密，并用耐水性胶黏剂粘接。

（6）对位于墙内的木柱，也可采用石料墩接柱脚，以提高抗潮湿性能。墩接时，将木柱底部做成平头榫，榫的高度和宽度为柱径的 1/15～1/10，再将墩接石料的顶部凿出对应的卯口；然后，用环氧树脂胶将木柱与墩接石料粘接牢固。墩接部位，可用宽度 60 毫米的铁箍箍紧。

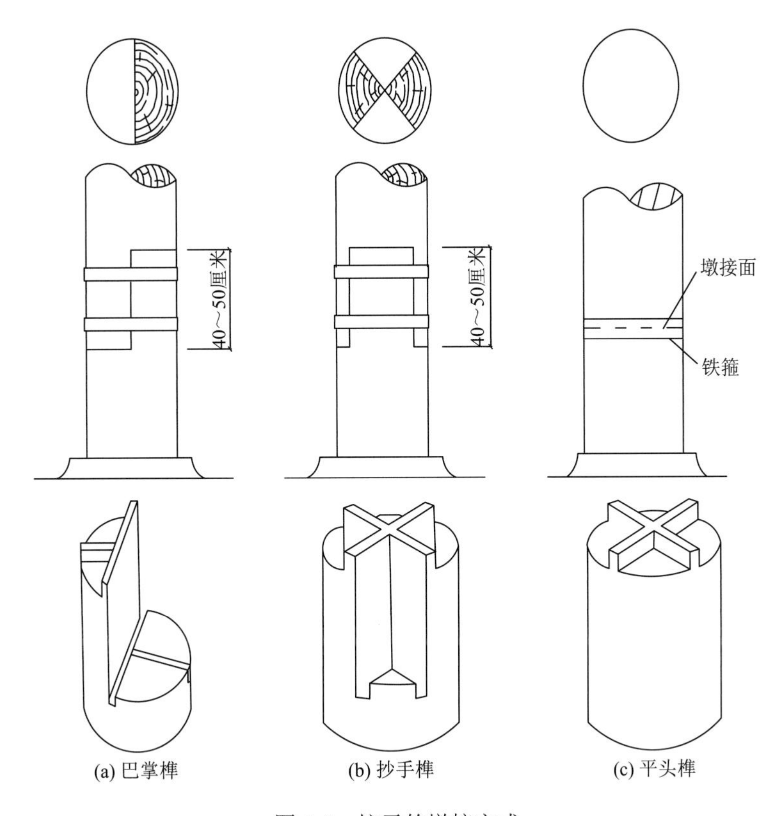

图 4-4　柱子的墩接方式

4）更换新柱

当木柱严重腐朽、虫蛀或开裂，而不能采用修补、加固方法处理时，可考虑更换新柱，但更换前应做好下列工作。

（1）确定原柱高度：若木柱已残损，应从同类木柱中，考证原来柱高。必要时，还应按照该建筑物创建时代的特征，推定该类木柱的原来高度。

（2）复制要求：对需要更换的木柱，应确定是否为原建时的旧物。若为后代所更换与原形制不同时，应按原形制复制。若确为原件，应按其式样和尺寸复制。

（3）材料选择：应优先采用与原构件相同的树种木材；当确有困难时，也可选取强度等级不低于原构件的木材代替。

4.2.2　梁枋修补与更换

1）裂缝的修补

（1）当构件的水平裂缝深度（当有对面裂缝时，用两者之和）小于梁宽或梁直径的

1/3 时，可采用嵌补的方法进行修补。修补时，先用木条和耐水性胶黏剂将缝隙嵌补粘结严实，再用两道以上铁箍或玻璃钢箍箍紧。

（2）若构件的裂缝超过上述限值，则应进行承载能力验算，若验算结果能满足受力要求，仍可按上述方法修补；若不满足受力要求，可在保持构件原有外形和材质完整的条件下，在梁枋内部埋设钢材或碳纤维材料加固件进行补强。

2）腐朽的处理

当梁枋有不同程度的腐朽时，若其剩余截面面积尚能满足承载能力要求，可采用贴补的方法进行修复。贴补前，应先将腐朽部分剔除干净，经防腐处理后，用干燥木材按所需形状和尺寸做成补块，以耐水性胶黏剂贴补严实，再用铁箍或螺栓紧固。

3）榫头的修复

当榫头腐朽、断裂时，应先将破损部分剔除干净，并在梁枋端部开卯口，经防腐处理后，用新制的硬木榫头嵌入卯口内（图 4-5）。嵌接时，榫头与原构件用耐水性胶黏剂粘牢并用螺栓紧固。榫头的截面尺寸及其与原构件嵌接的长度，应按计算确定，并应在嵌接长度内用玻璃钢箍或两道铁箍箍紧。

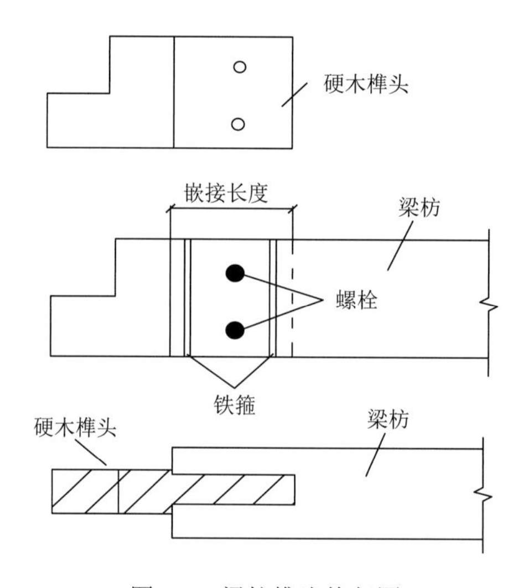

图 4-5　梁枋榫头修复图

4）角梁腐朽和劈裂的处理

（1）当梁头腐朽部分长度 a 小于角梁挑出长度 L 的 1/4 时，可根据腐朽情况另配新梁头，并做成斜面搭接或刻榫对接，结合面应采用耐水性胶黏剂粘接牢固。对于斜面搭接，还应加上两个以上螺栓或铁箍加固（图 4-6）。

（2）当梁尾劈裂时，可采用胶黏剂粘接和铁箍加固。梁尾与檩条搭接处可用铁件、螺栓连接（图 4-7）；仔角梁与老角梁应采用两个以上螺栓固紧。

5）更换梁枋

当梁枋构件腐朽或开裂程度较为严重且剩余截面面积或承载能力不能满足使用要求时，或角梁梁头腐朽部分大于挑出长度 1/4 时，需要更换构件。

更换梁枋时，宜选用与原构件相同树种的干燥木材，并预先做好防腐处理。

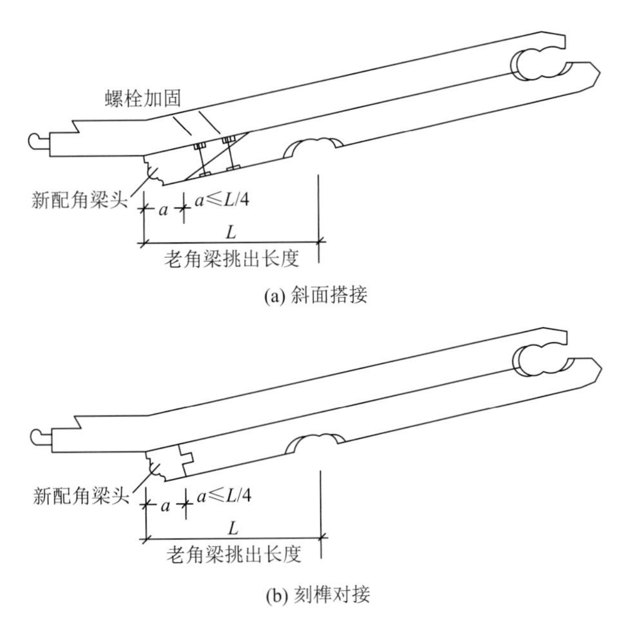

图 4-6　新配角梁头的拼接方式

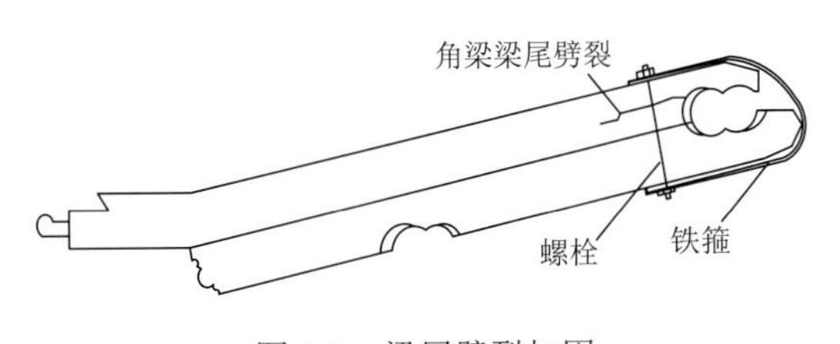

图 4-7　梁尾劈裂加固

4.2.3　斗栱修补与更换

斗栱的类型丰富多样，修补或更换时应严格掌握尺度、形象和法式特征。添配昂嘴和雕刻构件时，应拓出原形象，制作样板，经核对后，方可制作。

修补斗栱时，不得增加杆件。但对清代中晚期个别斗栱有结构不平衡的，可在斗栱后尾的隐蔽部位增加杆件补强；角科大斗若严重压陷外倾，可在平板枋的搭角上加抹角枕垫。

斗栱中受弯构件的相对挠度，未超过 1/120 时，均不需更换。当有变形引起的尺寸偏差时，可在小斗的腰上粘贴硬木垫，但不得放置活木片或楔块。

为防止斗栱的构件位移，修缮斗栱时，应将小斗与栱间的暗销补齐，暗销的榫卯应严实。

1）斗栱修补

（1）斗的修补：斗劈裂为两半，断纹能对齐的，粘牢后可继续使用，断裂不能对齐的或严重糟朽的应更换。斗耳断落的，按原尺寸式样补配，粘牢钉固。斗“平”被压扁的超过 0.3 厘米的可在斗口内用硬木薄板补齐粘牢，要求补板的木纹与原构件木纹一致，不超过 0.3 厘米的可不修补。

（2）栱的修补：栱开裂未断的可灌缝粘牢，左右扭曲不超过 0.3 厘米的可以继续使用，超过的应更换。榫头断裂无糟朽现象的灌浆粘牢；腐朽严重的榫头，可将腐朽部分锯掉，经防腐处理后，用干燥的硬木按照原有榫头式样和尺寸制作，两端与栱头用耐水性胶黏剂粘接牢固，并用螺栓加固。

（3）昂的修补：昂嘴断裂的，可灌浆粘牢；昂嘴脱落的，照原样用干燥硬木补配，与旧构件平接或榫接。

（4）正心枋、外拽枋、挑檐枋等修补：枋斜劈裂纹的可用螺栓加固、灌缝粘牢；部分糟朽者将糟朽部位剔除，经防腐处理后，用木料补齐。整个糟朽超过断面的 2/5 以上或折断时应更换。

2）斗栱更换

（1）当斗栱构件严重损坏或腐朽必须更换时，宜采用相同或接近树种的干燥木料，依照原有的标准式样和尺寸制作样板，再进行复制，并随时原位组装，以待正式安装。

（2）各攒斗栱之间的联系构件，如正心枋、外拽枋等构件的榫卯，应留待安装时制作。

4.2.4 椽、板修补与更换

1）椽类构件

当椽类构件背部腐朽深度大于椽高的 1/8 或椽头、搭接部位腐烂时，应更换。

当椽背腐朽小于上述规定且强度满足荷载要求，可将腐朽部分剔除干净，经防腐处理后继续使用；或用干燥木材补齐剔除部位，以耐水性胶黏剂贴补严实。

2）板类构件

当板类构件腐朽损坏的平均深度达板厚的 1/4 时，应更换。

当损坏小于 1/4 板厚且完好部分最小厚度大于 25 毫米时，宜去除腐朽或损坏部分，并做防腐处理后继续使用。

4.2.5 木装修修补与更换

1）构件修补与更换的条件

当乱纹、冰纹等复杂图案的木装修件损坏构件占该扇总构件 1/6 以上或损坏构件在 10 根以上，一般复杂图案的木装修件损坏构件占该扇总构件 1/4 以上或损坏构件在 15 根以上时，应该按原样放足尺大样后按大样制作修复。

栏杆、窗扇等装修中的梃、框构件长度在 1.5 米以上，其损坏断面积最大处占该构件断面积 1/3 以上，或损坏长度为构件总长度 1/5 以上，深度大于该构件断面积 1/4 的应更换该构件。当损坏小于以上规定的应接补损坏部分。

芯类构件榫卯损坏应更换。

板类构件损坏深度大于或等于板厚度的 1/3 时，应更换构件。

2）构件修补与更换的要求

修补和更换木装修构件时，其尺寸、榫卯做法和起线形式应与原构件一致，榫卯应严实，并应加楔、涂胶加固。

修缮用材的树种、材质、色泽宜与原构件一致，当无法一致时，应选用与原材料的材质、色泽相近似的材料。

构件接换应做榫卯连接。应在原件和接件上各割去其看面宽度的 1/2，搭接长度应为该构件看面宽度的 10～15 倍。原件和接件端都应做榫卯，在搭接部位应至少有一根收条的出榫串固原件和接件。

当木装修中金属零件不全时，应按原式样、原材料、原数量添配，并置于原部位。为加固而新增的铁件应置于隐蔽部位。

4.3 木构件化学加固

4.3.1 木柱化学加固

若木柱内部腐朽、蛀空，但表层的完好厚度不小于 50 毫米时，可采用不饱和聚酯树脂灌浆加固。加固时应符合下列要求。

（1）在灌注前应将朽烂木块、碎屑清除干净，并进行防腐、防虫处理。

（2）应在柱中应力小的部位开孔。若通长中空时，可先在柱脚凿一方洞，洞口宽度不得大于 120 毫米，再向上每隔 500 毫米凿一洞眼，直至中空的顶端。

（3）柱的中空直径超过 150 毫米时，宜在中空部位填充木块减少树脂干后的收缩。

（4）不饱和聚酯树脂灌注剂的配方，应按表 4-1 采用。

（5）灌注树脂应自下而上分段进行，每次灌注高度不宜超过 1 米；灌注树脂应饱满，每次灌注量不宜超过 3 千克，两次间隔时间不宜少于 30 分钟。

（6）灌注结束后，灌注孔应采用木材堵塞，并将表面残留浆料擦净。

表 4-1　不饱和聚酯树脂灌注剂配方

灌注剂成分	配合比（按重量计）
不饱和聚酯树脂（通用型）	100
过氧化环己酮浆（固化剂）	4
萘酸钴苯乙烯液（促进剂）	2～4
干燥的石英粉（填料）	80～120

4.3.2 木梁化学加固

梁枋内部因腐朽中空截面面积不超过全截面面积 1/3 时，可采用环氧树脂灌注加固。加固时应符合下列要求。

（1）应探明梁枋中空长度，在中空两端上部凿孔，用 0.5～0.8 兆帕的空压机吹净腐朽的木屑及尘土。

（2）环氧树脂灌注剂的配方，应按表 4-2 采用。

（3）梁枋中空部位的两端，可用玻璃钢箍缠紧。箍宽不应小于 200 毫米，箍厚不应小于 3 毫米。

表 4-2　环氧树脂灌注剂配方

灌注剂成分	配合比（按重量计）
E-44 环氧树脂（6101）	100
多乙烯多胺	13～16
聚酰胺树脂	30
501 号活性稀释剂	10～15

4.3.3　木构件粘接

粘接木构件的耐水性胶黏剂，宜采用环氧树脂胶，并应符合下列要求。

（1）环氧树脂胶的配方，应按表 4-3 采用。

（2）木构件粘接后，若需用锯割或凿刨加工时，夏季须经 48 小时、冬季须经 7 天养护后，方可进行。

（3）木构件粘接时的含水率，不得大于 15%。

（4）在承重构件或连接中采用胶黏剂补强时，不得利用胶缝直接承受拉力。

表 4-3　环氧树脂胶配方

胶的成分	配合比（按重量计）
E-44 环氧树脂（6101）	100
多乙烯多胺	13～16
二甲苯	5～10

4.3.4　玻璃钢箍加固要求

当用玻璃钢箍作为木构件裂缝加固的辅助措施时，应符合下列要求。

（1）在构件上凿槽，缠绕聚酯玻璃钢箍或环氧玻璃钢箍，槽深应与箍厚相同。

（2）环氧树脂的配方可按表 4-3 采用。

（3）玻璃纤维布应采用脱蜡、无捻、方格布，厚度为 0.15～0.30 毫米。

（4）缠绕的工艺及操作技术，应符合现行有关标准的规定。

4.4 木构件防腐防虫处理

4.4.1 防腐防虫处理的基本要求

1）严格控制木材的含水率

木构件的修补或更换需要选用新材，木材的含水率是影响防腐防虫处理成败的重要因素。工程中常用的水剂或油剂处理，都要求木材含水率在 20%以下。目前市场上供应的木料，大多是一年或当年采伐的圆木，含水率较高。圆木经一年存放，含水率仍在 30%～50%或更高，板方材含水率大多在 30%左右。因此，要求落架大修工程至少提前一年备料，并做好粗加工，适当码垛，使木料有一个气干的过程，含水率达到规定的要求。

2）严格控制操作规程

木材防腐防虫处理必须严格控制操作规程。应按规定的配比准确配制药剂，按规定的方法和程序进行操作，保证施药的次数和时间，使处理木材达到所要求的吸药量。由于药剂的配制和处理工艺具有较强的专业要求，防腐防虫处理应由专业人员操作。

3）高度重视施工安全

目前工程选用的防腐剂和杀虫剂，对人畜都有一定的毒性，误食或大面积接触后会引起中毒。此外，油溶性药剂尚有防火安全的问题。因此，防腐防虫处理要求做好修缮现场的安全保障工作，做好药剂的专人、定点保管，并严格按照规范做到安全操作。

4.4.2 防腐防虫药剂的选用

1）防腐防虫药剂选用要求

防腐防虫药剂的选用，既要考虑防治效果，又要注意安全环保，一般要满足下列要求。

（1）既能防腐，又能杀虫，或对害虫有驱避作用，且药效高而持久；

（2）对人畜无害，不污染环境；

（3）对木材无助燃、起霜或腐蚀作用；

（4）无色或浅色，并对油漆、彩画无影响。

2）防腐防虫药剂的选用

古建筑木结构的防腐防虫药剂，宜按表 4-4 选用，也可采用其他低毒高效药剂。

若用桐油做隔潮防腐剂，宜添加 5%的五氯酚钠或菊酯。

表 4-4 古建筑木结构的防腐防虫药剂

药剂名称	代号	主要成分组成/%	剂型	有效成分用量（按单位木材计）	药剂特点及适用范围
二硼合剂	BB	硼酸 40 硼砂 40 重铬酸钠 20	5%～10%水溶液或高含量浆膏	5～6 千克/米^3 或 300 克/米^2	不耐水，略能阻燃，适用于室内与人有接触的部位

续表

药剂名称	代号	主要成分组成/%	剂型	有效成分用量（按单位木材计）	药剂特点及适用范围
氟酚合剂	FP 或 W-2	氟化钠 35 五氯酚钠 60 碳酸钠 5	4%～6%水溶液或高含量浆膏	5～6 千克/米 ^{3} 或 300 克/米 ^{2}	较耐水，略有气味，对白蚁的效力较大，适用于室内结构的防腐、防虫、防霉
铜铬砷合剂	CCA 或 W-4	硫酸铜 22 重铬酸钠 33 五氧化二砷 45	4%～6%水溶液或高含量浆膏	9～15 千克/米 ^{3} 或 300 克/米 ^{2}	耐水，具有持久而稳定的防腐防虫效力，适用于室内外潮湿环境
有机氯合剂	OS-1	五氯酚 5 林丹 1 柴油 94	油溶液或乳化油	6～7 千克/米 ^{3} 或 300 克/米 ^{2}	耐水，具有可靠而耐久的防腐防虫效力，可用于室外，或用于处理与砌体、灰背接触的木构件
菊酯合剂	E-1	二氯苯醚菊酯 10（或氰胺氰菊酯）溶剂及乳化剂 90	油溶液或乳化油	0.3～0.5 千克/米 ^{3} 或 300 克/米 ^{2}	为低毒高效杀虫剂，若改用氰胺氰菊酯，还可防腐。本合剂宜与“7504”有机氯制剂合用，以提高药效耐久性
氯化苦	G-25	氯化苦	96%药液	0.02～0.07 千克/米 ^{3}（按处理空间计算）	通过熏蒸吸附于木材中，起杀虫防腐作用，适用于内朽虫蛀中空的木构件

4.4.3 木构件防腐防虫处理方法

1. 木柱防腐防虫处理

古建筑中木柱的防腐或防虫，应以柱脚和柱头榫卯处为重点，并根据构件是否落架的情况，分别采用下述方法进行处理。

1）不落架构件的处理

（1）柱脚表层腐朽处理：剔除朽木后，用高含量水溶性浆膏敷于柱脚周边，并围以绷带密封，使药剂向内渗透扩散；

（2）柱脚内芯腐朽处理：可采用氯化苦熏蒸。施药时，柱脚周边需密封，药剂应能达到柱脚的中心部位。一次施药，其药效可保持 3～5 年，需要时可定期换药；

（3）柱头及卯口处的处理：可将浓缩的药液用注射法注入柱头和卯口部位，让其自然渗透扩散。

2）落架构件的处理

对于落架构件，不论继续使用的旧柱或更换新柱，均宜采用浸注法进行处理。一次处理的有效期，应按 50 年考虑。

2. 梁枋防腐防虫处理

根据构件是否落架的情况，分别采用下述方法进行处理。

1）不落架构件的处理

（1）对于檩、椽和斗栱的防腐和防虫，宜在重新油漆或彩画前，采用全面喷涂方法进行处理；

（2）对于梁枋的榫头和埋入墙内的构件端部，应用刺孔压注法进行局部处理；
（3）对于望板、扶脊木、角梁及由戗等的上表面，宜用喷涂法处理；
（4）对角梁、檐椽和封檐板等构件，宜用压注法处理。
2）落架构件的处理
对于落架构件，不论继续使用或更换的梁枋及其他木构件，均宜采用浸注法进行处理。一次处理的有效期，应按 50 年考虑。

3. 小木作构件防腐防虫处理

木装修、天花等小木作构件，可按照梁枋采用的方法进行防腐防虫处理。对于门窗应重点处理其榫头部位，以及贴墙靠地部位。对做工精细的小木作，宜用菊酯或加有防腐香料的微量药剂以针注或喷涂的方法进行处理。

4.4.4 修缮现场常用防腐防虫处理方法

落架木构件的防腐防虫处理，宜在修缮现场进行。
对于构件数量多、堆放修缮分区相对集中的工程，应在现场安装专业处理设备。例如，在西藏布达拉宫、青海塔尔寺、承德普宁寺等多项大型修缮工程中，均在现场安装了专业处理设备。这些专业处理设备，可以保证木材的处理质量，在工程结束后还可用于民用建筑木材的处理。
当木材防腐防虫项目由专业公司承担时，为了避免构件在运输和处理过程中的错乱，也应要求在现场安装设备进行处理。
对于古建筑维修现场规模较小，木材处理量不大的工程，也可不安装固定设备，而采用简化的装置和方法处理。但所采用的装置及方法必须严格符合规范要求，并保证达到所要求的处理效果。
修缮现场常用的处理方法有浸泡法、喷淋法、涂刷法、吊瓶滴注法、防腐绷带法、熏蒸法等，可根据工程的具体情况进行选用或组合应用。
1）浸泡法
用一个相应规格尺寸的铁槽或在地面下砌一个砖槽并用砂浆抹面，然后，铺上足够坚固的塑料薄膜，做成简易浸泡池。按规定配制好防腐剂溶液，将需处理的构件浸入溶液中，并用重物压住。浸泡时间从数小时到数天不等，视材质和所要求的吸药量而定。一般浸泡前后木材称重，待木材达到吸药量要求后，取出气干。
用浸泡法可以处理拆落的柱、梁、檩、椽和望板及门窗料等。这一方法简单实用，一般可以保证处理质量，浸泡处理时需注意以下事项。
（1）木件在浸泡前最好能完成最后的加工，处理后不应再做加工。若不得已再加工时，则需对加工后露出的素材再做补充处理。
（2）构件浸泡时不能带有树皮，若构件带有树皮或边皮时，应将树皮剥除干净再浸泡。
（3）浸泡法处理的木材含水率应在 20%以下。
（4）浸泡槽平时应加盖，以防止雨水落入，影响溶液的浓度。

在广东潮州开元寺天王殿 2012 年白蚁灭杀和损毁木构件替换工程中，因替换构件数量较多，在施工现场制作了浸泡池，将落架的旧木构件和用于替换、修缮的新构件分别放入高浓度药液中浸泡。杀灭白蚁采用的浸泡药液为二硼合剂，其成分、剂型和用量按照表 4-4 配制；旧构件浸泡前将表面的污垢和油漆清除干净，新构件的木材含水率控制在 20%以下。经浸泡处理后的木构件防蛀效果较好，至 2019 年本书作者现场考察天王殿时，尚未见任何虫蛀现象发生。

2）喷淋法

对于局部落架大修工程中非落架木构件，或受条件限制未能做浸泡处理的木构件，可采用喷淋的方法处理。喷淋设备可选用农用喷雾器，如果面积大或工作量大时，可以用机动或电动喷雾器。

喷淋处理要求做三次以上；第二次喷淋要在前一次喷完，待木材表面稍干后进行（图 4-8）。对于特殊情况，如立喷或仰喷时，应成倍增加喷雾次数，以达到处理要求。

喷淋处理的木材含水率也要求在 20%以下，在木材含水率过高的情况下，每次喷淋后，用塑料薄膜将木件严密包裹，以增加药剂的扩散作用（图 4-9）。

图 4-8　木椽喷淋处理

图 4-9　包裹喷淋后的木构件

在广东潮州开元寺天王殿 2012 年白蚁灭杀和损毁木构件替换工程中，对于不拆落的木构件，采用整体喷涂药液以及在柱头及榫卯处注入药液的方法处理，药液为二硼合剂，处理效果较好。

3）涂刷法

涂刷法通常用于防腐油的处理，要求用油漆刷均匀地将防腐油涂于木材表面。为保证质量，在第一遍涂刷完毕后，再补充涂刷第二遍。

涂刷法有时也用于水溶性药剂的处理，如旧木件墩接或剔补的断面，以及处理木材再加工露出的素材部分等。此时，涂刷要求与喷淋一样，至少要做三遍以上。

防腐油一般用于望板背面和檐柱，以及木构件砌在墙体内部分的涂刷。油溶性药剂可提高药剂的透入性，增加防腐效果。

4）吊瓶滴注法

吊瓶滴注法一般用作木材内部的处理，如木柱基部、墩接或剔补处的保留部分以及新换木柱内部有轻微腐朽等情况。这些部位虽然有轻微腐朽，但尚未影响木材强度，可以利用这一方法防止腐朽的继续蔓延。

具体操作是在腐朽部位上方 30～50 厘米处，向中心打一个呈 45° 向下倾斜的洞，洞直径 5～6 毫米，一般要求洞深及木柱中心。如果腐朽部位超过这一高度，则应每隔 30～50 厘米打一个同样的洞；圆柱直径超过 30 厘米时，在对面相对位置再打一个洞。洞打好后，将滴液管插入洞中，直到底部，洞口用小木片塞住，以免滴液管脱出。吊瓶中装满防腐液，悬挂于洞口上方。调整滴液速度，以溶液不从洞口外溢为原则。

吊瓶滴注法是一个很慢的处理过程，防腐液靠着木材本身的渗透，逐渐向下扩散，用于处理垂直的木件效果更好。由于木材内溶液逐渐饱和，使渗透速度变慢，有时，木材吸水膨胀使滴液管被挤压堵住，因此要随时注意调整滴液速度，同时注意往吊瓶中加灌防腐剂。一般 30 厘米直径的立柱，根据经验要滴注 10～30 天，时间长短视树种和内部腐朽情况而定。由于滴注时间较长，吊瓶滴注法适用于局部落架大修工程中非落架木构件的防腐处理。

5）防腐绷带法

防腐绷带法专门用于处理柱脚与地面接触部位或柱顶与屋面接触部位，这些部位容易受潮发生腐朽或虫蛀。处理时，先将腐朽部分剔除干净，对剔净部位和嵌补（或包镶）木材涂覆防腐剂制成的浆膏，然后，再对修补部位整个涂覆一层防腐剂膏，并用防水布等包扎。防腐绷带法可使柱子易受损部位长期处于高浓度防腐剂的保护中，对于非落架的柱子尤为适用。

6）熏蒸法

熏蒸法适用于内部虫蛀严重但不宜或不可拆卸的重要木质文物或结构如大型木雕佛像、佛龛等熏蒸杀虫处理。采用熏蒸法杀虫时，需要搭设专门的密封熏蒸仓，并安装鼓风、加压、排气装置，以保证药剂气雾能进入木材内部发挥杀虫作用，在杀灭蛀虫之后能快速排出毒气。

图 4-10 为河北承德普宁寺大乘阁 1998 年修缮工程中，对世界最大的金漆木雕大佛熏蒸杀虫时搭设的超大型密封熏蒸仓。金漆木雕大佛高 20.15 米、胸围 15 米，内部为木结构框架［图 4-10（a）］，外部衣纹板用杨、榆木料制作；修缮前大佛木料糟朽、虫蛀严重，面临毁坏

的风险，必须进行防腐防蛀处理。为此，搭设了高23.5米、长16米、宽8.5米的三层钢管骨架仓体[图4-10（b）]，外部用厚塑料布严密覆盖形成密封舱。在舱内放置了三台电扇鼓风，以保证仓内毒气均匀散布，在一、二层骨架处各安装一部抽排风机用于排放毒气。熏蒸时采用硫酰氟（SO_2F_2）作为熏蒸剂，熏蒸80小时后开仓检查，蛀虫已完全杀灭。

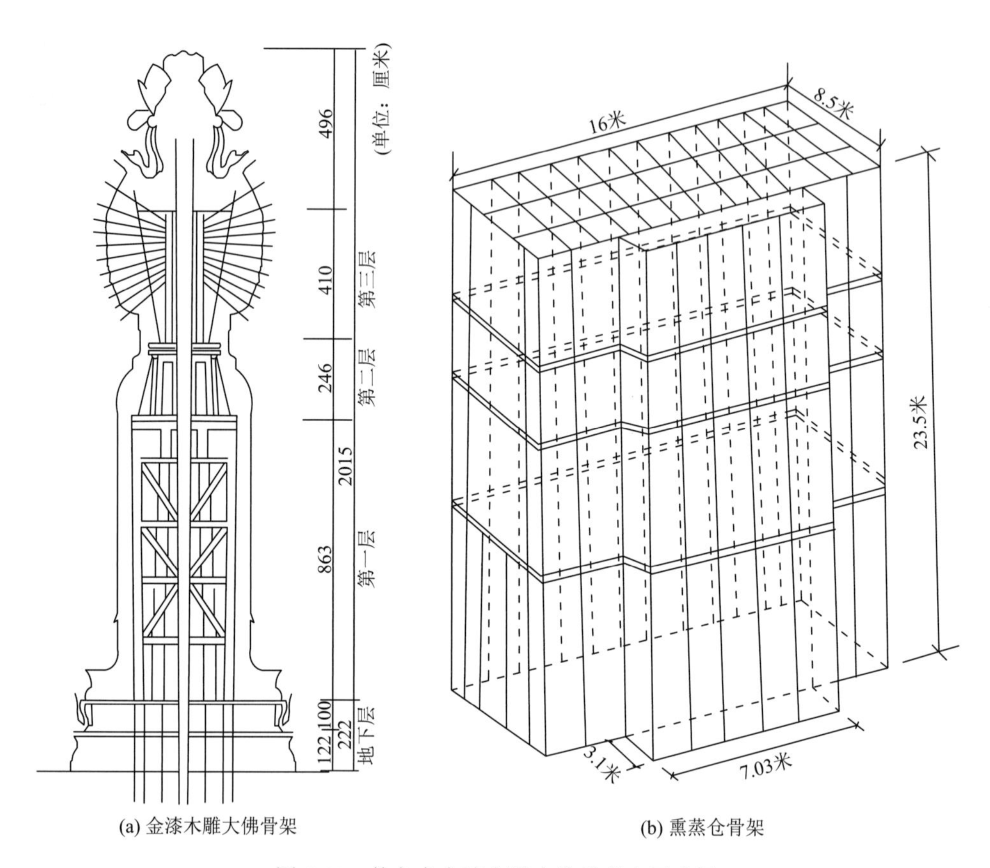

(a) 金漆木雕大佛骨架

(b) 熏蒸仓骨架

图4-10　普宁寺金漆木雕大佛熏蒸仓示意图

第 5 章

木构架安装与加固

5.1 木构架安装

在落架大修工程中，木构架安装包括木构件会榫、梁柱构架安装、斗栱和屋盖构件安装等工作。木构架安装可参照大木安装的常规方法进行，并应结合文物保护要求和建筑场地、构件修缮、脚手架搭设等实际情况，合理安排安装顺序，加强保护措施，使木构架安全可靠地装配到位。

为确保木构架的防火安全，安装现场应严禁明火、吸烟，严禁使用电锯切割；消防设施应配备齐全，并按照施工现场消防管理规定做好各种消防预案措施。

木构架安装完成后，应做好防雨防暴晒措施，防止木构架和支撑受碰撞变形、位移，保证后续墙体、屋顶修复等工序能顺利实施。

5.1.1 木构件会榫

在木构件修缮结束并验收合格后，需进行木构件的会榫，即试拼装，以检验修缮后的构件是否全部到位并符合木构架装配要求。会榫是保证木构架正确安装的必要环节，对于柱、梁、枋变形调整量较大或榫卯接头修缮数量较多的构架尤为重要，具有事半功倍的作用。会榫应分批有序进行，并符合下列规定。

（1）会榫应在木构件修缮场区内进行，发现问题应及时修正。

（2）会榫前，应核准柱、梁、枋全部构件的名称、位置与安装方向。

（3）各构件的榫头应按安装顺序平顺地插入榫眼，不准硬性击进。

（4）无侧脚木构架的柱、梁、枋等构件会榫时，梁的基面线以及枋的底面均应与柱侧中线呈直角；有生起、侧脚的柱、梁、枋等构件会榫时，应正确控制柱的中线和垂直线、横向构件的基面线和侧脚、生起的尺寸。梁、枋的底面或其背部的中线必须与柱端同方向中线重合，不得二线翘曲。

（5）必须准确控制柱与柱之间的水平距离。殿、厅、堂等较大规模建筑的木构件应采用“大会中”方法会榫，即对全部木构件的开间进深尺寸进行复核。会榫采用的开间杆或进深杆长度应准确，且应与地盘尺度一致。

（6）构架平面尺寸，基面线高度应正确，柱、梁、枋等构件横平竖直，各节点应结合紧密。

（7）全部木构件试拼装合格后，方可运入现场进行木构架的安装。

对于运用建筑信息模型指导落架大修的工程，可充分利用信息模型系统的优势，在计算机上进行木构件会榫模拟和展示，为实际会榫工作预先发现问题，并提出解决的办法。

5.1.2 梁柱构架安装

1）安装顺序

木构架的安装，一般应遵循“先内后外，先下后上，对号入位”的原则。

对于殿、堂、厅等矩形平面建筑，先从明间开始安装构架，然后依次安装次间、梢间的构架。

对于带斗栱层的大式建筑，先安装斗栱层以下的柱、梁、枋（下架构件），形成下架层；其次，安装斗栱和联系构件，形成斗栱层；最后，安装斗栱层以上的柱、梁、枋（上架构件），形成整体空间构架。

对于一般抬梁式木构架建筑，先安装柱头以下构件（下架构件），经丈量校正稳固后，再安装柱头以上构件（上架构件）。安装下架构件时，先立里边的金柱，并安装金柱间的联系构件如金枋、随梁枋等；然后，立外围的檐柱，安装柱间联系构件如檐枋、穿插枋、抱头梁等。安装上架构件时，也按照由内向外、自下而上的顺序，安装各层梁架以及联系构件。

对于穿斗式木构架建筑，习惯上从房屋的端头开始安装构架，然后向另一端顺序安装。安装时，通常在地面上将柱、梁及各横向构件连接成一整榀构架，经校正无误后，将构架整榀吊装就位；然后，按“先下后上，先内后外”的次序安装各榀构架之间的联系构件和檩（桁）等构件。

2）安装规定

木构架的安装，应严格按照预定的安装顺序进行，并在安装过程中遵循如下规定。

（1）构架安装前，应按修缮设计要求复核台基的平面尺寸、柱网尺寸以及柱础位置，并在各柱磉石上，正确弹出各落地柱的地盘中线；地盘中线应与木结构尺寸一致，且应采用同一尺丈量。

（2）构架的全部构件应按照安装顺序先后运至现场，且应按各构件名称放到其就位点，严禁构件错位、错方向。

（3）构架安装应边安装边吊柱中线，边用支撑在开间、进深两个方向临时固定构架。支撑必须牢固可靠，下端应顶在斜形木板上（上山爬），能前、后、左、右灵活调整木柱的垂直度。所有柱底部中线必须与磉石中线重合，发现与中线不符应及时校准。柱中线应垂直；有侧脚的柱中线应符合设计要求。支撑应待墙体、屋面工程结束方可拆除。

（4）榫眼结合时用木质大锤，通过替打（衬垫）敲击就位。严禁用木锤或铁锤直接敲击木构件。

（5）草架木构件与露明木构件的节点、加固铁件应隐蔽。节点要有足够的强度。

（6）构架各构件安装完毕，应对各构件复核、校正、固定，将卯口的涨眼堵塞严密。

3）安装偏差检验

构架安装后，应检验其尺寸偏差。鉴于我国南方、北方以及传统地方做法和官式做法的差异，《古建筑修建工程施工与质量验收规范》（JGJ 159—2008）中，给出了地方做法（参照《营造法原》做法）和官式做法（参照宋代《营造法式》或清代《工程做法则例》规定）木构架安装的允许偏差和检验方法，分别见表 5-1、表 5-2、表 5-3，可作为落架大修工程梁柱构架安装检验的参考。

表 5-1　地方做法木构架安装的允许偏差和检验方法

<table>
<tr><th>序号</th><th>项目</th><th colspan="2">允许偏差/毫米</th><th>检验方法</th></tr>
<tr><td>1</td><td>面宽、进深的轴线偏移</td><td colspan="2">±5</td><td>尺量检查</td></tr>
<tr><td>2</td><td>垂直度（有收势侧脚扣除）</td><td colspan="2">8</td><td>用仪器或吊线尺量检查</td></tr>
<tr><td rowspan="4">3</td><td rowspan="4">榫卯结构节点的间隙不大于</td><td>柱径在 200 毫米以内</td><td>3</td><td rowspan="4">用楔形塞尺检查</td></tr>
<tr><td>柱径在 200～300 毫米</td><td>4</td></tr>
<tr><td>柱径在 300～500 毫米</td><td>6</td></tr>
<tr><td>柱径在 500 毫米以上</td><td>8</td></tr>
<tr><td rowspan="2">4</td><td rowspan="2">梁底中线与柱子中线相对</td><td>柱径在 300 毫米以内</td><td>2</td><td rowspan="2">尺量检查</td></tr>
<tr><td>柱径在 300 毫米以上</td><td>3</td></tr>
<tr><td>5</td><td>整榀梁架上下中线借位</td><td colspan="2">3</td><td>吊线和尺量检查</td></tr>
<tr><td>6</td><td>矮柱中线与梁背中线错位</td><td colspan="2">3</td><td>吊线和尺量检查</td></tr>
<tr><td>7</td><td>檩与连机垫板枋子叠置面间隙</td><td colspan="2">5</td><td>用楔形塞尺检查</td></tr>
<tr><td>8</td><td>檩条与檩碗之间的间隙</td><td colspan="2">5</td><td>用楔形塞尺检查</td></tr>
<tr><td>9</td><td>檩条底面搁支点高度</td><td colspan="2">5</td><td>水准仪检查</td></tr>
<tr><td>10</td><td>各檩中线齐直</td><td colspan="2">10</td><td>拉线或目侧检查</td></tr>
<tr><td>11</td><td>檩与檩连接间隙</td><td colspan="2">3</td><td>用楔形塞尺检查</td></tr>
<tr><td>12</td><td>总进深</td><td colspan="2">±15</td><td>尺量检查</td></tr>
<tr><td>13</td><td>总开间</td><td colspan="2">±20</td><td>尺量检查</td></tr>
</table>

表 5-2　官式做法大木构架下架安装的允许偏差和检验方法

序号	项目	允许偏差/毫米	检验方法
1	面宽方向柱中线偏移	面宽的 1.5/1000	用钢尺或丈杆检查
2	进深方向柱中线偏移	进深的 1.5/1000	用钢尺或丈杆检查

续表

序号	项目		允许偏差/毫米	检验方法
3	枋、柱结合严密程度	柱径在 300 毫米以内	4	用楔形塞尺量枋子与柱之间的缝隙
		柱径在 300～500 毫米	6	
		柱径在 500 毫米以上	8	
4	枋子上皮平直度	柱径在 300 毫米以内	4	用仪器或沿通面宽拉线尺量检查
		柱径在 300～500 毫米	7	
		柱径在 500 毫米以上	10	
5	各枋子侧面进出错位	柱径在 300 毫米以内	5	用仪器或沿通面宽拉线尺量检查
		柱径在 300～500 毫米	7	
		柱径在 500 毫米以上	10	

表 5-3　官式做法大木构架上架安装的允许偏差和检验方法

序号	项目	允许偏差/毫米	检验方法
1	梁、柱中线对准程度	3	尺量梁底中线与柱子内侧中线位置偏差
2	瓜柱（童柱）中线与梁背中线对准程度	3	尺量两中线位置偏差
3	梁架侧面中线对准	4	吊线、目测整榀梁架上各构件侧面中线是否错位，用尺量检查
4	梁架正面中线对准	4	吊线、目测整榀梁架上各构件正面中线是否错位，用尺量检查
5	面宽方向轴线尺寸	面宽的 1.5‰	用钢尺或丈杆检查
6	檩、垫板、枋相叠缝隙	5	用楔形塞尺检查
7	檩平直度	8	在一座建筑的一面或整幢房子拉通线，尺量检查
8	檩与檩碗吻合缝隙	5	尺量检查
9	角梁中线与檩中线对准	4	尺量检查老角梁中线，由戗中线与檩的上下面中线对准程度
10	角梁与檩碗扣搭缝隙	5	尺量检查
11	山花板、博风板拼接缝隙	2.5	尺量和楔形塞尺检查
12	山花板、博风板拼接相邻高低差	2.5	尺量和楔形塞尺检查
13	山花板拼接雕刻花纹错位	2.5	尺量检查
14	圆弧形檩、垫板、枋侧面外倾	3	拉线、尺量构件中部与端头的差距

5.1.3　斗栱安装

1）安装顺序

斗栱安装之前，一般需进行试装，以检查构件是否齐全、榫卯结合是否严密。对于插入斗栱中兼作斗栱构件的梁栿（类似图 1-23 和图 1-24 中的明乳栿等构件），可用尺寸相同的木块临时替代，放置在预定的位置试装。

试装好的斗栱应按朵（攒）标上记号，用绳捆扎起来，避免混乱。正式安装时，将捆扎好的斗栱运至安装现场，摆在对应的位置，待全部斗栱到位、核定后，再进行安装。

沿房屋纵向的正心枋、内外拽枋等拉结构件，应与斗栱构件一同安装。

插入斗栱中的横向梁栿，按照其在斗栱中的位置，在斗栱安装过程中与其他构件一同有序安装。

2）安装规定

斗栱安装过程中，应注意各层构件的高低一致、出入齐平，与纵、横向拉结梁枋的紧密结合。斗栱安装一般应遵循以下规定。

（1）在木构架的下架安装结束，经检查正确、固定后，方可进行斗栱安装。

（2）斗栱修整后应构件齐全，不得有损坏未修补的构件重新安装。

（3）应自坐斗开始，自下而上、对号就位、逐件安装、逐组安装，一次到位。

（4）斗栱各构件应采用硬木销连接，各构件应结合紧密，整体稳定。

（5）正立面斗口、昂、翘、云头等外挑构件应在同一垂直线上，侧立面的斗口、栱、升等檩（桁）向构件应在正心枋中线与平板枋中线垂直线上。

3）安装偏差检验

斗栱安装后，应检验其尺寸偏差。表 5-4 为《古建筑修建工程施工与质量验收规范》（JGJ 159—2008）给出了斗栱修缮后的允许偏差和检验方法，可作为落架大修工程斗栱安装检验的参考。

表 5-4　斗栱修缮后的允许偏差和检验方法

序号	项目	允许偏差/毫米	检验方法
1	上口平直	12	用仪器或拉线和尺量检查
2	出挑齐直	8	用仪器或拉线和尺量检查
3	榫卯间隙	2	用楔形塞尺检查
4	垂直度	6	用仪器或吊线和尺量检查
5	轴线位移	12	用仪器或尺量检查
6	对接部位平整度	2	用尺检查
7	铁件加固部位表面平整度	–2	用仪器或拉线和尺量检查

5.1.4　檩条安装

1）安装顺序与规定

檩条一般从上至下安装，先安装脊檩，再依次向下安装金檩、檐檩。安装时应遵循以下规定。

（1）檩条安装应按檩条名称对名就位，严禁错位，檩中线应在柱或童柱的中线上，檩底应与柱口或梁的檩碗结合紧密、牢固。

（2）檩连接的榫卯应结合紧密，檩底与机、枋连接应紧密。同一轴线、同高度檩条的中线及底面都应在一条直线上。

（3）檩条的接头缝应在构架的中心线上，两檩连接处的檩背应平顺，各架的中心线上的各檩背位置应能正确反映屋盖的举架曲线。

2）安装偏差检验

檩条安装后，应检验其尺寸偏差。《古建筑修建工程施工与质量验收规范》（JGJ 159—2008）给出了地方做法和官式做法檩条安装允许偏差和检验方法的规定，分别见表 5-1 和表 5-3，可作为落架大修工程檩条安装检验的参考。

5.1.5 木基层、翼角安装

1）安装顺序

木基层由椽、连檐、板类等构件组成（图 5-1），其安装顺序一般为：①挂线调整椽头；②钉檐椽和小连檐，钉脑椽（脊檩两侧之椽）、花架椽（檐椽与脑椽之间的椽）；③钉望板，再钉飞椽和大连檐，安装闸挡板；④铺钉飞头望板和压飞尾望板。

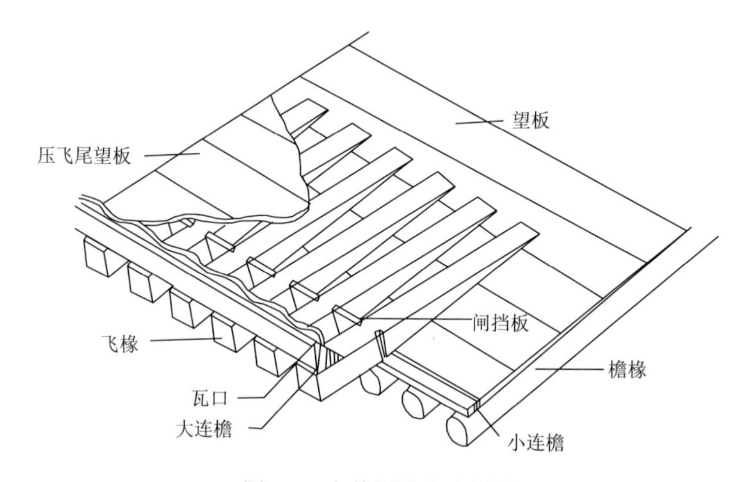

图 5-1　木基层组成示意图

翼角由老角梁、仔角梁、翼角椽、翘飞椽（翼角飞椽）以及联系翼角和翘飞椽头的大小连檐、钉附在翼角椽上面的檐头望板和垫起翼角椽的衬头木等附属构件组成（图 5-2）。

角梁安装与木构架安装同时进行，安装时用角梁钉将老角梁、仔角梁与檩条固定。

翼角椽的安装包括：分点翼角椽尾椽花、缥小连檐、分点翼角椽头椽花、安装衬头木、钉翼角椽、牢檐、截椽头等。

在翼角椽和檐头望板安装完毕，正身飞椽钉上以后，开始缥大连檐、钉翘飞椽，最后钉翘飞檐头望板。

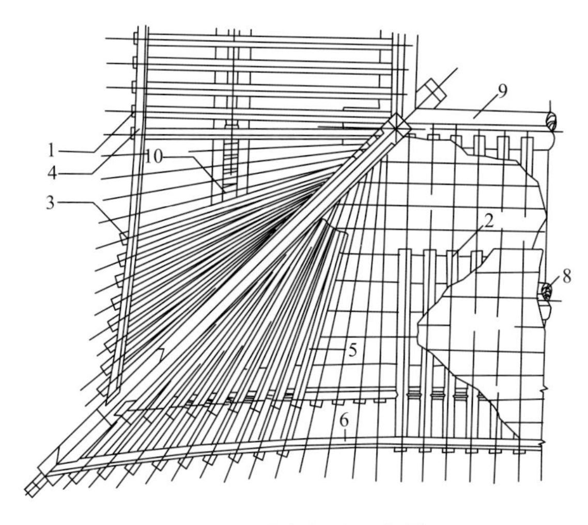

图 5-2　翼角组成示意图

1-檐椽；2-飞椽；3-翼角椽；4-小连檐；5-翘飞椽；6-大连檐；7-角梁；8-檐檩；9-金檩；10-衬头木

2）安装规定

木基层、翼角的构件类型较多，且翼角对曲线形状的要求较高，安装顺序较为复杂。安装时需结合落架大修建筑的构造特点，严格按照程序进行，并遵循以下规定。

（1）老角梁搁置部位与檩条、构架应连接牢固、结合紧密、位置和高度正确。

（2）老角梁、仔角梁应结合牢固、配件齐全，老角梁与仔角梁的角度、位置、标高应一致，左、右两翼各构件应对称。

（3）翼角椽根的中心线应与翼角小连檐的洞口中线一致。翼角小连檐洞口两侧应垂直。

（4）翘飞椽与翼角大连檐应连接紧密，翘飞椽头与翼角大连檐应平齐，且应从飞椽头逐渐过渡至仔角梁，呈匀和的曲面。

（5）脑椽、花架椽、檐椽的中心应在一条直线上。两椽连接处应椽背平顺、高度一致。各出檐椽头应整齐，且应在一条直线上，外露椽头长度应一致。

（6）闸椽（安椽头）应安置在檩条背中线部位，勒望应安置在檩条中线处，且应在闸椽的上表面。勒望与椽子搭交部位应钉 1～2 枚铁钉固定，勒望的间距应为望砖宽度的整数倍，每步架应设一道勒望（图 5-3）。

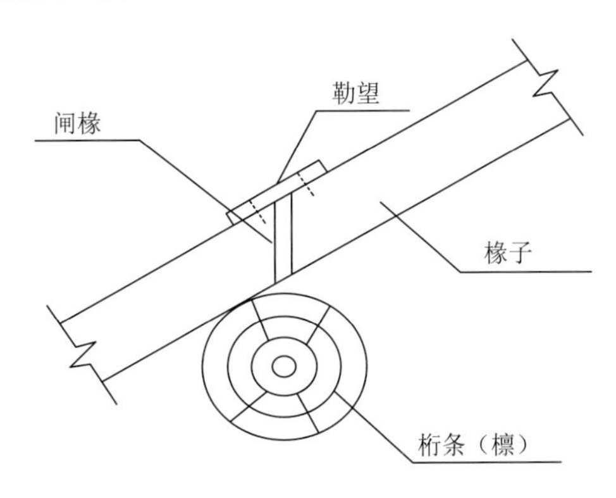

图 5-3　闸椽、勒望安置

（7）大连檐外侧应与椽头平齐，且应在一条直线上。大连檐的接头应设在椽背中心位置。大连檐与椽子应采用铁钉连接，且每个搭交部位应钉1～2枚铁钉。

（8）正身檐椽的封檐板底面应平齐，封檐板接缝应垂直。翼角两端的封檐板与仔角梁端部中心连接处应做合角，相交板缝应垂直、紧密。瓦口板与封檐板或大连檐连接处的露明部分应平整、成一体。

（9）望板、垫板等板类构件拼接部位应紧密，露明部位应平整、光洁。

3）安装偏差检验

翼角、木基层安装后，应检验其尺寸偏差。《古建筑修建工程施工与质量验收规范》（JGJ 159—2008）给出了地方做法和官式做法翼角、木基层安装允许偏差和检验方法的规定，分别见表5-5和表5-6，可作为检验的参考。

表5-5　地方做法翼角、木基层安装的允许偏差和检验方法

<table>
<tr><th>序号</th><th colspan="2">项目</th><th>允许偏差/毫米</th><th>检验方法</th></tr>
<tr><td>1</td><td colspan="2">老角梁中心线与柱中心线偏差</td><td>5</td><td>吊线和尺量检查</td></tr>
<tr><td rowspan="2">2</td><td rowspan="2">每座建筑的仔角梁标高</td><td>亭</td><td>±10</td><td rowspan="2">用水准仪和尺量检查</td></tr>
<tr><td>厅堂</td><td>±20</td></tr>
<tr><td rowspan="2">3</td><td rowspan="2">每座建筑的老角梁标高</td><td>亭</td><td>±5</td><td rowspan="2">用水准仪和尺量检查</td></tr>
<tr><td>厅堂</td><td>±10</td></tr>
<tr><td rowspan="2">4</td><td rowspan="2">封墙板、博风板平直（翼角除外）</td><td>下边缘</td><td>5</td><td>用仪器或拉10米线（不足10米拉通线）和尺量检查</td></tr>
<tr><td>表面</td><td>8</td><td>用2米直尺和楔形塞尺检查</td></tr>
<tr><td rowspan="2">5</td><td rowspan="2">垫板平直</td><td>下边缘</td><td>5</td><td>用仪器或拉10米线（不足10米拉通线）和尺量检查</td></tr>
<tr><td>表面</td><td>6</td><td>用2米直尺和楔形塞尺检查</td></tr>
<tr><td>6</td><td colspan="2">单构件的标高</td><td>±3</td><td>用水准仪和尺量检查</td></tr>
<tr><td>7</td><td colspan="2">每步架的举高</td><td>±5</td><td>用水准仪和尺量检查</td></tr>
<tr><td>8</td><td colspan="2">举架的总高</td><td>±15</td><td>用水准仪和尺量检查</td></tr>
<tr><td>9</td><td colspan="2">翼角起翘高</td><td>±10</td><td>用水准仪和尺量检查</td></tr>
<tr><td>10</td><td colspan="2">翼角伸出</td><td>±10</td><td>尺量检查</td></tr>
<tr><td>11</td><td colspan="2">檐椽、飞椽头齐直</td><td>3</td><td>以间为单位拉线，尺量检查</td></tr>
<tr><td>12</td><td colspan="2">同一间椽档</td><td>±4</td><td>尺量检查</td></tr>
<tr><td>13</td><td colspan="2">大小连檐头齐直</td><td>±3</td><td>拉通线，尺量检查</td></tr>
<tr><td>14</td><td colspan="2">露明处望板隙缝</td><td>3</td><td>用楔形塞尺检查</td></tr>
<tr><td>15</td><td colspan="2">上、下椽中线对准齐直，两椽相接平直</td><td>3</td><td>拉线或目测检查</td></tr>
<tr><td>16</td><td colspan="2">檩条接头间隙</td><td>3</td><td>楔形塞尺检查</td></tr>
</table>

表 5-6　官式做法木基层安装的允许偏差和检验方法

序号	项目	允许偏差/毫米	检验方法
1	檐椽、飞椽椽头平齐	5	以间为单位于椽头端部通线，尺量检查
2	椽档均匀	±1/20 椽径	尺量检查
3	正身椽大连檐平直度（飞檐部分）	±3	以间为单位拉通线，尺量检查
4	正身椽小连檐平直度（挑檐椽部分）	±3	以间为单位拉通线，尺量检查
5	露明处望板底面平整度	3	用短平尺和楔形塞尺检查
6	望板板缝	3	用楔形塞尺检查

图 5-4 为辽宁省义县奉国寺大雄殿殿顶木基层和翼角安装的照片。

(a) 安装正身椽子　(b) 安装脑椽　(c) 安装翼角椽、铺钉连檐望板　(d) 安装好的翼角、木基层

图 5-4　奉国寺大雄殿殿顶木基层和翼角安装

5.2　木构架抗震构造加固

地震是造成古建筑破坏的主要自然灾害之一。在 1976 年唐山大地震中，位于地震烈度较高区域的古建筑遭到严重破坏或倒塌；在地震烈度较低的北京，也有较多古建筑的墙体、木构架发生了明显的破坏。在 2008 年汶川大地震和 2013 年芦山大地震中，木构架古建筑损坏也较为普遍，一些建造质量较差、缺乏维修的木构架建筑严重倾斜，甚至倒塌。

木构架古建筑在地震作用下的损坏程度与地震烈度、结构性状等因素相关，一般情况下，地震波加速度越大、古建筑越是材质老化或缺乏维护，则损坏程度越严重。我国大多数木构架古建筑位于地震多发地区，为了提高结构的抗震能力，降低地震损伤程度，《古建筑木结构维护与加固技术标准》（GB/T 50165—2020）制定了抗震鉴定和加固的规定，要求古建筑木结构在维修加固时遵照执行；《古建筑修建工程施工与质量验收规范》（JGJ 159—2008）也要求古建筑工程应按现行国家建筑抗震鉴定标准进行检查鉴定，不符合要求的应结合维修进行抗震加固。本节主要结合落架大修工程，介绍木构架抗震加固的有关规定和方法。

5.2.1 古建筑木结构抗震加固规定

古建筑木结构的抗震加固，应根据古建筑的年代及重要性、所在地区的抗震设防烈度及场地条件，在抗震鉴定的基础上，按下述规定执行。

（1）抗震鉴定加固烈度，应按本地区的基本烈度采用。对重要古建筑，可提高一度加固，但应经上一级文物主管部门批准。

（2）古建筑的抗震加固设计，应在不改变原状的原则下提高其承重结构的抗震能力。

（3）重要古建筑的抗震加固方案，应经专家论证后确定。

（4）古建筑木结构抗震加固目标：当遭受低于本地区设防烈度的多遇地震影响时，古建筑木结构基本不受损坏；当遭受本地区设防烈度的地震影响时，古建筑木结构可能稍有损坏，经一般性修缮后仍可正常使用；当遭受高于本地区设防烈度的罕遇地震影响时，古建筑木结构不致坍塌，经大修后仍可基本恢复原状。

古建筑木结构的构造不符合抗震鉴定要求时，除应按所发现的问题逐项进行加固外，尚需遵守下列规定。

（1）对体型高大、内部空旷或结构特殊的古建筑木结构，均应采取整体加固措施。

（2）对截面抗震验算不合格的结构构件，应采取有效的减载、加固和必要的防震措施。

（3）对抗震变形验算不合格的部位，应加设支顶，提高其刚度。当有困难时，也应加临时支顶，但应与其他部位刚度相当。

5.2.2 木构架抗震构造加固方法

按照《古建筑木结构维护与加固技术标准》（GB/T 50165—2020）的规定，对一般正常维修的木构架古建筑，因涉及不改变原状的原则，难于对木构架进行整体抗震加固。而对于落架大修的木构架古建筑，由于需要对全部木构件拆卸、修缮和重新安装，在安装过程中进行整体抗震加固，是一个有利的时机，也较容易实现和满足 GB/T 50165 提出的有关规定。

古建筑中的木构架采用榫卯结合，结构体系为半刚性节点排架结构，其整体抗变形能力较弱。在强烈地震作用下，当围护墙体倒塌后，木构架易产生较大的倾斜，甚至倒塌。因此，需针对木构架的薄弱构造进行抗震加固，通过增设斜向支撑、加固榫卯节点、加强构件连接等措施，提高结构的整体抗变形、抗倒塌能力。

1. 墙体中柱架的抗震构造加固

对位于山墙、檐墙之中的柱架，在柱与柱之间增设与墙体平行的斜向抗震支撑，既能提高构架的整体稳定性，也能较好地保持建筑的外观。

山墙中木构架的柱间斜向抗震支撑，可用单根木构件，但应在构架中对称设置[图 5-5(a)]；檐墙中木构架的柱间斜向支撑，可采用交叉剪刀撑[图 5-5（b）]，或采用竖杆加斜杆的组合支撑[图 5-5（c）]。

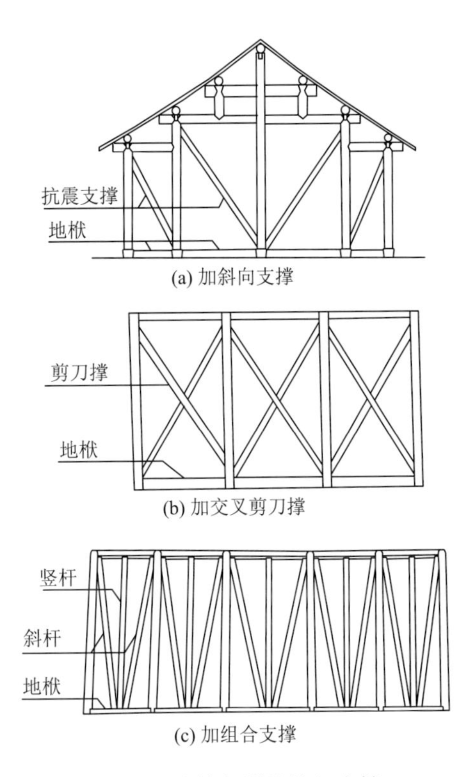

图 5-5　木构架增设柱间支撑

设置斜向抗震支撑的木构架，应在柱子的底部之间铺设地栿，用于稳固柱根，或固定支撑；斜向支撑与柱子顶部、底部或地栿的连接，宜采用榫卯接头，形成半刚性节点；埋入墙内的斜向支撑及地栿，需进行防腐、防蛀处理。

由于斜向支撑在墙体砌筑和粉刷之后被覆盖，为便于后人再次修缮时辨认，应在斜向支撑上标注其为抗震加固构件及加固日期。

2. 榫卯节点的抗震构造加固

柱与梁、枋的榫卯节点，在地震作用下具有消散地震能量的功能，但也容易脱榫或折断，导致构架歪闪、倒塌。

榫卯节点抗震构造加固可用铁（钢）件来增强节点的拉结和防脱能力，加固时需注意使榫卯节点保持基本的半刚性转动性能，且尽可能减少对木构架外观的影响。常用的方法有以下几种。

1）扁钢贯穿节点加固

对于中柱两侧梁端半榫结合的情况，用扁钢（铁拉扯）穿过卯口对两侧的梁端拉结，即传统的“过河拉扯”，如图 5-6 所示。扁钢采用钢板条制作，厚度 3～4 毫米，宽度不大于榫头宽度，长度为柱子直径加上 160 毫米，即两端伸出柱子外皮各 80 毫米，并在每端预留两个螺孔。待榫头就位后，用木螺钉将扁钢固定在榫头之外的梁端上。这种加固方法将扁钢条的大部分埋设在节点之内，对节点部位的外观影响很小。此外，扁钢条的抗拉能力较强且抗弯刚度较小，当地震作用时，可有效地对榫头进行拉结、防止脱落，并可保持节点适度的转动耗能能力。

2）L 形钢板条加固节点

在柱子与梁端上、下表面的交接处设置 L 形钢板条，用木螺钉固定，如图 5-7 所示。L 形钢板条可用厚度 3～4 毫米、宽度 100 毫米、长度 160 毫米的钢板弯曲成型，每边预留两排螺孔。待榫头就位后，用木螺钉将钢板条固定在梁、柱上。对于截面为圆形的柱子，应在钢板条对应的位置刻槽，使钢板条与柱子紧密贴合。

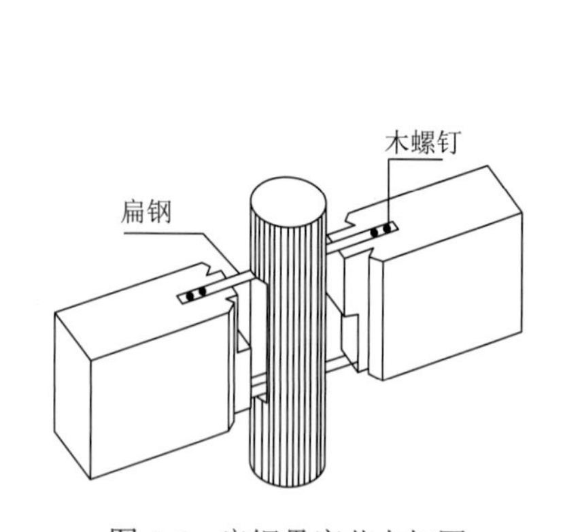

图 5-6　扁钢贯穿节点加固

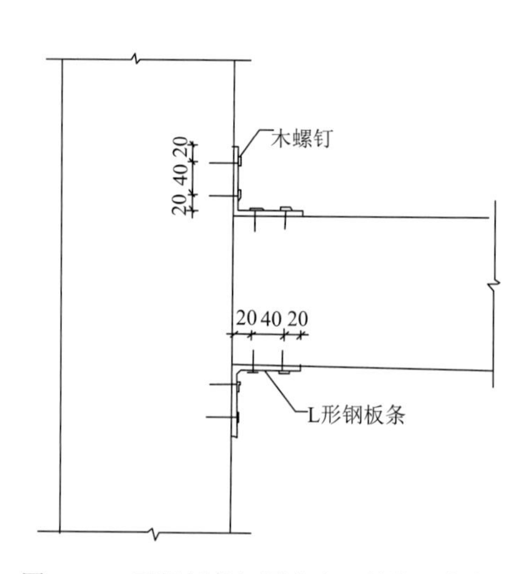

图 5-7　L 形钢板条加固节点（单位：毫米）

3）钢铰链加固节点

为了保持榫卯节点的半刚性特征，可以将图 5-7 中的 L 形钢板条改为钢铰链，以减少加固件对节点的转动约束。铰链即合页，通常用于门窗的连接，类型较多，可以直接从市场购买，也可以根据梁、柱尺寸和加固要求向厂家定制。安装钢铰链时，需在梁、柱交接处留有铰链转轴的空间，以保证地震作用时节点可适度的转动耗能。对于截面为圆形的柱子，应在铰链对应的位置刻槽，使铰链与柱子紧密贴合。

4）新型建材和耗能装置加固节点

近年来，一些高校和科研单位为了推动新型建材在古建筑修缮工程中的应用，提出了用碳纤维材料代替铁件加固榫卯节点的方法，以及采用带阻尼器的装置提高榫卯节点耗能能力的方法。相关的试验结果表明，这些新型加固方法都能有效地提高节点的抗震能力，但因加固件材料颜色过深、粘贴后难于拆除，或因耗能装置尺寸较大，对构架的外观有明显的不利影响，文物管理部门对其使用有较大的争议，目前尚未在工程实际中得到推广应用。

3. 木构架变形控制与耗能的雀替式装置

在传统的建筑构造中，常采用雀替（图 5-8）作为附加构件设置在梁柱节点下部，以减少木构架的净跨度，提高节点的抗剪切能力，并起到装饰美化作用。由袁建力、杨韵编著的《打牮拨正——木构架古建筑纠偏工艺的传承与发展》一书中，介绍了一种木构架变形控制与耗能的雀替式装置，将木构架的变形控制、抗震耗能、节点加固等部件综合设计，与木构件雀替结合，为木构架的抗震加固提供了新的方法。

图 5-8　古建筑中的雀替

变形控制与耗能的雀替式装置，由铰链式钢板件和雀替式木构件组合而成（图 5-9）；铰链式钢板件用以抗震耗能和限制构架的过度变形；雀替式木构件覆盖在铰链式钢板件的外部，起到建筑美观和防止钢板件锈蚀的作用。当木构架节点部位变形时，铰链式钢板件转动并带动雀替式木构件发生相对于梁柱的位移，由此可观测到节点部位的变形状况；铰链式钢板件的转动角度可根据木构架的允许变形值预先设定，当木构架变形达到允许值时，铰链式钢板件转动到位对节点的变形起到限制作用。铰链式钢板件的转轴为可紧固的螺杆，通过调整紧固螺母压紧耐磨垫片，可获得一定的转动摩阻力，既能提高铰链式钢板件抵抗节点变形的能力，还可在地震时发挥抗震耗能的效应。该装置的详细构造和安装方法，可参见国家发明专利“木构架变形控制与抗震耗能的雀替式装置”ZL201510046453.2。

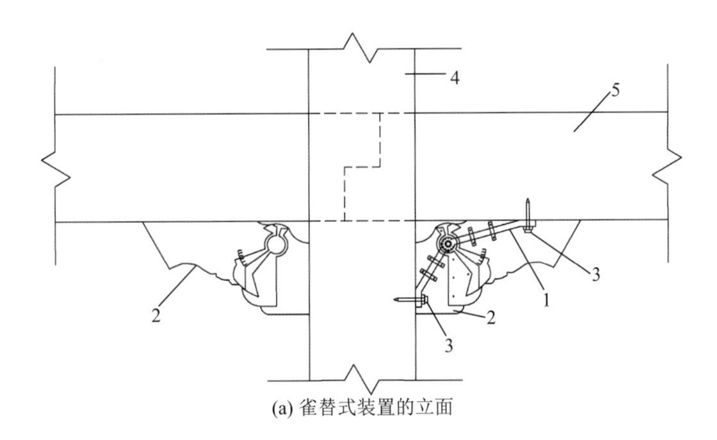

(a) 雀替式装置的立面

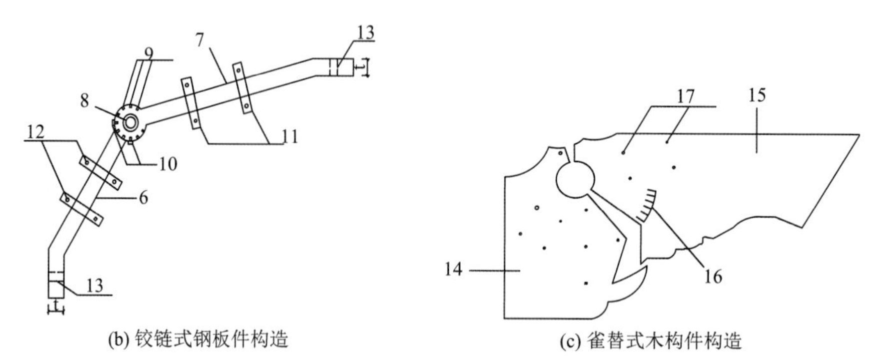

(b) 铰链式钢板件构造 (c) 雀替式木构件构造

1-铰链式钢板件；2-雀替式木构件；3-木螺钉；4-柱；5-梁；6-第一 L 形钢板；7-第二 L 形钢板；8-紧固螺栓；9-限位螺栓孔；10-限位螺栓；11-木垫块；12-木螺钉孔；13-螺栓孔；14-第一雀替式木构件；15-第二雀替式木构件；16-刻度标记；17-木螺钉孔

图 5-9 变形控制与耗能的雀替式装置

4. 屋架檩条的抗震构造加固

屋架中的檩条在地震中常发生侧滚或端部脱榫现象，严重时能拉扯相连构件一同滑下。檩条抗震构造加固的重点为防滚、防脱，通常可采用以下方法。

1）檩端侧向约束加固

在梁端及瓜柱的檩碗内塞进大头楔，用钉钉牢，从侧向挤住檩条，使其不易滚动；或在檩条端部与梁端及瓜柱的檩碗结合部位增设扁钢拉条，从外部对檩条进行拉结。

2）檩端水平向约束加固

对于沿着建筑纵向两檩端部用燕尾榫水平连接的情况，可在接头部位增设水平扁钢拉条，防止脱榫和侧滚。水平扁钢拉条可参照图 5-6 中的扁钢式样制作，但仅用于接头部位的上方。

3）檩条整体约束加固

在靠近檩头的两端，选两组椽子，前后两坡用大钉钉牢（或用螺栓锚固），使檩条端部稳定不致移位，这种方法俗称“拉杆椽”加固，可提高檩条和椽子的整体结合性能。

第 6 章

台基、墙体、屋顶修复与加固

6.1 台基修复加固与防蚁处理

对于损坏的台基基础，应在建筑构件落架之后即进行修复与加固，达到稳固要求之后，方可在其上实施木构架安装操作。对于台基不均匀沉陷、破裂的情况，需要查明地基不均匀沉降的原因，并进行地基和基础的加固处理。

台明是台基在地坪以上的部分，其侧面（台帮）采用砖石砌筑，顶面（台面）铺地砖。地基基础加固之后，即可对台明进行修整加固。但为了方便上部建筑的安装施工，并避免台明石构件受损弄脏，通常在木构架安装、屋顶铺设后再修整台明。

对于白蚁危害严重的古建筑，特别是存在土栖白蚁或土木两栖白蚁的区域，尚需结合台基修复工作，对台基周边和台基下的地基进行白蚁防灭处理。

6.1.1 地基基础加固

1）地基基础加固规定

地基基础加固时，应遵守下列规定。

（1）加固前，应取得工程地质勘查资料，并应根据建筑物的实际荷载情况和环境条件，重新进行验算和加固设计。不得未经验算，便按原样重修。

（2）结合上部结构出现的裂缝、倾斜等现象，查清与地基变形、基础损坏的相应关系，有针对性地提出地基及基础加固的重点部位和有效措施。

（3）制订地基基础加固方案时，应符合现行国家标准《既有建筑地基基础加固技术规范》（JGJ 123—2012）的要求。

（4）当地基基础的损坏属河流冲刷、地下水流失等环境因素的影响时，需与相关部门共同提出消除或减少不利影响因素的方案，以保证加固后的地基基础的稳固安全。

（5）当地基基础受古树树根扩展损坏需进行加固处理时，应采取措施对古树进行保护，并报绿化、园林管理部门批准。

（6）加固地基基础时，应采取措施防止其施工方式等对邻近古建筑产生不良影响。

2）地基基础加固方法

设计地基基础加固方案时，应遵照原状保护的原则，在保证整体安全的前提下，尽量减少对原有基础的干扰。可根据工程地质和水文地质资料、地基荷载影响深度、材料来源和施工设备等条件综合考虑，选用有效可靠、便于操作的简化方法。

（1）当原建筑地基为夯土、碎砖、砂石或灰土地基时，应保留历史原状，新加固的地基宜加在原地基周围或叠加在原地基之上进行处理。

（2）因地基滑坡、位移造成古建筑损坏的情况，宜用钢筋混凝土桩加固。例如，地下水位较低，可采用人工挖掘成孔灌注桩，或选用静压桩，不宜采用打入的预制桩。

（3）若加固地基使用木桩时，宜选用柏木、杉木等耐腐朽的树种，木桩的桩尖埋入坚实土层的深度应大于 50 厘米。当地下水位升降幅度较大或含有侵蚀性水质时，木桩应经过防腐蚀处理。

（4）对于台基中严重破损的磉墩、拦土，可以局部拆卸重砌，砌筑时应注意灰浆饱满，并按原有构造留坡、留槎。对于开裂的磉墩、拦土，可采用灌注水泥砂浆的方法进行加固。水泥砂浆的配方，根据砌体裂缝的宽度参照表 6-1 选用。

表 6-1　灌浆浆液配合比

浆别	水泥	水	胶结料	砂
水泥稀浆	1	0.9	0.2（108 胶）	
	1	0.9	0.2（二元乳胶）	
	1	0.9	0.01～0.02（水玻璃）	
	1	1.2	0.060（聚醋酸乙烯）	
水泥稠浆	1	0.6	0.2（108 胶）	
	1	0.6	0.15（二元乳胶）	
	1	0.7	0.01～0.02（水玻璃）	
	1	0.7	0.055（聚醋酸乙烯）	
水泥砂浆	1	0.6	0.2（108 胶）	1
	1	0.6～0.7	0.50（二元乳胶）	1
	1	0.6	0.01～0.02（水玻璃）	1
	1	0.4～0.7	0.060（聚醋酸乙烯）	1

注：稀浆用于 0.3～1 毫米宽的裂缝；稠浆用于 1～5 毫米的裂缝；砂浆适用于宽度大于 5 毫米的裂缝。

6.1.2　台明修整加固

1. 修整加固的基本规定

等级较高的古建筑中，台明的石构件较多，如阶条石、柱顶石、陡板、踏跺等，是修整加固的重点。台明的修整加固应遵循下述基本规定。

（1）对有历史价值的砖石砌体应按原状保护。需修整加固的部位，应按原有的方式，尽量利用原有的材料砌筑，并做好与原保留部位的构造衔接和外观修饰。

（2）砌筑用的灰浆品种及其配合比，应符合设计要求；灰缝应饱满、均匀，拼缝应严实。

（3）台明中的石构件，特别是有雕刻纹样的石构件，除残损严重必须更换外，应设法保存原物。对局部残损的石构件，应用品种、质感、色泽与原件相近的石料修补。

（4）修补后的石构件除应保持原有风貌、砂浆饱满密实、搭砌牢固、接槎严实平直外，尚应与原样基本相同。

（5）更换的石构件，其石料品种、质感和色泽应与原件相近，外形尺寸、表面剁斧、磨光、打道、砸花锤等均应与原件相同。

2. 石砌体的重砌与修补

落架大修建筑的台基，其台帮大多破损，且石构件多有遗失或被移作他用，需要重新补砌或修补。一些落架大修工程需要对基础进行整体加固，通常也要拆卸、重砌台帮。

1）石砌体重砌要求

（1）石砌体所用石材应质地坚实，无风化剥落和裂纹，用于台基的石材应色泽均匀。

（2）石墙的灰浆应使用传统灰浆，灰缝应为平缝或凸缝，不得为凹缝。

（3）构件安装应背山牢固、平稳。背山的数量、位置应合理，材料宜使用石块或生铁。构件后口立缝处应以熟铁片塞紧。

（4）石砌体灌浆前宜先灌注适量清水湿润，并用灰泥沿砌体缝隙锁口。对于长度大于 1.5 米的砌体、陡板等立置的砌体，灌浆至少应分三次进行。第一次的灌浆应稀，以后逐渐变稠，每次间隔应大于四小时。

（5）石砌体的转角处、交接处，宜同时砌筑；对不能同时砌筑的交接处，应砌成斜槎。

2）石砌体修补要求

（1）修补毛石砌体应做到墙面平整、搭砌合理、灰浆饱满，灰缝厚度宜均匀一致，接槎合顺，色泽宜一致。

（2）修补料石砌体应做到墙面平整，组砌合理，灰缝饱满，接槎严密平顺，灰缝厚度均匀一致，色泽一致，墙面洁净。

3. 残损石构件的修补

1）残损石构件的修补方法

打点勾缝：用于石构件的灰缝酥碱脱落或其他原因造成的头缝空虚。打点勾缝前应将松动的灰皮铲除，浮土扫净，必要时可用水洇湿；勾缝时应将灰缝塞严塞实，不可造成内部空虚。灰缝一般应与构件勾平，最后打水槎子并扫净。

构件归安：当石构件发生位移或歪闪时可进行归安修缮。构件可原地直接归安就位的应直接就位；构件不能直接就位的可拆下来，把后口清除干净后再归位。归位后进行灌浆处理，最后打点勾缝。

添配：石构件残破或缺损时，可进行添配。若构件残损并有位移时，可将添配和归安修缮结合进行，即先拆卸构件并修正添配，然后再按原位归安。

重新剁斧、刷道或磨光：该方法用于阶条、踏跺等表面易磨损的石构件，可使构件表面找平并见新；但对于表面较平整的构件，仅需刷道或磨光，不必重新剁斧。

2）修补材料与粘接砂浆

用石料修补残损石构件时，应选用与原物同品种的石材，并应与原材的色泽、质感相近。修补的接缝处及连接件的凹槽内不得勾抹水泥砂浆或月白灰。

小块石构件的粘接可采用水泥浆。大块石构件的粘接可采用高分子化工材料，其材料配比应经试验后选用，也可按照下列配比选用。

环氧树脂（＃6101）与乙二胺可按 100∶7 配制（重量比）。

环氧树脂（＃6101）、二乙烯三胺和二甲苯可按 100∶10∶10 配制（重量比）。

4. 石构件改制

石构件改制包括对原有构件的改制和对旧料的改制加工，可作为整修措施，也可作为利用旧料进行添配的方法。改制的做法如下。

（1）截头：当构件的头缝磨损较多或所利用的旧料规格较长时，可进行截头处理。

（2）夹肋：当构件的两肋磨损较多或所利用的旧料规格较宽时，可进行夹肋处理。经夹肋和截头的石料，表面一般应进行剁斧见新。

（3）打大底（去薄厚）：当所利用的旧石料较厚时，可按建筑上的构件规格“去薄厚”。当石料表面不完好时，可在打大底之前先在表面剁斧或刷道、磨光等。

5. 风化石构件修补

石构件表面出现严重风化缺损时，可采取下列方法进行修补。

（1）剔凿挖补：将缺损或风化的部分用錾子剔凿成易于补配的形状，然后按照补配的部位选好石料。石料形状应与剔出的缺口形状相吻合，露明部分应按原样凿出糙样，安装牢固后再进一步“出细”；新旧槎接缝处可用石粉拌和胶黏剂堵严，最后打点修理。

（2）补抹修补：应先将缺损的部位清理干净，然后堆抹上具有黏结力并具有石料质感的材料，干硬后再用錾子按原样凿出。

传统的补抹材料配方：每平方寸用白蜡一钱五分、黄蜡五分、芸香五分、木炭一两五钱、石粉二两八钱八分，石粉应选用与原有石材相同的材料，将上述材料拌和、加温熔化后即可使用。

现代的补抹材料配方：白水泥与石粉拌和，并掺入适当的粘接材料，如 108 胶；或直接用环氧树脂拌和石粉。

当经补配、添配的新石料与原有旧石料有新旧之差时，应罩色做旧。

6. 砌体的灌浆加固

当砌体开裂、局部构件脱落时，可采用灌浆的方法进行加固，并应符合下列规定。

（1）灌浆前需对周边石缝勾缝锁口，以防止浆液溢出。勾缝锁口可用大麻刀灰，或石膏；大麻刀灰采用泼浆灰加水调匀，按灰∶麻刀=100∶5 配制。

（2）采用传统方法灌浆时，灌浆材料应采用桃花浆或生石灰浆。

桃花浆用白灰浆加好黏土浆配制，白灰∶黏土=3∶7 或 4∶6（体积比）。

生石灰浆用生石灰块加水搅成浆状，经细筛过淋后使用。

（3）采用现代做法灌浆时，灌浆材料可用水泥浆或水泥砂浆，并宜加入水溶性的高分子材料。缝隙内部容量不大而强度要求较高时，可直接使用环氧树脂等高强度的化工材料。为保证灌注饱满，可采用高压注入。水泥浆、水泥砂浆的配合比可参照表 6-1 选用。

（4）对于石料表面的微小裂纹，可直接滴入胶结材料进行粘接封护。

6.1.3 地基防蚁处理

在我国温暖潮湿地区，白蚁蛀蚀已超过雨水、微生物等引起的木材腐朽损坏，成为木构架古建筑损坏的重要因素。在第 4 章中，已介绍了木构件防腐防虫的处理方法，但从目前较多的古建筑白蚁检测和防治项目的实践中发现，除了在屋盖等阴暗潮湿部位发现白蚁聚集，在台基周边和台基下的地基土中也常发现白蚁巢穴，且白蚁数量较大。因此，在落架大修工程中，不仅需要对木构件进行防腐防蛀处理，尚需结合台基修复工作，对台基周边和台基下的地基土进行白蚁防灭处理。

地基防治白蚁处理通常包括查找灭杀、喷药预防、物理隔离、监控诱杀、药物趋避等措施，处理时应会同当地白蚁防治部门，根据白蚁的危害程度，确定合理的处理方案和适用的防治药物，在有效控制白蚁危害的前提下尽量减少对台基和周围环境的不利影响。

1）查找灭杀

对发现土栖白蚁或土木两栖白蚁存在的区域，可通过仪器探测和翻挖地基土的方法，找出白蚁窝巢，然后，喷洒氟虫腈、吡虫啉等药物，对白蚁进行灭杀，达到根除地基中白蚁的效果。

对于不允许翻挖的地基，可采用白蚁探测仪器和洛阳铲查找蚁巢的位置，再通过药浆灌注的方法，对蚁巢中的白蚁进行灭杀。

2）喷药预防

对地下水以上的地基土都应进行预防白蚁药物处理，药剂应含有联苯菊酯、氯菊酯等有效成分，处理范围应扩大至墙基外 30 厘米。施药处理采用低压喷洒的方法，要求喷洒均匀，渗透有效深度达 10～20 厘米。药物处理后要及时覆盖，避免药剂层长时间暴露在空气或阳光下，导致药物分解挥发而影响药效。

3）物理隔离

夯实地基顶部的灰土层，做好台基柱顶石、地面方砖间的砂浆勾缝，形成地基与上部木结构之间的阻隔层，阻断土壤中白蚁向上的通道。

对于白蚁危害严重的古建筑，宜在台基四周的砖石散水之下，铺设厚度不小于 10 厘米的密实砂粒层，作为台基外部隔离白蚁的屏障。

4）监控诱杀

在台基的周边 10～15 米范围内，安放白蚁监控装置和除虫脲（敌灭灵）等诱杀药物，可对草坪和土壤中存在的白蚁进行有效的监控和诱杀。

5）药物趋避

将除虫菊酯等白蚁趋避性药物埋设于台基周围，通过生物化学特性，释放白蚁信息素，可达到长久趋避的效果。

6.2 墙体修复与抗震构造加固

墙体应按原样修复，应采用与原墙体相同的砖、砂浆，按原墙体的式样和工艺砌筑，使修复后的墙体与原墙体基本一致。为了保证砌体的强度和整体性，必须严格控制砌筑质量，并采取有效的构造措施。为了防止墙体在高烈度地震作用下损坏，对于抗震设防烈度8度及以上区域的古建筑中高大墙体，可利用落架大修墙体重新砌筑的有利条件，对墙体进行抗震构造加固，以提高墙体的抗震性能。

6.2.1 墙体修复

1）砌筑材料要求

（1）应将拆卸修整后的旧砖用于原来的墙体位置，数量不足时尽量用于墙体的外表面。补配的新砖应按原有规格、色泽烧制，一般用于墙体的里面，且不应与旧砖混合砌筑。

（2）用于清水墙的砖表面应边角整齐，色泽均匀。

（3）砌筑砂浆可按当地传统方法配制，重要古建筑可按表6-2的方法配制。

（4）配制石灰砂浆宜采用中砂；采用细砂时，细砂的含泥量不得超过 15%。配制砂浆使用的石灰膏，应经过7天的熟化。

表6-2 古建筑砌筑工程和屋面工程中的传统灰浆配比及制作要点

<table>
<tr><th colspan="2">名称</th><th>主要用途</th><th>配合比及制作要点</th><th>说明</th></tr>
<tr><td colspan="2">泼灰</td><td>制作各种灰浆的原材料</td><td>生石灰用水反复均匀地泼洒成为粉状后过筛</td><td>存放时间：用于灰土，不宜超过3～4天；用于室外抹灰，不宜超过3～6个月</td></tr>
<tr><td colspan="2">泼浆灰</td><td>制作各种灰浆的原材料</td><td>泼灰过细筛后分层用青浆泼洒，闷至15天以后即可使用。白灰：青灰=100：13</td><td>超过半年后不宜用于室外抹灰</td></tr>
<tr><td colspan="2">煮浆灰
（灰膏）</td><td>制作各种灰浆的原材料</td><td>生石灰加水搅成浆，过细筛后发涨而成</td><td>一般不宜用于室外露明处，不宜用于苫背</td></tr>
<tr><td colspan="2">老浆灰</td><td>丝缝墙砌筑</td><td>青浆、生石灰浆过细筛后发涨而成。青灰：生灰块=7：3或5：5或10：2.5（视颜色需要定）</td><td>老浆灰即呈深灰色的煮浆灰</td></tr>
<tr><td colspan="2">素灰</td><td>淌白墙：带刀缝墙；琉璃砌筑</td><td>泼灰、泼浆灰加水或煮浆灰。黄琉璃砌筑用泼灰加红土浆调制</td><td>素灰主要指灰内没有麻刀，其颜色可为白色、月白色、红色、黄色等</td></tr>
<tr><td rowspan="3">麻刀灰</td><td>大麻刀灰</td><td>苫背：小式石活勾缝</td><td>泼浆灰加水或青浆调匀后掺麻刀搅匀。灰：麻刀=100：5</td><td>—</td></tr>
<tr><td>中麻刀灰</td><td>调脊：宽瓦；墙体砌筑抹馅；堆抹墙帽</td><td>各种灰浆调匀后掺入麻刀搅匀。灰：麻刀=100：4</td><td>—</td></tr>
<tr><td>小麻刀灰（短麻刀灰）</td><td>打点勾缝</td><td>调制方法同大麻刀灰，灰：麻刀=100：3，麻刀经加工后，长度不超过1.5厘米</td><td>—</td></tr>
<tr><td colspan="2">纯白灰</td><td>金砖墁地；砌糙砖墙</td><td>泼灰加水搅匀，或用灰膏，如需要可掺麻刀</td><td>—</td></tr>
</table>

续表

<table>
<tr><th colspan="2">名称</th><th>主要用途</th><th>配合比及制作要点</th><th>说明</th></tr>
<tr><td rowspan="2">月白灰</td><td>浅月白灰</td><td>调脊：宨瓦；砌糙砖墙</td><td>泼浆灰加水搅匀。如需要可掺麻刀</td><td>—</td></tr>
<tr><td>深月白灰</td><td>调脊：宨瓦；砌淌白墙</td><td>泼浆灰加青浆搅匀。如需要可掺麻刀</td><td>—</td></tr>
<tr><td colspan="2">驮背灰</td><td>宨瓦时，放在筒瓦之下，瓦灰（泥）之上</td><td>常用月白中麻刀灰</td><td>—</td></tr>
<tr><td colspan="2">扎缝灰</td><td>瓦扎缝</td><td>月白大麻刀灰或中麻刀灰</td><td>—</td></tr>
<tr><td colspan="2">抱头灰</td><td>挑脊抱头</td><td>月白大麻刀灰或中麻刀灰</td><td>—</td></tr>
<tr><td colspan="2">瓦脸灰</td><td>宨底瓦时勾抹瓦脸</td><td>素灰膏</td><td>—</td></tr>
<tr><td colspan="2">熊头灰</td><td>宨筒瓦时挂抹熊头</td><td>小麻刀灰式素灰。黄琉璃瓦掺红土粉，其他琉璃瓦及布瓦掺青灰</td><td>—</td></tr>
<tr><td colspan="2">花灰</td><td>布瓦屋顶挑脊时的衬瓦条、砌胎子砖、堆抹当沟</td><td>泼浆灰加少量水或少量青浆</td><td>—</td></tr>
<tr><td colspan="2">爆炒灰
（熬炒灰）</td><td>苫纯白灰背，宫殿墁地</td><td>泼灰过筛（网眼宽度在 0.5 厘米以上），使用前一天调制，灰应较硬，内不掺麻刀</td><td>做苫背用料主要用于殿式屋顶的找坡和增加垫层厚度</td></tr>
<tr><td colspan="2">护板灰</td><td>苫背垫层中的第一层</td><td>月白麻刀灰，但灰较稀，
灰：麻刀=100：2</td><td>—</td></tr>
<tr><td colspan="2">夹垄灰</td><td>筒瓦夹垄：合瓦夹腮</td><td>泼浆灰、煮浆灰加适量水或青浆，调匀后掺入麻刀搅匀。
泼浆灰：煮浆灰=3：7 或 5：5，灰：麻=100：3</td><td>黄琉璃瓦面应将泼浆灰改为泼灰，青浆改为红土浆，白灰：头号红土=1：0.6（如用氧化铁红，用量为 0.065）</td></tr>
<tr><td rowspan="2">裹垄灰</td><td>打底用</td><td>布瓦筒瓦裹垄</td><td>泼浆灰加水或青浆调匀后掺麻刀搅匀。
灰：麻刀=100：3～4</td><td>—</td></tr>
<tr><td>抹面用</td><td>布瓦筒瓦裹垄</td><td>煮浆灰掺青灰及麻刀。
灰：麻刀=100：3～4</td><td>—</td></tr>
<tr><td colspan="2">江米灰</td><td>琉璃花饰砌筑；重要宫殿琉璃瓦夹垄</td><td>泼灰用青浆调匀，掺入麻刀，再掺入江米汁和白矾水。
灰：麻刀：江米：白矾=100：4：0.75：0.5</td><td>黄琉璃活应将青浆改为红土浆，白灰：头号红土=1：0.6（如用氧化铁红，用量为 0.065）</td></tr>
<tr><td rowspan="3">油灰</td><td>（1）</td><td>细墁地面砖棱挂灰</td><td>细白灰粉（过箩）、面粉、烟子（用胶水搅成膏状），加桐油搅匀。白灰：面粉：烟子：桐油=1：2：0.5～1：2～3。灰内可兑入少量白矾水</td><td>可用青灰面代替烟子，用量根据颜色定</td></tr>
<tr><td>（2）</td><td>宫殿柱顶等安装铺垫；勾栏等石活勾缝</td><td>泼灰加面粉加桐油调匀。白灰：面粉：桐油=1：1：1</td><td>铺垫用应较硬，勾缝用应较稀</td></tr>
<tr><td>（3）</td><td>宫殿防水工程艌缝</td><td>油灰加桐油。油灰：桐油=0.7：1，如需艌麻，麻量为 0.13</td><td>—</td></tr>
<tr><td colspan="2">麻刀油灰</td><td>叠石勾缝；石活防水勾缝</td><td>油灰内掺麻刀，用木棒砸匀。油灰：麻=100：3～5</td><td>—</td></tr>
<tr><td colspan="2">纸筋灰
（草纸灰）</td><td>堆塑花活的面层</td><td>草纸用水闷成纸浆，放入煮浆灰内搅匀。
灰：纸筋=100：6</td><td>厚度不宜超过 1～2 毫米</td></tr>
<tr><td colspan="2">砖面灰
（砖药）</td><td>干摆、丝缝墙面细墁地面打点</td><td>砖面经研磨后加灰膏。砖面：灰膏=3：7 或 7：3（根据砖色定）</td><td>可酌掺胶黏剂</td></tr>
</table>

续表

名称		主要用途	配合比及制作要点	说明
血料灰		重要的桥梁、驳岸等水上建筑的砌筑	血料稀释后掺入灰浆中。灰：血料=100：7	—
锯末灰		淌白墙打点勾缝、地方做法的墙面抹灰	泼灰、煮浆灰、泼浆成老浆灰加水，锯末过筛选净，锯末：白灰=1：1.5（体积比）调匀后放置几天，待锯末烧软后即可使用	—
焦渣灰		抹焦渣地面；苫焦渣背	焦渣与泼灰掺加后加水调匀，或用生石灰加水，取浆与焦渣调匀。白灰：焦渣=1：3（体积比）用于抹墙或地面的面层，焦渣应较细	应放置1～2天后使用，以免生灰起拱
掺灰泥（插灰泥）		宄瓦；墁地；砌碎砖墙	泼灰与黄土拌匀后加水，或生石灰加水，取浆与黄土拌和，闷8小时后即可使用。灰：黄土=3：7或4：6或5：5（体积比）	土质以亚黏性土较好
滑秸泥		苫泥背	与掺灰泥制作方法相同，但应掺入滑秸（即麦秸），滑秸应经石灰水烧软后再与泥拌匀。泥：滑秸=100：20（体积比）	—
麻刀泥		宫殿苫泥背	与掺灰泥制作方法相同，但应掺入麻刀。灰：麻刀=100：6	—
细石掺灰泥		砌筑石活	掺灰泥内掺入适量的细石末	很少用
白灰浆	生石灰浆	宄瓦沾浆：石活灌浆，砖砌体灌浆；内墙刷浆	生石灰块加水搅成浆状，经细筛过淋后即可使用	用于刷浆，应过箩，并应掺胶类物质。用于石活可不过筛
	熟石灰浆	砌筑灌浆：墁地坐浆；干槎瓦坐浆；内墙刷浆	泼灰加水搅成稠浆状	用于刷浆，应过箩，并应掺胶类物质
月白灰	（浅）	墙面刷浆	白灰浆加少量青浆，白灰：青灰=100：10	用于墙面刷浆，应过箩，并应掺胶类物质
	（深）	墙面刷浆；布瓦屋顶刷浆	白灰浆加少量青浆，白灰：青灰=100：25	用于墙面刷浆，应过箩，并应掺胶类物质
桃花浆		砖、石砌体灌浆	白灰浆加好黏土浆。白灰：黏土=3：7或4：6（体积比）	—
青浆		青灰背、青灰墙面赶轧刷浆；筒瓦屋面檐头绞脖；黑活屋顶椐子、当沟刷浆	青灰加水搅成浆状后过细筛（网眼宽不超过0.2厘米）	兑水2次以上时，应补充青灰，以保证质量
烟子浆		筒瓦檐头绞脖；椐子、当沟刷浆	黑烟子用胶水搅成膏状，再加水搅成浆状	可掺适量青浆
砖面水		旧干摆、丝缝墙面打点刷浆；捉节夹垄做法的布筒瓦屋面新做刷浆	细砖面经研磨后加水调成浆状	可加入少量月白浆
江米浆糯米浆	（1）	重要宫殿小夯灰土落水活	每10平方米用江米225克，白矾18.7克	—
	（2）	重要建筑的砖、石砖体灌浆	生石灰兑入江米浆和白矾水。灰：江米：白矾=100：0.3：0.33	用于石砌体灌浆，生石灰灰浆不过淋
	（3）	宫殿青灰背提押溜浆	青浆内掺江米浆和白矾水，青灰：江米：白矾=100：10.1：0.25	—
	（4）	纯白灰背堤押溜浆	泼灰加水搅动成浆状后兑入江米和白矾水，灰：江米：白矾=100：1.6：1.07	—

续表

<table>
<tr><th colspan="2">名称</th><th>主要用途</th><th>配合比及制作要点</th><th>说明</th></tr>
<tr><td colspan="2">氽氽浆</td><td>小式地面石活铺垫，其他需添加骨料的灌浆</td><td>白灰浆或桃花浆中掺入碎砖，碎砖量为总量的 40%～50%，碎砖长度不超过 2～3 厘米</td><td>—</td></tr>
<tr><td colspan="2">油浆</td><td>宫殿青灰背刷浆，宫殿布瓦屋顶刷浆</td><td>青浆或月白浆兑入生桐油。青浆（或月白浆）：生桐油=100：1～3（体积比）</td><td>用于屋面</td></tr>
<tr><td rowspan="2">盐卤浆</td><td>（1）</td><td>用于宫殿青灰背的赶轧刷浆</td><td>盐卤兑水再加青浆和铁面，盐卤：水：铁面=1：5～6：2，铁面粒径 0.15～0.2 厘米</td><td>宜盛在陶制容器中（用于屋面）</td></tr>
<tr><td>（2）</td><td>用于大式石活安装中的铁件固定</td><td>盐卤兑水再加铁面，盐卤：水：铁面=1：5～6：2，铁面粒径 0.15～0.2 厘米</td><td>宜盛在陶制容器中</td></tr>
<tr><td colspan="2">白矾水</td><td>壁面抹灰画层的刷浆处理，小式石活铁件固定，细墁地挂油灰前的砖棱刷水</td><td>白矾加水。用于石活铁件固定应较稠</td><td>—</td></tr>
<tr><td colspan="2">黑矾水</td><td>金砖墁地钻生泼墨</td><td>黑烟子用酒或胶水化开后与黑矾混合（黑烟子：黑矾=10：1）。红木刨花与水一起煮，待水变色后除净刨花，然后把黑烟子和黑矾混合液倒入红木水内，煮熬至深黑色，趁热用，亦可用染料代替</td><td>用于地面工程</td></tr>
</table>

注：①本表摘自《古建筑修建工程施工与质量验收规范》（JGJ 159—2008）；②表中所用灰浆的品种和配比是根据北方传统做法提出的。

2）墙体砌筑要求

（1）墙体应按原有的式样和工艺砌筑，砖砌体的灰缝应横平竖直、灰浆饱满。

（2）采用石灰砂浆旧砖砌墙时，旧砖表面应清理干净后浇水湿润。

（3）对于里皮、外皮因做法不同而存在通缝的墙体，应在原有砌筑方法的基础上，在里、外皮交接部位灌浆，每三层应至少灌一次，宜使用白灰浆或桃花浆。

（4）墙体的内外皮砖必须搭砌。当砌体内外砖每批厚度相同时，每皮砖均应设置内外搭接措施；当砌体内外砖每批厚度不同时，应每三皮砖找平一次，并应设置内外搭接措施；当外皮砖为丁砖时，应使用整砖，与外皮砖相搭接的里皮砖的长度应大于半砖。

（5）当墙体内外皮砖之间有空隙要用糙砖填馅时，填馅砖应密实、平整，逐层进行。不得采用纯灰浆填充，也不得采用只放砖不铺灰或先放砖后灌浆的操作方法。填馅砖的水平灰缝不得超过 12 毫米；填馅砖四周缝隙采用掺灰泥填充时，不得超过 30 毫米。

（6）整砖墙的墙面应平整、洁净、棱角整齐。碎砖墙的墙面应平顺、整洁；多种规格砖的使用应呈现规律性排列砌筑。干摆（磨砖对缝）墙的砖缝应严密，无明显缝隙。砖细应与原有砖细的图案、线条、色泽一致。

3）墙体构造要求

（1）山墙、檐墙、槛墙与木柱结合部位，应按原状做出柱门。

（2）山墙、檐墙外皮对应柱根的位置，应设置透风（通风孔）。透风至少应比台明高 10 厘米；透风至柱根应能使空气形成对流。

（3）砖墙砌至梁底、檩底或檐口等部位时，应使顶皮砖顶实上部，严禁外实内虚。砖檐等挑出部位的里口砖，应随挑砖的砌作同时砌筑“压后砖”；砌至最后一层砖时，应在砖的里口“苫小背”。

（4）当墙面上砌筑陡砖、石构件时，应采用木仁、铁拉扯或铁银锭等作为拉结措施。拉结件应压入背里墙或采用其他方法固定。

（5）在台风、地震区，山墙、后檐墙应与木构架有效拉结，突出屋面的屏风墙、马头墙必须与基体牢固连接。

6.2.2 墙体抗震构造加固

木构架古建筑中的墙体主要起围护作用，在竖向荷载下为自承重结构；但在水平地震作用下，墙体与木构架共同受力，且因其刚度大而分配较多的地震力。墙体属于脆性材料结构，抗变形的能力较差，在较大的地震作用下易于开裂、破碎，甚至倒塌；破坏后的墙体不仅丧失了与木构架协同抗震的能力，并对建筑物的整体安全以及内部文物产生危害作用（详见 1.2.4 节）。因此，结合落架大修工程中墙体的重新砌筑进行抗震构造加固，是提高古建筑整体抗震性能的有效措施。

对于古建筑墙体的抗震构造加固，我国目前尚未制订相应的规范或标准，相关的科学研究和工程实践也较为少见。为了提高墙体的抗裂、抗破碎性能，可将传统加固工艺与现代抗震构造措施相结合，采用合适的拉结材料如竹筋、钢筋或碳纤维对墙体加固。拉结材料应埋置在墙体的水平灰缝中，以免影响墙体的外观。

1）竹筋加固墙体

竹筋是用毛竹剖成的细长天然纤维筋材，具有较高的抗拉强度和韧性。在墙体中沿水平砌缝布设通长竹筋，可对砌体起到拉结作用，增加墙体的整体性能。

竹筋应采用带皮的老毛竹剖制，并尽量去除竹梢部位。单根竹筋长度宜大于房屋的一个开间，宽度（毛竹壁厚）沿长度均匀变化，且最小宽度不宜小 8 毫米，剖成的厚度应小于灰缝厚度。为了便于竹筋在墙体转角处或柱子周边弯曲成型，宜将竹筋有表皮的一面垂直于砌缝（向墙面）放置。布置在墙体转角处的竹筋，应采用炭火烘烤的方法弯曲成 90°。竹筋在铺入墙体之前，应进行防腐防蛀处理，以增强其抵抗环境侵蚀和防止虫蛀的能力。

砌筑墙体时，可根据抗震设防要求，每隔三皮至四皮砖的高度，在灰缝中铺设一层竹筋。竹筋沿墙体长度方向均匀布置（图 6-1），每层不少于三根，两边各距离墙皮 a=20 毫米。竹筋之间可用直径约 0.5 毫米的 25 号铅丝绑扎固定，铅丝间距可与竹筋间距相等，在墙角处铅丝宜按扇形分布绑扎。

在墙体外侧的竹筋，应通长布置，接头应避开墙体转角部位。竹筋接头采用搭接的形式，搭接长度 b 不小于墙体厚度，且不少于 300 毫米，搭接部位的两端和中部用 25 号铅丝绑扎。

沿墙体内侧布置的竹筋，当与柱子相交时，为避免影响柱子外观，可在柱子两侧断开；

但应将其端部弯曲成 90° 与中间竹筋搭接，搭接长度 c 不小于 100 毫米，并将内侧竹筋与中间竹筋用铅丝牢固绑扎。

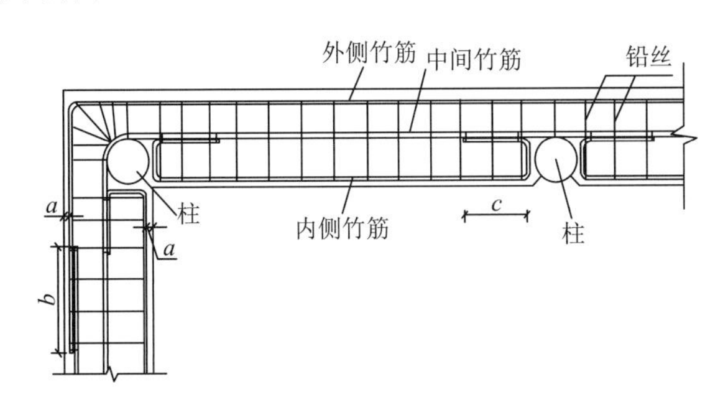

图 6-1　竹筋布置与构造示意图

砌筑墙体的砂浆仍按原有的砂浆配制，砌筑时应注意用砂浆将竹筋均匀覆盖并摊平。

2）钢筋网加固墙体

在一些拆卸的古建筑墙体中，常发现用铁条加固墙体转角和洞口的做法。这些铺设在墙体砌缝中的铁条，在砂浆的保护下历经数百年基本完好，仍然具备较好的力学性能。在现代砌体结构中，采用水平钢筋网加固墙体，已成为一种有效的抗震加固方法。与竹筋相比，钢筋具有更高的强度和弹性模量，修复古建筑墙体时，在水平砌缝中布设钢筋网，能较大程度地提高墙体的抗剪切性能，防止墙体在地震作用下开裂和破碎。

钢筋网可采用 HPB300 级的钢筋焊接，钢筋直径宜为 4～5 毫米，且小于砂浆灰缝厚度，网格尺寸不大于 200 毫米×200 毫米。砌筑墙体时，可根据抗震设防要求，每隔四皮至五皮砖的高度，在灰缝中铺设一层钢筋网。钢筋网的长度和宽度与墙体水平截面相同，两边各距离墙皮 a=30 毫米，在柱子位置处可增大网格尺寸绕开柱子，但柱子的两侧的网格应适当加密（图 6-2）。

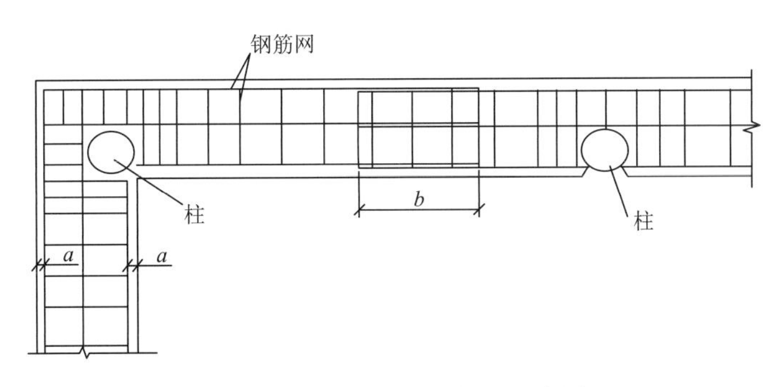

图 6-2　钢筋网布置与构造示意图

为了加强古建筑施工防火意识，要求钢筋网在预制厂焊接好之后，再分段运入古建筑现场安装。各段网片的交接部位应避开墙体转角部位，且两网片采用搭接绑扎的方式连接，搭接长度 b 宜跨越两个网格的宽度。

砌筑墙体的砂浆仍按原有的砂浆配制，但为了增强钢筋网与墙体的粘接性，发挥钢筋在地震作用下的力学性能，需提高砂浆的强度。可适当调整砂浆的配方，并通过材料试验，使其强度等级不低于M5。

3）碳纤维格栅加固墙体

碳纤维增强复合材料（CFRP）属于新型建筑材料，具有质量轻、抗拉强度高、抗腐蚀性和耐久性好等优点，在古建筑墙体抗震构造加固中具有较好的应用前景。

碳纤维增强复合材料有碳纤维布、板、筋等多种产品，其中，碳纤维布因其厚度薄、柔韧性好，便于粘贴成型，在砌体结构加固工程中应用较为广泛。碳纤维布常用的厚度有0.111毫米（200克/米^2）和0.167毫米（300克/米^2），宽度有100毫米、150毫米、200毫米、300毫米等，其规格基本上能满足大多数墙体截面形状和砌缝厚度的要求。

古建筑墙体的抗震加固，可根据抗震设防要求，每隔三皮至四皮砖的高度，在灰缝中铺设一层碳纤维布条做成的格栅。碳纤维格栅可用宽度为100毫米的两根长条和间隔不大于墙体截面宽度的短条粘贴而成（图6-3），长条的搭接位置应相互错开且距离不小于250毫米，两边各距离墙皮a=15～20毫米。在柱子两侧，可将短条间距适当加密。粘贴碳纤维布的胶黏剂应采用专门配制的改性环氧树脂胶黏剂，其安全性能指标必须符合现行国家标准《混凝土结构加固设计规范》（GB 50367—2013）规定的对B级胶的要求。

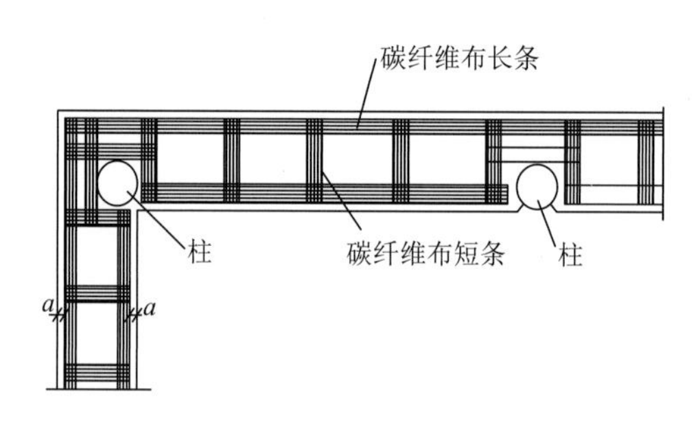

图6-3　碳纤维格栅布置与构造示意图

砌筑墙体时，先用砂浆将砖的表面抹平，再将碳纤维格栅平整地铺设在砂浆上，然后，再按照砌缝的厚度用砂浆将碳纤维格栅覆盖。为了发挥碳纤维布在地震作用下的力学性能，需提高砂浆的强度，可适当调整原有砂浆的配方，使其强度等级不低于M5。

6.3 屋顶修复

屋顶应按原样修复，应采用与原屋顶相同的灰背材料、瓦件、脊件，按原屋顶的式样和工艺铺设，使修复后的屋顶在构造和外观上与原屋顶一致。

为了提高原有屋顶的防水能力，可在施工中采用传统防水做法，也可采用现代卷材防水做法。在台风、地震区，屋脊、檐口和突出屋面的饰件必须与基体连接牢固。

屋顶的修复工序繁多，从铺设望板（望砖或望瓦）、防水层、护板灰、苫背到竣工刷浆要经过十多道工序，每道工序都是人工现场操作，且上道工序均被下道工序覆盖，具有隐蔽性；需要对每道工序进行隐蔽工程验收合格后，才能开始下一道工序的操作。此外，要求对完成的工序采取保护措施，以防损坏。

6.3.1 一般规定

（1）屋顶重新铺设前，施工单位应认真会审图纸，掌握细部构造及有关技术要求，编制施工方案或技术措施，经审查批准后方可施工。

（2）每道施工工序完成后，应及时进行检查验收，合格后才可进行下道工序，不得在屋面工程全部完成后再检查验收。

（3）应根据古建筑屋面的防水要求、重要程度、使用功能、地区的自然条件，选定防水等级，一般古建筑不低于二级防水等级，重要古建筑不低于一级防水等级。根据防水等级，选用相配的防水材料和施工做法。

（4）屋面的防水施工除可按传统做法施工外，还可在望砖、望板上采用卷材防水的现代做法。

（5）现代卷材防水的施工应按现行国家标准《屋面工程技术规范》（GB 50345—2012）和《屋面工程质量验收规范》（GB 50207—2012）的规定执行，应由有防水资质的专业队和具有防水专业上岗证的人员施工。

（6）屋顶修复时，应将拆卸修整后的望砖、瓦件、脊件用于原来的位置，屋面、屋脊及修补中使用的泥（灰）和砂浆宜与原物相同，添换的瓦件、脊件宜与原件相同，有裂缝、砂眼、残损、变形严重的瓦件不得使用。

（7）屋面工程施工时，应对木基层及檐口下的斗栱等构件进行妥善的保护。

（8）屋面的基层应牢固、无松动开裂，基层表面应平整、厚度均匀，基层的坡度曲线应符合原屋顶的举架要求。

（9）在台风、地震区，屋脊、檐口、突出屋面的烟囱、屋面饰件等必须与基体连接牢固。

6.3.2 望砖、望瓦铺设

1）望砖铺设

望砖的铺设应符合下列规定。

（1）望砖的长度尺寸应与椽条的当距相配合。望砖两端搭入椽条的长度不得小于 20 毫米。

（2）在屋面每坡椽条（椽皮）上与檐口平行方向应设置通长的勒望（挡望条）和眠檐（大连檐）。勒望的数量应根据屋面的大小和传统做法设置，一般房屋宜每隔一根檩条设一根，殿、厅、堂类房屋应在每根檩条处设一根。

（3）望砖铺设应由檐口铺向屋脊，出现的缝隙应采用木板条在屋脊处补齐铺平。

（4）厅、堂、殿等建筑中的内外轩、草架等双层屋面的下层望砖表面应遮盖芦芭、油毡等隔离层，其上应铺设泥灰或煤渣等轻质材料。

2）望瓦铺设

望瓦的铺设应符合下列规定。

（1）望瓦的规格尺寸应与椽条的当距相配合，望瓦的两边搭入椽条的宽度不得小于30毫米。

（2）应先检查椽当，再分中号垄，检查合格后，才可进行铺瓦。

（3）铺瓦应以底瓦坐中，向两边排垄。应从檐口处开始，向屋脊方向铺设。

（4）当采用底瓦作为望瓦时，底瓦应一块接一块地平铺，不得有重叠，上下两张瓦之间接缝应密合。

（5）望瓦的其他做法可按照望砖的做法执行。

6.3.3 苫背

苫背是用各种防水保温材料在望板上做成的垫层，其功能既可室内保温并配合瓦顶防水，又可按木构架的举架做出屋面曲度。苫背的传统做法大体按顺序为铺护板灰、锡背、泥背、麻刀灰背、扎肩、晾背等工序。

1）护板灰铺抹

护板灰一般用月白麻刀灰制作，厚度10～20毫米，铺抹在望板上，主要用来保护望板和椽子。铺抹护板灰应符合下列规定。

（1）护板灰应分层铺抹，每次厚度应为5～8毫米，抹实抹平后才可进行下一层施工。

（2）护板灰应采用泼灰和麻刀加水调匀制成，泼灰和麻刀的重量比宜为20∶1。

（3）不得采用污秽变质的麻刀。

（4）北方做法的泼灰应采用泼浆灰，不得采用石灰膏。南方做法的泼灰应采用石灰膏。

2）防水卷材铺设

因传统的护板灰易老化，可采用防水卷材代替护板灰，以提高防水层的耐久性。防水卷材铺设时应符合下列规定。

（1）对于重要古建筑，应选用高聚物改性沥青防水卷材或合成高分子防水卷材。

（2）卷材粘贴施工应根据选用卷材的品种不同，按现行国家标准《屋面工程技术规范》（GB 50345—2012）的规定施工。

（3）防水卷材应垂直于屋脊方向铺设。

（4）防水卷材连接处搭盖不应小于100毫米，且搭接应严密平顺。

（5）在两坡相交的部位应再铺一层卷材，且应铺设严密，不得漏水。

3）锡背制作

锡背为铅锡合金板做成的苫背，具有很好的防水性能和耐久性，用于特别重要的古建筑；若原建筑屋顶为锡背，修复时还应用锡背。

锡背一般苫在护板灰之上；若铺两层锡背，锡背之间应被泥背或灰背隔开；锡背铺好后，应按传统方法粘麻，待麻灰完全干透后再开始苫泥（灰）背。

锡背的制作应符合以下要求。

（1）铅锡合金板应用焊接连接，严禁用钉子钉入的方法连接。

（2）锡背应达到整体、严密、稳固、平整、无渗漏。

4）泥背苫抹

泥背做法一般用于琉璃瓦、筒瓦屋面和北方的合瓦屋面，采用掺灰泥拌和纤维物，分2～3 层制作；制作时应注重“晾背”，保证泥背的干燥，以提高防水性能。

苫抹灰背之前，应将屋面各种预埋件固定到位，使预埋件苫背后稳固在泥背中。

泥背在护板灰稍干后分层苫抹，做法应符合下列要求。

（1）泥背每层厚度不应大于 50 毫米，并应分层苫抹。

（2）泥背采用的泥应为掺灰泥，泥中应拌和麦秸或麻刀等纤维物。掺灰泥可按北方传统做法（表 6-2）配制。

（3）泥背至七成干以后，应用铁拍子拍背。拍背应逐层进行，每层次数不应小于三次。

（4）最后一层泥背完成后，应晾背，直至泥背充分龟裂后才能苫抹灰背。

5）在防水卷材背上苫抹泥背

在防水卷材背上苫抹泥背（灰背）时，应采取防滑或防止硬物碰坏防水层的措施。其做法应符合下列规定。

（1）泥背的做法与前述相同。

（2）应在防水卷材上钉防滑条，防滑条间距不应大于 1.5 米。

（3）防滑条表面应以油膏密封。

（4）在防水卷材背上苫泥背时，应防止铁锹、砂砾等硬物碰破防水卷材。

6）灰背苫抹

灰背做法适用于重要古建筑瓦顶，一般分 2～4 层制作。灰背苫抹应符合下列规定。

（1）苫抹白灰背或青灰背应使用泼浆灰，不得使用石灰膏。

（2）灰背应分层苫抹，每层厚度不宜大于 30 毫米，且最后一道灰背宜为青灰背。

（3）灰背中应掺加麻刀。麻刀用量不应少于 5%（重量比）。麻刀应松散，拌和应反复充分进行，直至麻刀均匀为止。苫抹时应将“麻刀蛋”挑出。

（4）灰背苫抹至最后一层时，宜在表面“拍麻刀”。拍麻刀应使用细软的麻刀绒，麻刀绒应分布均匀后泼青浆后赶轧，使麻刀绒揉实入背。

（5）每层灰背均应充分赶轧，七成干以后的赶轧应使用小轧子，不得使用铁抹子。从灰浆七成干算起，最后一层灰背的赶轧遍数不应小于五遍。每次均应先刷青浆。青浆可随灰背的逐渐硬结由稠逐渐变稀。对于采用灰背作为直接防水层的灰背顶，应适时用力赶轧，并增加赶轧的遍数，直至轧到灰背密实、光滑、硬结为止。

（6）宼瓦前的最后一遍灰背苫完后应晾背。晾背后出现的开裂处应重新补抹。补抹前宜用小锤沿裂缝砸成小沟，补抹后确认不再发生开裂时才能宼瓦。

（7）宼脊瓦的最后一遍灰背完成后，应沿屋脊部位抹“轧肩灰”。“轧肩灰”在前后坡的宽度均宜为 300～500 毫米，上部厚度至少应为 30 毫米，下部应与灰背齐平。

6.3.4　瓦屋面铺设

瓦屋面应根据原有屋顶的类型、材料，按照原有的传统做法铺设。《古建筑修建工程施工与质量验收规范》（JGJ 159—2008）提供了小青瓦屋面（南方做法）、合瓦屋面（北方做法）、筒瓦屋面、琉璃瓦屋面、盝顶屋面等常见古建筑屋面的铺设方法和规定，当落架大修工程缺乏屋面原有做法的准确资料时，可参照《古建筑修建工程施工与质量验收规范》（JGJ 159—2008）并结合当地传统做法，制订相应的操作工艺。

6.3.5 屋脊及饰件安装

屋脊及饰件应根据原有的类型、材料，按照原有的传统方法制作和安装。屋脊及饰件的安装对所用瓦件的形状、尺寸有严格的要求，需逐件审核；屋脊及饰件与基底的连接应牢固可靠。屋脊及饰件的修复要求如下。

（1）应对瓦件逐件“审瓦”和“套瓦”。有裂缝、砂眼、残损、变形严重、釉色剥落不均的瓦件不得使用。

（2）屋脊及饰件安装中用于连接的木件和铁件，其材质、品种、规格应符合设计要求，安装前应做好防腐处理。

（3）各式屋脊的砌筑均应位置正确、砌筑牢固、整体稳定，不得使用掺灰泥。

（4）各式琉璃配件安装时均应榫卯结合，严密坚实，构配件孔洞中宜用轻质泥（灰）、木炭填充。

（5）屋脊构件的分层做法，屋脊的吻头形式，应符合设计要求或当地的传统做法。

（6）吻兽、小跑及其他脊饰的位置、尺度、数量等应符合设计要求或当地的传统做法。

（7）各式屋脊的兽件安装中使用的木件、铁件连接应符合设计要求，当设计无明确要求时，应符合下列规定。

① 陡板等位置的脊件应采取拉结、灌浆等加固形式。

② 吻兽及高大的正脊内应设置吻桩木、兽桩木，脊桩木应与扶脊木连接，且每座吻头均不应小于两根，桩木下端应用铁纤贯通、拴牢、固定。琉璃脊筒子等大型脊件内应加设铁件与脊桩贯通连接固定。

③ 垂脊、戗脊等斜脊，应在脊内设置防止屋脊下滑的铁筋、铁件等拉结物。拉结物应与戗角木连接。

④ 各式兽桩木在苫背之前应在垂兽位置用铁钉钉入木架内，使之固定防止垂脊下滑。

图 6-4 为河北省正定隆兴寺转轮藏殿屋顶修复施工中的照片。

(a) 屋顶苫背

(b) 调脊铺瓦

图 6-4　隆兴寺转轮藏殿屋顶修复施工

第 7 章

建筑信息模型的应用

7.1 建筑信息模型在古建筑保护中的应用

建筑信息模型（building information modeling，BIM）以三维数字技术为基础，集成了建筑工程项目从建设初期到后期运营整个阶段各种专业的相关信息，这些信息附载于建筑模型上，具有可视化、协调性、模拟性、优化性和可出图性等特点，在现代建筑的建造和后期运行维护上已得到了广泛的研究与应用。在古建筑落架大修工程中，因构件种类繁多、拆装工艺复杂、对图纸的依赖性强，将 BIM 引入工程管理并充分利用其技术特点，将有助于设计、施工及管理人员更好地实现预定的任务目标。

7.1.1 应用策略

古建筑的保护包含两个方面，一方面是古建筑本体的保护，古建筑包含的诸多历史信息只能依赖建筑本体而存在，采取的保护手段主要为修缮；另一方面是古建筑信息的保护，包括档案的建立、数据的积累、信息传播和公众教育等保护手段。

作为历史文化与艺术的重要物质载体，我国古建筑风格优雅、结构精致，蕴藏着极高的研究价值。我国遗存古建筑以木结构为主体的特点，受风雨侵蚀影响较大且耐久性较差，使这些现存古建筑产生了大量的修复工作。

针对古建筑破坏严重的情况，在采用传统修缮工艺的情况下，已引入了多种数字化的建模技术，但仍存在一些问题：①古建筑修缮工艺长期靠师徒口传心授，成文条例极少，诸多工艺面临失传；②数字摄影测量、扫描数字地图和工程图纸、实地建筑测绘、激光扫描测量等数字化技术在实际的应用过程中，具有一定的局限性，获得的古建筑信息成果仍多数通过图纸、表格等二维媒介来表达，空间立体感差，无法准确反映出古建筑用材、空间、结构等方面的逻辑关系与约束关系，科研应用效果不明显，没有形成完善的针对古建筑的通用三维建模的方法；③数字化技术运用准确获取了古建筑的相关信息，数据总量在短时间内得到了迅速的提升，但这些信息以建筑本体为壁垒，缺乏流通，不能建立一套完善的古建筑保护系统。

近些年，BIM 技术逐步成熟，带来建筑行业信息化的快速发展。BIM 是数字技术在建筑工程中的直接应用，可将建筑工程实体信息在软件中进行描述，使设计人员和工程技术人员能够对各种建筑信息做出正确的应对，并为协同工作提供坚实的基础。BIM 同时又是一种应用于设计、建造、管理的数字化方法，这种方法支持建筑工程的集成管理环境，可以使工程在其整个进程中显著提高效率和大量减少风险。我国古建筑数字化保护领域，迫切需要 BIM 技术带来强大信息处理能力的支持，基于 BIM 的古建筑数字化保护技术的研究可以提高古建筑信息保护的效率，弥补传统保护方式的不足。归其优势，主要有以下方面。

1）三维信息模型

与传统的绘图软件 AutoCAD、3DMAX 等创建的三维模型相比，BIM 兼具了建筑的几何特征与材料特性，并具备了所有一切与该建设项目有关的信息。BIM 可实现建筑的三维可视化，比传统二维图纸更直观高效。在古建筑修缮过程中，利用三维信息模型可以更好地协助项目各方理解图纸，直观地了解到古建筑整体的几何构图、组成构建、工艺做法及每一组成部分的材料数据，精确的数据信息可以为研究人员提供准确的古建筑信息资料。古建筑构件复杂精巧，存在相应难点部分，而 BIM 可以将古建筑中的重点部位进行有效的信息整合，对关键建筑部位进行模拟，并以三维模型的方式展现出来，帮助相关人员更好地了解古建筑构成部件的结构特点，可结合修缮计划对较为复杂的营造工艺进行分析和模拟修缮，提高复杂文物建筑保护的可行性。

BIM 作为信息的载体也是多维参数模型，反映了空间、时间、价值等参数，具备了信息处理能力。BIM 在古建筑的修缮过程中，可结合古建筑三维空间数据和修缮工程进度构建出一个可以观看的多维立体模型，在虚拟的层面，对古建筑的修缮过程进行模拟，将整个过程的时间段和工序展现出来，对于合理地控制古建筑的修缮时间，以及修缮方案的优化，具有很重要的作用。

2）信息共享

我国古建筑行业信息化程度较低，主要在于信息的表达及沟通的不畅，图纸作为设计、施工、管理方信息表达及沟通的主要方式之一，难以承载充足的信息，只能辅以文件资料等进行说明，使得信息的接收和反馈要耗费大量的时间。BIM 可实现信息的实时共享，并以模型承载信息，创建信息共享协作式的环境，使信息高效地沟通、复用和共享，同时避免信息丢失或误解，帮助所有工程参与者更容易获取所需信息，提高决策效率和正确性。

基于 BIM 的信息共享分为两层含义：①模型内的信息共享；②项目不同阶段间的信息共享。我国遗留古建筑多为明清建筑，符合模数制的特点，有一定形制规律。柱、梁、枋、斗栱等构件在不同建筑间有相近的构造特点。BIM 可实现参数化建模，符合形制特点的构件模型可保证准确无误，在不同的古建筑模型间调用，可大大缩短工程技术人员的建模时间，从而减少古建筑的修缮时间，提升修缮的整体水平。

BIM 在不同阶段的信息交互可能会借助不同的软件，需要不同软件之间进行数据交互，BIM 的创建及事前准备工作需考虑其能否成功被其他软件所使用。通过同一或不同软件间的信息共享及互用，使信息在项目的不同阶段为团队服务。古建筑虚拟模型的建立，为修缮团队提供了一个信息汇总的平台，团队成员可将其负责的修缮信息和工程进度输入信息平台，整个团队可即时有效地跟踪古建筑的修缮情况，从而在一定程度上减少了信息遗漏现象的发生。

3）协同工作

一个工程项目的完成是整个团队各个专业、不同成员之间密切协作的结果，需要设计、施工、管理方相互协调。传统修缮工程中，团队各方成员只参与项目的某几个节点，不能参与到全过程中，往往造成各专业间及参与方信息交流不畅、效率较低等问题。采用协同工作模式可实现工程全过程的信息共享、分析和完善；该模式的有效实施，有赖于协同工作平台的建立，项目各参与方通过工作平台相互协作完成自己的工作内容，获取需要的信息，提高工作效率。

BIM 的协同能力是 BIM 价值的核心，基于 BIM 技术可建立协同工作的平台，以实时、动态的多维模型存在，为交流和修改提供了便利。工作平台提供的信息模型不仅是建筑构件的物理属性，还包含了方案设计到工程竣工的整个周期内的实时、动态的信息，将各个系统紧密地联系到了一起，起到了协调综合的作用；该信息模型兼备的同步化功能，可保证信息实时动态的更新，实现一处更新，处处更新，工作参与方可通过协同平台快速高效地相互配合，完成工作任务。

古建筑的修缮工程需要多方参与，利用 BIM 技术的协同能力，可将修缮工程中的设计、施工、管理等各参与方紧密联系起来。项目各方可利用平台实时直观了解古建筑的构造、修复方案、施工工艺、施工进程、后期维护等信息，利用信息协同工作，降低各方联系的时间成本，避免交流过程中信息的错误和疏漏，提高修缮工程的效率和质量。

7.1.2 应用现状

1）测绘技术的发展

古建筑修缮前期，其现状图纸测绘通常需测量人员登高作业，手工绘制草图，记录建筑主体和构件细部尺寸，后由绘图人员进行二维的图纸绘制。同时，测量、绘图和记录人员合作，运用摄像或摄影的方式，对古建筑的整体形态和细部特征进行图像记录，这一过程可提高和完善建筑测绘质量，和文字描述同为古建筑现状的补充记录，可对建筑图纸绘制和后期的建筑维护进行有效佐证，但传统的图像拍摄方式在建筑尺寸、细部构造等数据记录上有一定的局限性。

随着测绘技术的发展，三维激光扫描技术自问世以来被广泛应用于古建筑保护、工业测量等领域。它向被测对象发射激光束并接收其反射回的数据，完整地采集到计算机中，快速重构出目标的激光信号，获取被测对象的空间坐标信息、反射率和色彩信息，具有很高的分辨率，为快速建立物体的三维影像模型提供了一种全新的技术手段。三维激光扫描技术采用的扫描仪器提供每秒 100 万点的速度，整体精度可达 1～2 毫米。测量数据格式兼容性很好，易存储，可以直接用于数据存档、工程应用、展示汇报、文物复建等方面。

三维激光扫描测量过程快速，测量结果精确、完整，利用激光对古建筑内外进行扫描，然后将扫描的数据处理、拼接、附上色彩，形成现状点云模型。该点云模型能够把整个建筑现状完全记录，并在其中进行测量、浏览等信息获取。依据高精度的扫描点云进行建模，生成的三维模型最大程度上接近真实，不仅是构件尺寸、定位，甚至连变形、缺损都可以表现出来。在后期需要查阅、修缮、复建的时候随时调阅，大大减轻了古建筑测量的工作量，并将测量工作对建筑物的扰动减轻到最小。

BIM 的核心是建立与实物完全一致的虚拟三维模型，运用三维激光扫描技术，快速精确地获取建筑物的实时空间坐标信息，再将这些信息导入 BIM 软件中进行后期的模型处理，以得到建筑物的实时三维模型、二维图纸及构件信息，能有效解决老旧建筑因图纸不全、变形位移等造成的建筑物重建、修缮施工难度加大的问题。

2）古建筑参数化建模技术

目前，BIM 应用于古建筑保护主要着力于信息化建模方面。在数字化技术引入古建筑保护初期，针对某一古建筑，利用数字摄影测量、扫描数字地图和工程图纸、实地建筑测绘、激光扫描测量、红外线测量等方法获取其数字化资料来实现古建筑的虚拟仿真。例如，图 7-1 所示的某盐商建筑，采用实地建筑测绘结合后期计算机软件如 AutoCAD、3DMAX 等进行数字化复原。在布达拉宫十三世达赖灵塔殿金顶数字化建模的过程中，结合史料图册、高空数字摄影测量以及卫星地图，实现了高大建筑的数据采集，采用 3DMAX 软件进行了三维模型重建，如图 7-2 所示。这些三维建模方法只针对单一建筑物，主要用于多媒体展示等，没有形成完善的针对古建筑的通用三维模型建设方法。

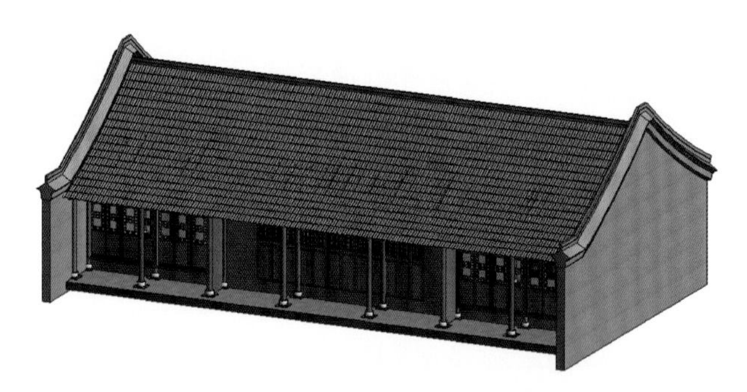

图 7-1　数字化复原之后的某盐商建筑

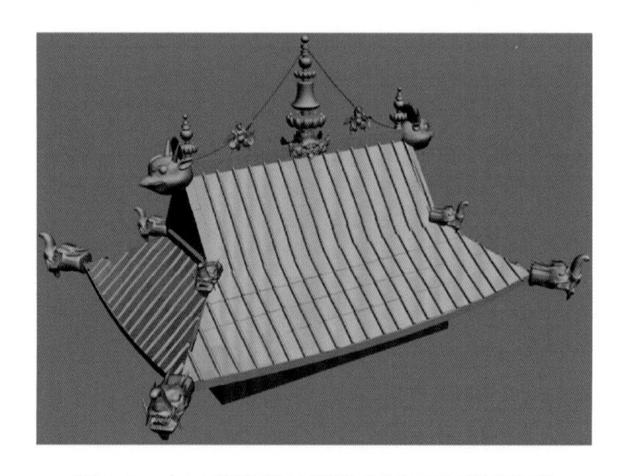

图 7-2　十三世达赖灵塔殿金顶三维重建模型

一座单体木构架古建筑，往往由多种构件组成，木构件之间通常采用榫卯交接，屋面曲线多呈抛物线形，伴有多种兽形装饰，整体建筑精致华美，但从古建筑图纸的绘制到三维模型重建都很复杂，建模效率低下。建造于同一时期的古建筑，在建筑构件类型、模数单位上具有明显的形制化和模数化特征，大到开间、进深的尺寸，小到构件、榫卯的尺寸，均有一定的制式和规则。基于 BIM 建立的信息之间存在参数逻辑关系，可通过尺寸参数驱动模型形态的改变，并且一处信息改变，与之相关联的部分在逻辑关系的推动下相应发生改变，模型内信息保持动态统一更新。

古建筑固有的形制规律与参数化的信息模型思想吻合，基于 BIM 的古建筑参数化信息模型具备承载古建筑本身形制规律的条件，将古建筑分解，以构件为单位，建立参数化的古建筑构件模型，通过构件组装，实现古建筑整体模型的创建；利用古建筑构件库的形式，对已建立的参数化构件进行管理，并不断拓展，形成完善的古建筑构件库及数字化档案库。不论古建筑三维构件，还是三维激光获得的点云数据，都能以数据库的形式进行储存管理，并不断扩展为古建筑数字化档案库。参数化信息模型的参变能力极大地满足了建模效率的需求，如通过修改构件参数便可实现不同模型之间构件的调用。

在参数化信息建模方面，目前多采用 Revit Architecture 软件或基于 AutoCAD 平台上的二次开发软件包 ObjectARX 完成古建筑信息模型的建立。ObjectARX 提供了以 C++为基础的面向对象的开发环境及应用程序接口，完成对 AutoCAD 的功能扩展，可较为自由地实现信息的添加修改。研究人员在 AutoCAD 环境下进行了古建筑构件库的开发，以用户界面实现了人机交流，用户可通过相关界面窗口来调用构件库中的任意构件，实现构件模型的参数化生成，如图 7-3 所示的基于 ObjectARX 开发的构件菜单、图 7-4 所示的古建筑构件装配。但基于 ObjectARX 开发古建筑新构件模型需要掌握汇编语言，不利于行业从业人员的技术普及。

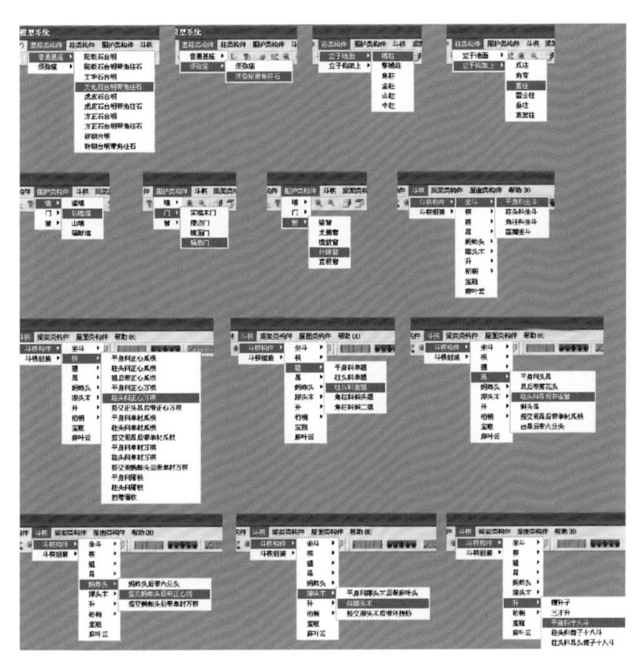

图 7-3　基于 ObjectARX 开发的构件菜单

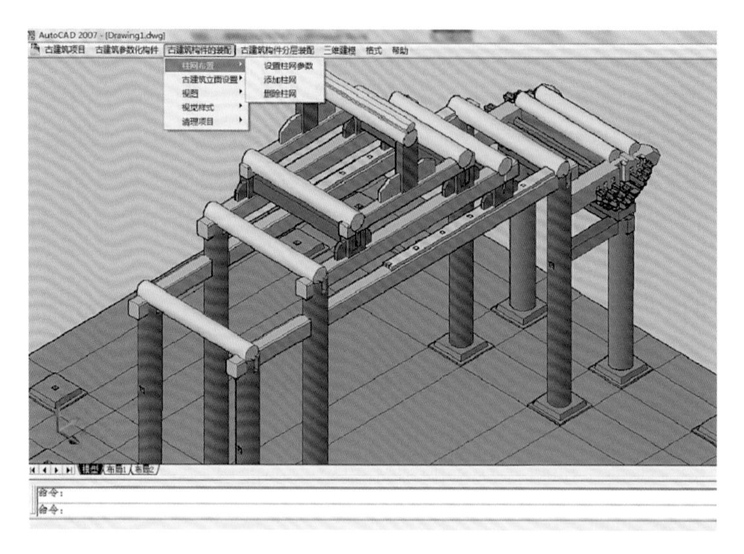

图 7-4　古建筑构件装配

目前我国建筑行业领域应用最为广泛、技术最为成熟的 BIM 软件是 Autodesk 公司所开发的 Revit 软件，该软件操作方式部分承袭于二维制图软件 AutoCAD，操作界面易于上手，由建筑、结构及机电三个不同的模块组成，这三个部分作为一个整体在同一个系统中实现不同专业的协同工作。“族”是 Revit 软件中功能强大的一个概念，是 Revit 软件中功能相近、形状相似的某一类图元的集合，这一类图元设置相同参数，通过赋予不同的参数值，可驱动模型变化。基于 Revit 软件的古建筑构件库可通过创建族文件的方法完善，使用族编辑器，无须掌握复杂的编程语言，即可在预定义的样板中进行自由编辑，创建不同族文件，每种类型可以具有不同的尺寸、形状、材质设置或其他参数变量，如图 7-5 和图 7-6 所示的栌斗参数化模型。在创建整体古建筑模型时，可以通过调用构件库中的族文件，实现整体模型的装配，如图 7-7 所示金殿的三维模型。

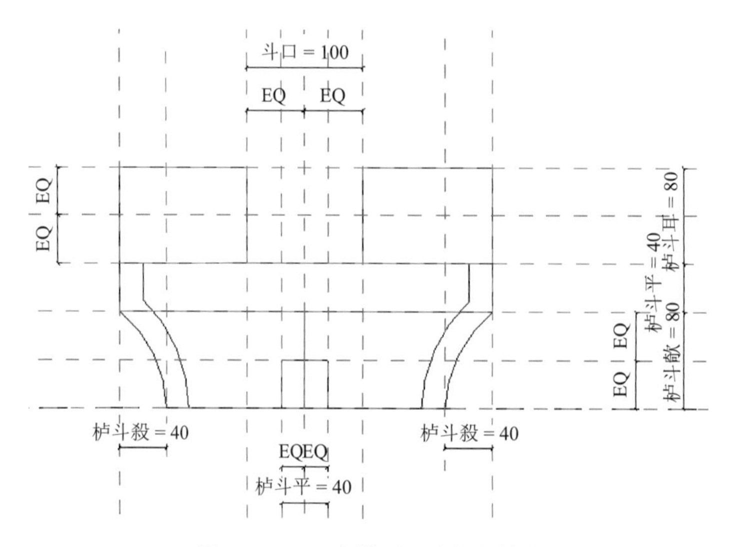

图 7-5　Revit 中模型尺寸的参数化

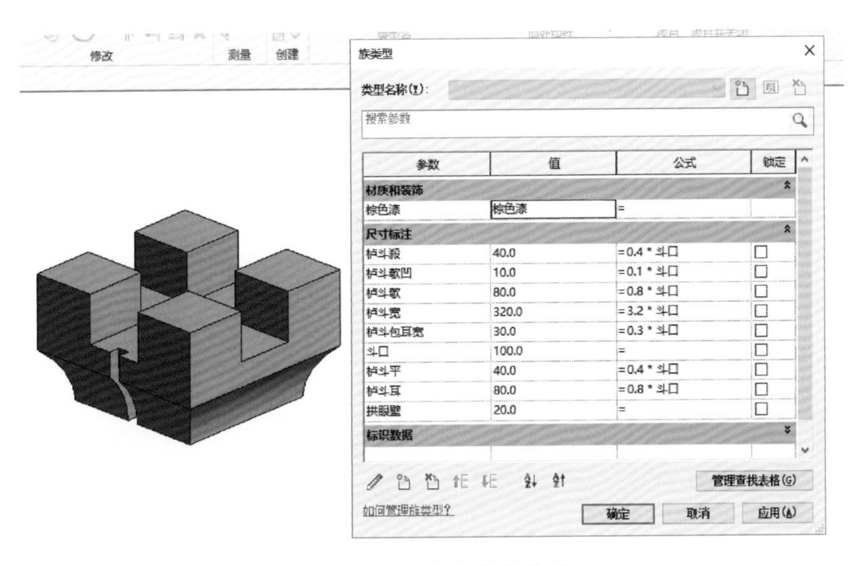

图 7-6　栌斗的参数化模型

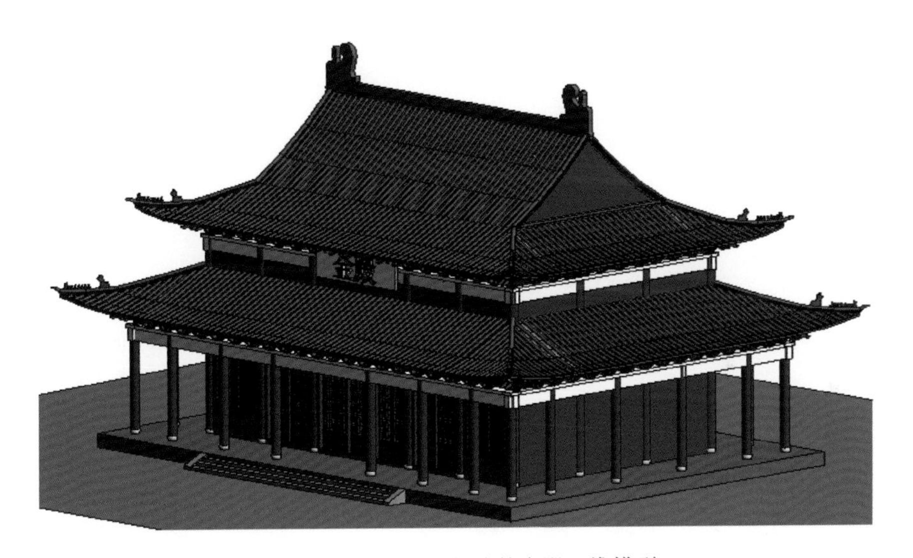

图 7-7　基于 Revit 创建的金殿三维模型

7.1.3　发展前景

目前 BIM 在我国古建筑中的应用尚处于起步阶段，随着国家和社会对文物保护的要求不断提高，科技投入的力度不断增大，BIM 在古建筑保护中有很好的发展前景。

1）古建筑数字构件库建设

我国历史悠久，幅员辽阔，古建筑分布范围极为广泛，不同历史时期不同地区的古建筑从建筑风格到构造都具有一定的时间及地域特点，需要通过搜集大量的数据反映古建筑的整体结构特征并进行分类，找出不同建筑间内在的形制联系，从而持续完善古建筑数字三维构件库的建设，提高古建筑信息化建模的效率，以便针对不同建筑风格的古建筑开展相应的建筑维护工作。

2）古建筑施工维护管理

BIM 现已广泛应用于现代建筑的工程设计、建造和管理过程中，可以在建筑模型上集成大量工程相关的数据信息，能够在建筑的整个生命周期（设计、施工、管理）各阶段发挥作用。目前，在古建筑施工维护阶段利用 BIM 优化项目管理和施工方案的应用仍较少，通过 BIM 可以有效地进行施工模拟（图 7-8），辅助现场的施工，确定最佳的施工方案，对进度计划的制订及执行进行复核及修正，可缩短古建筑的维护施工时间，减少对古建筑现状的扰动。

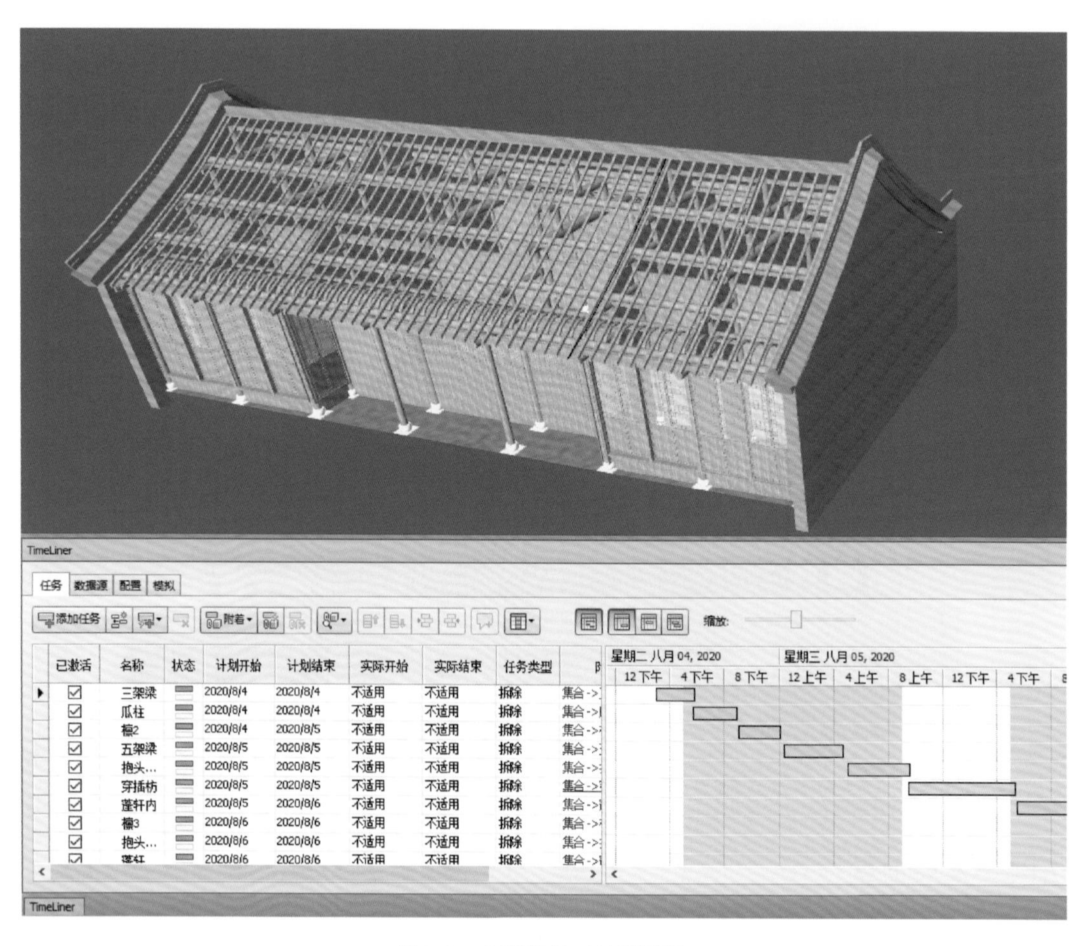

图 7-8　古建筑施工过程模拟

3）古建筑文化信息传播

结合 BIM 技术，可开发基于电脑网页和手机微信公众号不同版本的古建筑 3D 交互与展示系统，如图 7-9 所示的某盐商住宅信息网页。届时，用户只需要打开网站，或者用手机微信扫描二维码即可获得相应古建筑 3D 模型和详细图文信息，并且可转发朋友圈、微博等，实现古建筑文化信息在民众中的普及宣传。

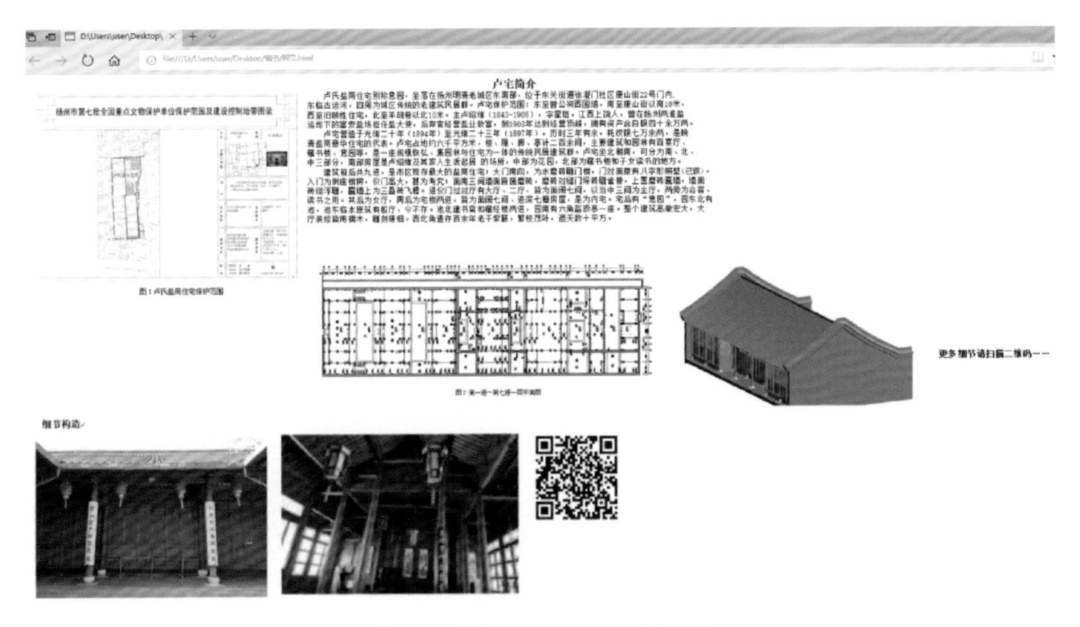

图 7-9　网页展示某盐商住宅信息

7.2　基于建筑信息模型的落架大修模型构建方法

将 BIM 应用于古建筑落架大修工程时，需测绘建筑物现状，进行三维模型构建，具体流程如图 7-10 所示。

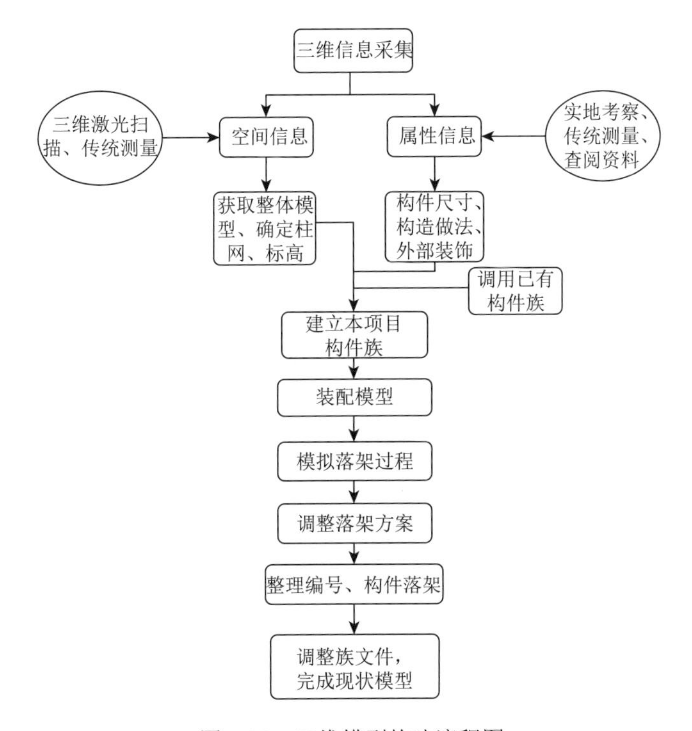

图 7-10　三维模型构建流程图

7.2.1 建模前的信息采集

为了对古建筑进行三维建模分析，首先需要获得翔实的信息数据。信息采集主要分为两种：①空间信息的采集，主要包括古建筑现状坐标、建筑尺寸、方位、构架的变形等空间形态的信息；②属性信息的采集，主要包括构件的损伤情况、建造材料、施工工艺、构造做法、外部装饰等。

空间信息的采集可采用现代电子技术手段，借助三维激光扫描、高清摄影测量等多种测量传感器技术，获取完整而精细的古建筑三维数字模型、纹理影像，经处理生成精准的建筑整体模型。属性信息的采集可通过实地考察、查阅相关历史文献，再进行整体分析而获取较为完整的相关信息。

对于古建筑落架大修工程，需要先进行现状勘察与测绘，在此基础上绘制现状图纸；若采用信息化建模技术，在模型完成后会根据要求自动生成各方位的图纸以及大样图纸等。

1）空间信息的采集

在进行建筑物外部测量时，用三维激光扫描技术替代传统测量方式获取空间信息。设置合理的测站点并架设三维激光扫描仪，向被测对象发射激光束和接收由被测物反射回的数据并传输到计算机中，解析出建筑实体被测点与扫描仪距离及被测点三维坐标信息，获取被测对象的空间坐标信息，所得数据是由全离散的矢量距离点构成的点云，其像素承载着点云的距离及角度信息。

在数据采集过程中，室外测站数量、扫描模式、测距均是影响扫描清晰度、扫描效率的重要因素。建筑的四个角点应每点布设测站，若建筑物体型复杂，纵向尺寸较大，每边可增设一个测站。为了提高多站点数据配准的精度，可对项目区进行标靶布设。标靶应布设均匀，避免多个标靶在同一水平线内，并且保证每相邻两站间有三个公共标靶，如图 7-11 所示。在正式测量之前，可通过设置不同测站数量、扫描模式、测距试扫描确定最佳方案，保证兼顾效率的情况下所获点云清晰度高，噪点少，效果最好。

图 7-11　标靶的布设

建筑内部较为复杂，三维激光扫描仪存在扫描盲区，可运用三维激光扫描仪辅以传统测绘方式获取数据。由于三维激光扫描仪各测站点间具有独立的坐标系，且数据中含有大量的噪声点、冗余点，因此获得点云数据后，应对点云数据进行拼接、去噪、分类等数据预处理，获得较好的效果图，如图 7-12 所示。

图 7-12　点云去噪效果图

通过点云数据创建三维模型有两种方式：①直接将点云数据导入 BIM 建模软件建模；②将点云数据转换为 RCS 格式文件后导入 AutoCAD 中，根据建筑特点，利用 CAD 的绘图功能提取建筑特征线并辅以传统测量方式补测的数据，绘制出建筑的平面图、立面图和剖面图，如图 7-13 所示。根据木结构古建筑构件的基本分类（图 7-14）特点，对点云数据进行分割处理（图 7-15）后提取出建筑物构件如柱子、门、窗、屋顶等特征线（图 7-16），获取建模数据再建模。考虑到古建筑结构复杂，直接建模精准度低，因此采用第二种方式建模较多。

(a) 局部点云图

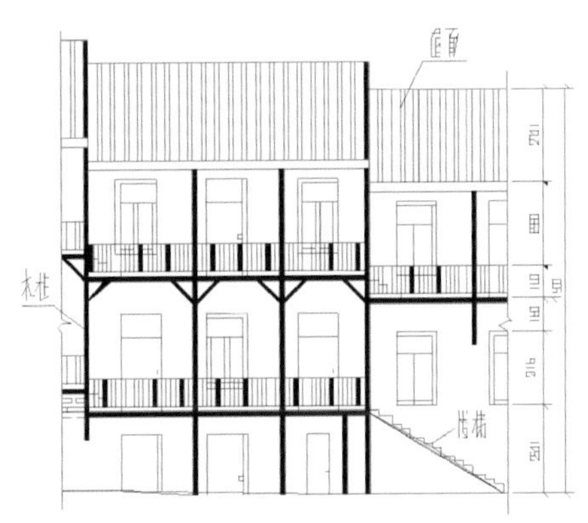

(b) 局部特征线处理立面图

图 7-13　建筑局部点云、特征线对比

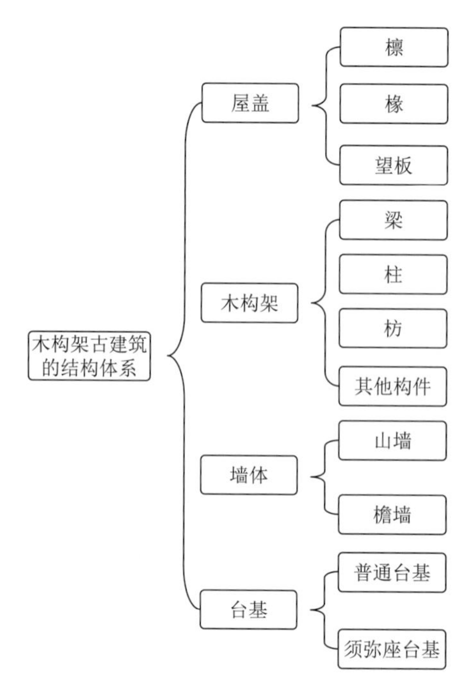

图 7-14　木结构古建筑构件基本分类

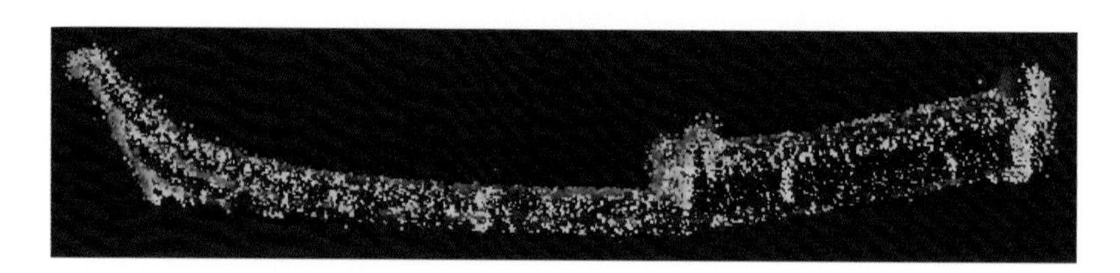

图 7-15　点云构件分类

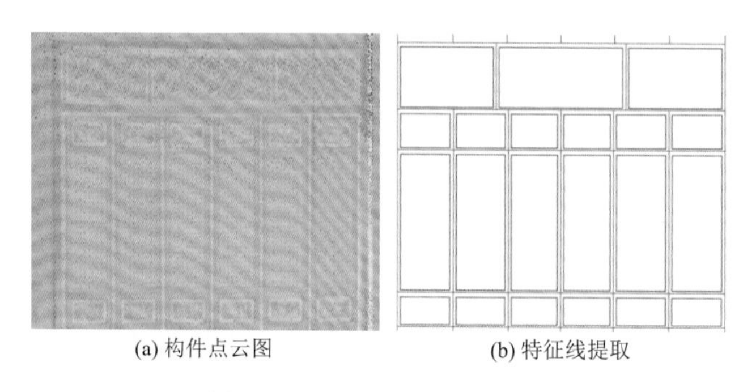

(a) 构件点云图　　(b) 特征线提取

图 7-16　局部点云特征线提取

2）属性信息的采集

建筑信息模型不仅包含空间信息，还应该包含属性信息。在进行建筑整体测绘前，可通过查阅历史文献、档案资料、实地考察，确定古建筑的现存状况、建造工艺、建筑材料及纹理、建筑装饰、修缮及历史修缮记录、周围环境特征等信息。在建筑整体测绘时，图像拍摄宜与图纸测绘协同进行，以节省人力并相互配合。可用高清摄像机对古建筑的图像资料进行采集，对于古建筑与周边环境的鸟瞰图、屋面俯视图，可用无人机自带的相机航拍；对于建筑的艺术构件、细部构造，可用像素较高的相机静态拍摄。数码相机采集的图像资料，具有直观、翔实的特点，并能体现所拍摄物体的真实色彩与损伤现状。

在进行以上的文字和照片信息采集后，利用 Revit 软件建立建筑信息模型时，模型中各构件的属性信息可根据要求设定，一般分为构造、材质、物理、油漆彩绘以及说明备注等几种形式。空间信息、属性信息与模型相关联，修改或查阅信息全部可以实现同步，从而全面实现信息的共享与传递。古建筑保护的重要内容是古建筑的修缮，建筑信息模型可为古建筑修缮提供最基础的数据和资料，便于提取和使用。

7.2.2 古建筑模型的构建

基于 BIM 的古建筑模型的构建可分为以下四个阶段进行。

第一阶段，对古建筑历史内涵以及建筑特点进行详细充分的解读，从结构与建筑相互结合的角度去考虑建筑物每个构件之间的逻辑关系以及基本特征。

第二阶段，在第一阶段的基础之上结合前期的测绘数据，对古建筑整体构架设置柱网以及标高，如图 7-17 和图 7-18 所示。

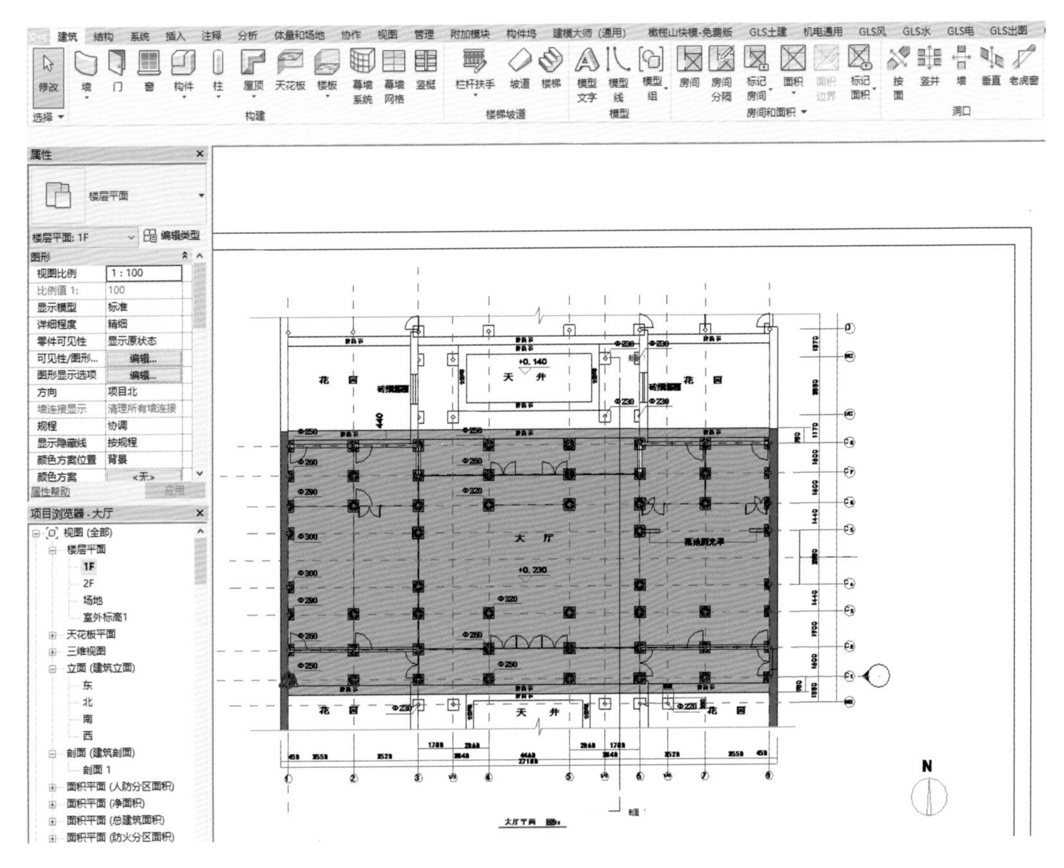

图 7-17 模型中的柱网布置

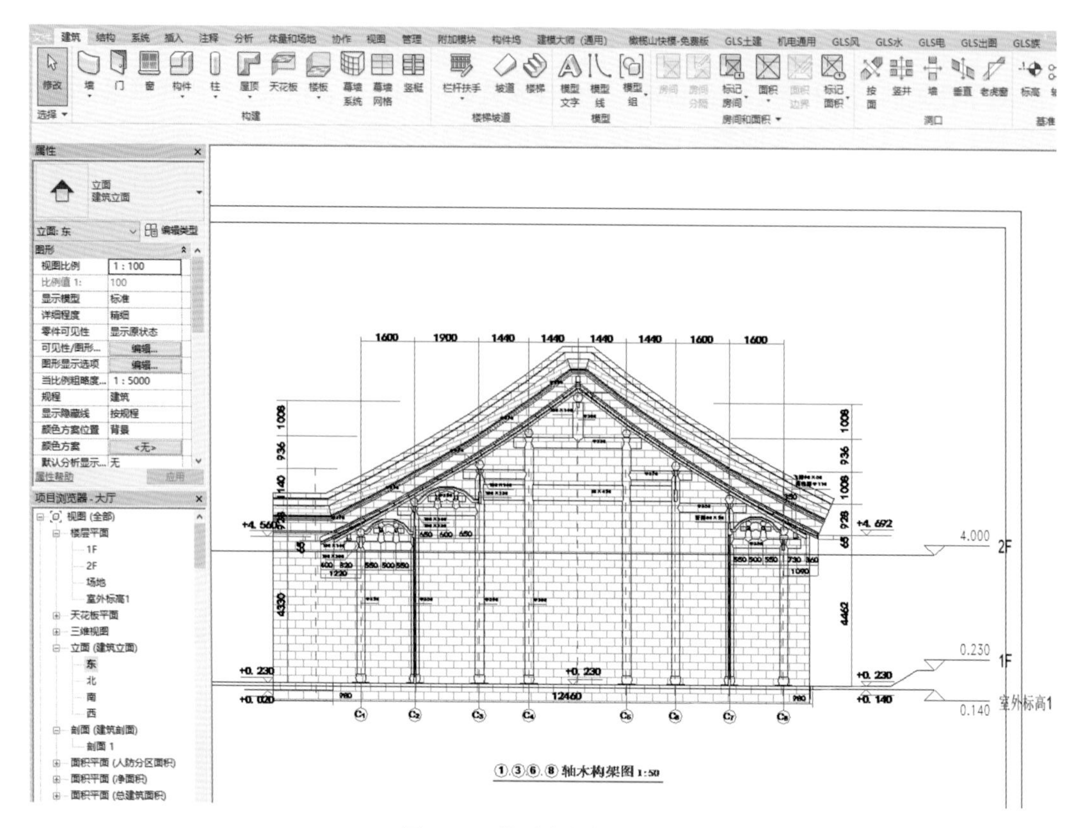

图 7-18　模型中的标高布置

第三阶段，根据具体建筑物每个构件的特征制作相应的族类型文件，并对这些构件进行特征分析。族库已有的族类型文件可进行符合具体项目的参数设置后调用。

族是 BIM 建模的基础单元，直接以建筑信息为管理对象。建筑构件即由族类型实例一一对应，某个族类型文件可包含相应构件所有的细节，包括构件的形式、尺寸、位置、大小。在进行建筑物整体建模时，可先分解和建立组成模型的族，后根据建筑构件的位置和几何形态将族文件调入，从而建立最终的模型。

Revit 软件提供了强大的族编辑功能，可根据构件详图进行不同族文件的建模和编辑，并设置多种类型的参数来驱动构件的变化，传递相关信息。基于此建立的古建筑参数化构件，可以实现构件的尺寸、用材、色彩、位置、位移、时间等信息的添加和修改，提升构件的复用性和建模的工作效率。

例如，我国古建筑常见构件斗栱，本身即由多个小构件组成，利用 Revit 自带族编辑器可进行小构件的建模，并可进行参数化的设置，除设置几何形状及尺寸等参数外，还可进行材质和装饰等参数的设置，如图 7-19 所示。在斗栱构件建模时，可调用编辑好的小构件族类型文件进行整体拼装，形成整体的斗栱模型如图 7-20 所示，可进一步作为斗栱这一族类型文件在建筑整体建模时调入使用。

在古建筑现状模型中，前期测绘的属性信息，在构件的参数化表达中也可以体现，如柱的损伤信息，可在构件族中添加相应的文字标签，即可进行信息的输入，如图 7-21 所示。

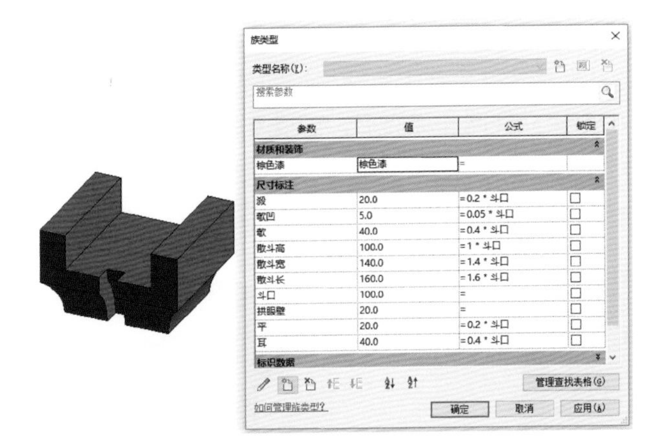

图 7-19　散斗的参数化模型

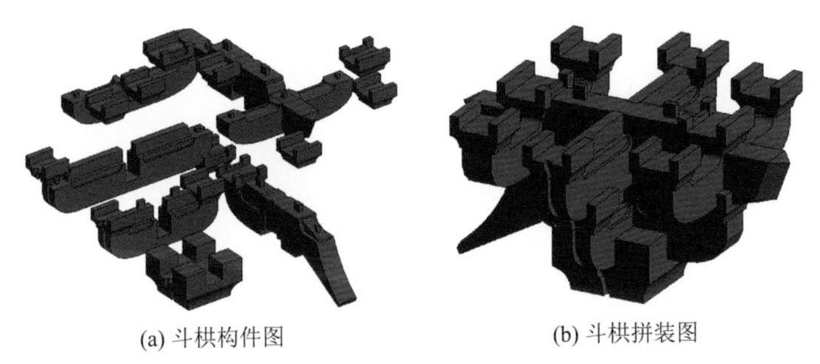

(a) 斗栱构件图　　(b) 斗栱拼装图

图 7-20　斗栱三维模型

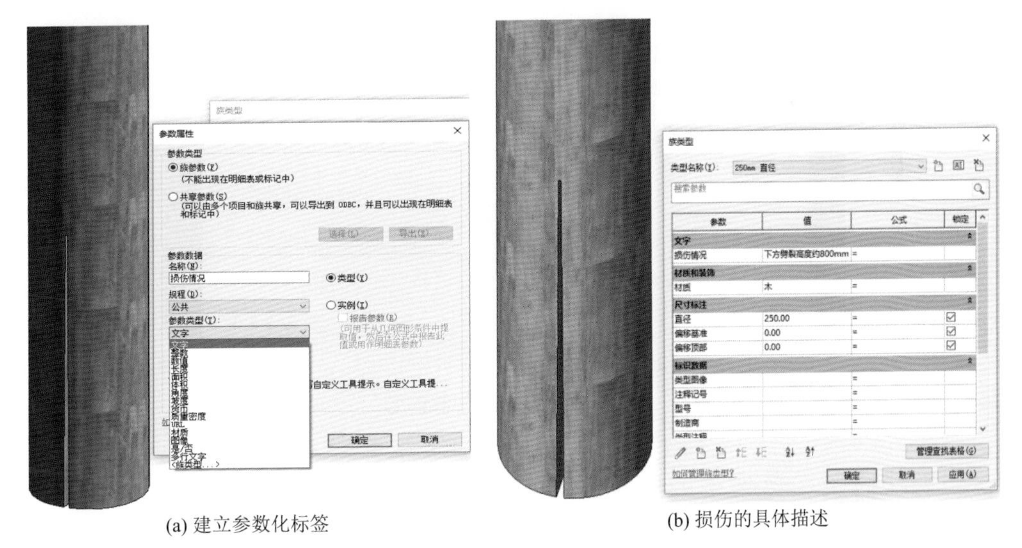

(a) 建立参数化标签　　(b) 损伤的具体描述

图 7-21　构件的损伤描述

其他信息如古建筑的现存状况、修缮及历史修缮记录等，可用文档记录信息并保存在数据库中，在构件族中建立索引标签进行链接，当用户调查构件时，相应的信息会一并显示出来，确保此类信息传递的准确性；构件的表面装饰纹理，可由软件中的贴图功能附着至模型表面，力求模型对现状建筑模拟的真实性。

第四阶段，为族的载入寻找与真实情况相符的基准点，保证 BIM 对古建筑物的准确还原。在 Revit 软件中，建立柱网和标高后，可以单体构件为参照，分成两步先把单体构件创建准确，再进行构件的相互搭接。如图 7-22 所示，先将柱构件根据标高和柱网进行载入，再将其余构件与柱构件搭接，如图 7-23 所示。

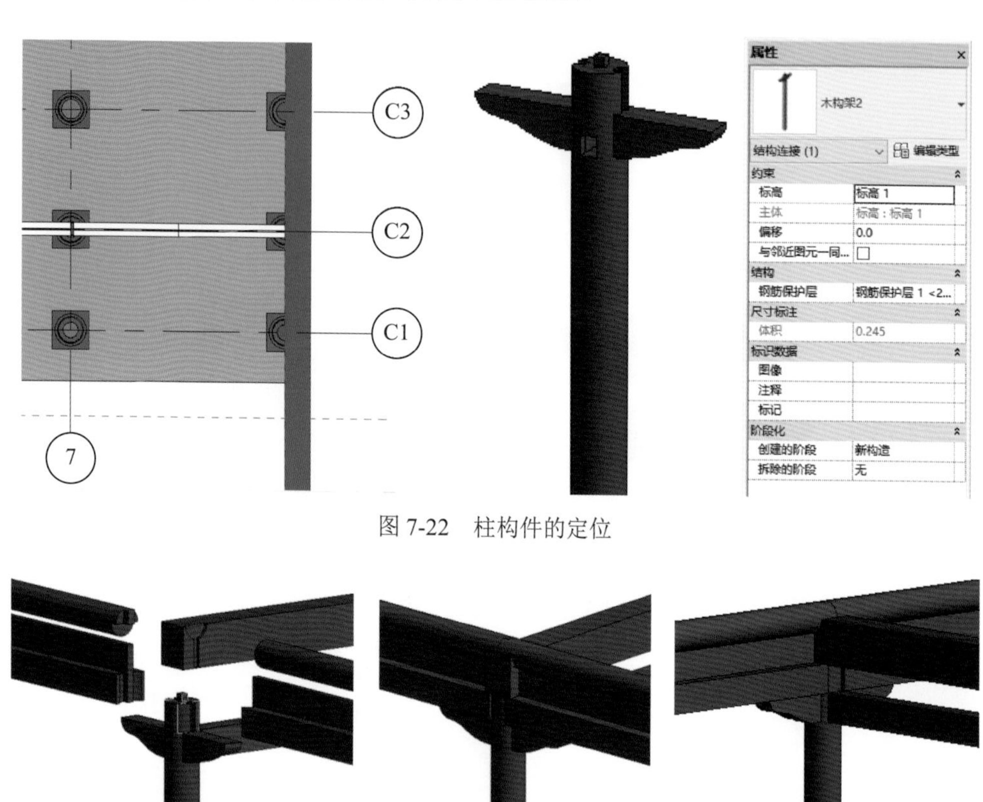

图 7-22　柱构件的定位

(a) 檐柱部位构件分离图　　(b) 组合后檐柱部位正立面　　(c) 组合后檐柱部位侧立面

图 7-23　构件组合示意图

7.2.3　现状模型在落架中的应用

1）落架前模型构件的信息处理

木构架古建筑落架修缮前，应进行现状文字记录如做好损伤登记、对构件进行编号等准备工作。以上文字信息在 BIM 中也可进行分类登记，不仅保证了模型对实体建筑最大限度地仿真模拟，并且将信息集成在模型中，减少了储存路径，降低了信息的丢失风险，同时为工程各参与方提供了一个读取、交流信息的集成平台，提高了沟通效率。

Revit 软件提供的明细表功能可实现损伤现状的登记，通过设置好相关构件的参数标签，即可进行构件损伤现状的分类和统计，如图 7-24 所示。

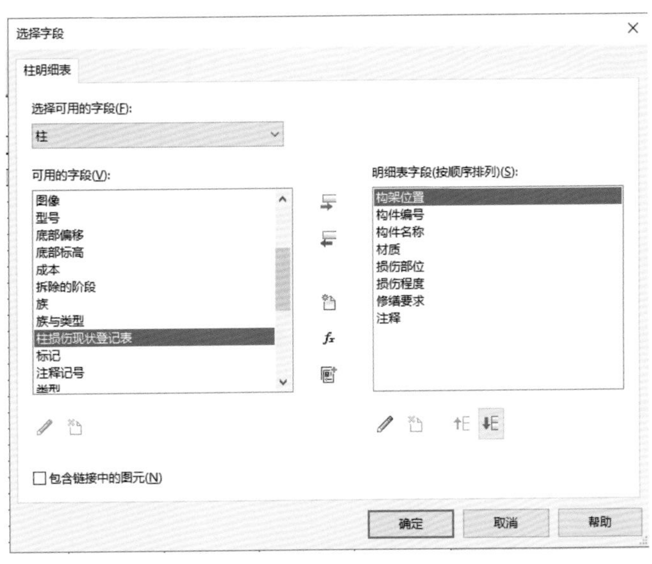

(a) 明细表的标签设置

<柱损伤现状登记表>

A	B	C	D	E	F	G	H
构架位置	构件编号	构件名称	材质	损伤部位	损伤程度	修缮要求	注释
西山缝	山西1	西山缝南檐柱	楠木	柱根底200mm腐朽（向南）	深度柱径1/6	包镶	
西山缝	山西2	西山缝南金柱	楠木	柱根底100mm腐朽（向南）	面积较小	挖补	
西山缝	山西3	西山缝南金柱	楠木	柱根上800mm劈裂（向南）	缝宽20mm	木条嵌补，水性胶粘牢	
西山缝	山西中	西山缝中柱	楠木	柱中部600mm干裂（向西）	缝宽2mm	腻子勾抹	

(b) 明细表的生成

图 7-24　柱构件损伤现状登记表的设置

木构架落架前需做好木构件的分类与编号，在 BIM 中，可通过设置构件编号这一共享参数，实现对模型中每一构件的编号，如图 7-25 所示。

2）落架后模型构件的信息处理

构件落架前，传统做法需在构件编号的基础上，进行编号牌的制作、书写和钉挂工作，注明构件在建筑中的正确安装方向。将 BIM 技术与 RFID 技术结合后，对于落架构件的编号牌可用二维码图片代替，每一个构件对应一个专有二维码，二维码图片的粘贴方位同传统编号牌。采用移动端扫描二维码后可快速读取构件的各类信息，包括编号、方位等，如图 7-26 所示。

构件落架后，二维码可作为分类堆放和修缮的标识；构件重新安装时，二维码要作为构件位置的依据。因此，在整个施工期间，二维码都要发挥作用，不能丢失或损坏，要注意其粘贴位置和保护。

3）构件修缮的信息处理

构件落架后，可对局部结点的详细数据如尺寸、损伤情况等进行复测，更新测量数

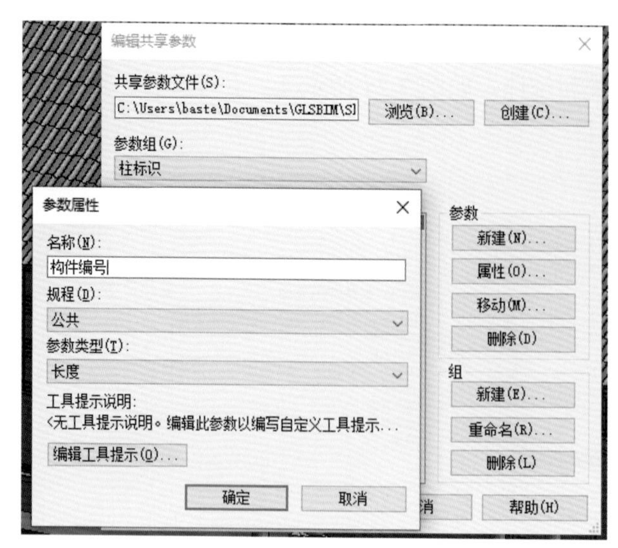

(a) 共享参数的设置

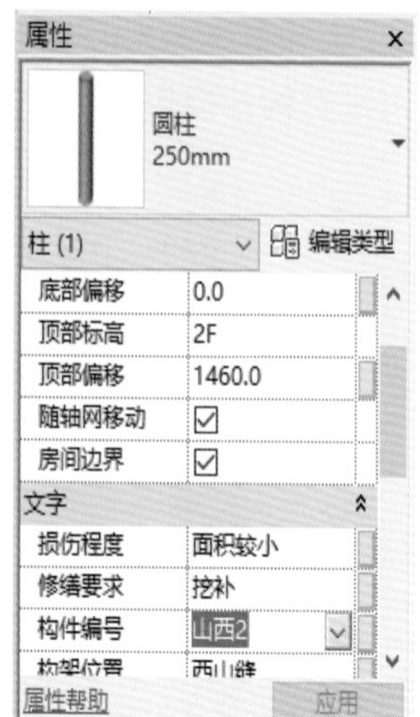

(b) 构件的编号输入

图 7-25　柱的编号

(a) 构件的二维码粘贴

(b) 移动端信息读取

图 7-26　二维码识别构件信息

据并在模型中进行修改，进行现状模型的完善；对于更换的新构件，还应及时粘贴二维码，并补充相关的信息。由于 BIM 能做到同步、实时更新，因此施工现场扫描二维码所获数据均为最新信息，有助于构件的分类摆放、修缮加固及后续构件的施工安装。在构件确定修缮措施后，可在原始现状模型的基础上，对构件的修缮位置、修缮措施进行模拟，如图 7-27 所示柱子修复采用的巴掌榫墩接。

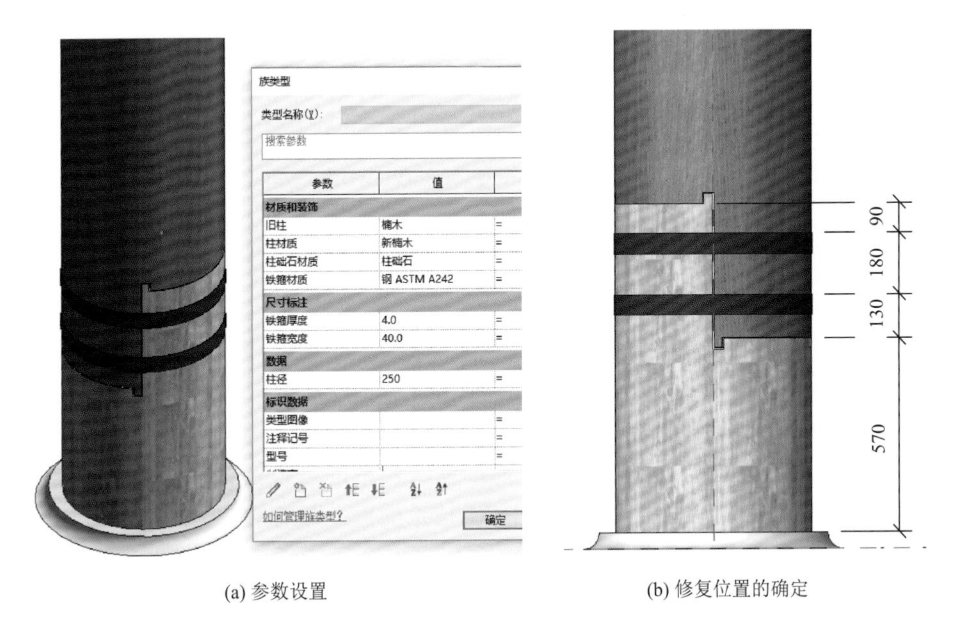

(a) 参数设置　　(b) 修复位置的确定

图 7-27　巴掌榫墩接的模拟

基于 Revit 对构件修复进行模拟，不仅可在修复方案确定后，借助三维的直观表达方式指导施工，对修缮信息也可进行完整保存，便于后期的归类查询。

7.3　基于建筑信息模型的落架大修工程管理方法

7.3.1　施工过程的模拟分析

基于 BIM 的工程管理方法是指在施工之前，将施工方能够应用的 BIM 加入时间的维度、成本、质量等因素，对工程建设项目建造整体过程和局部过程进行模拟分析，发现整体与局部建造过程中不合理的施工组织计划，施工材料的供应可能出现的情况，项目的质量可能出现的问题，以及施工过程应该注意的可能发生的状况等，并针对相应的问题在施工前提出应对方案，使制定的施工方案过程达到最优，用来指导实际的项目施工，保证项目施工的有序、高效、科学合理。

Navisworks 是一款面向设计协调、碰撞检测、施工仿真的 BIM 三维设计软件，在 BIM 工作流程中处于核心地位。其具备以下优势：①支持所有主流三维设计软件的模型文件格式，与 Revit 之间可以无缝对接，保证模型数据的完整传递；②支持把各专业成果集成至同一个同步的建筑信息模型中；③实现管理和追踪发现模型碰撞，在碰撞结果中可以对各碰撞进行编辑；④实现施工过程的三维动态演示，并直接将 Project 文件作为数据源生成任务列表，大大减少了添加任务的工作量；⑤逼真的渲染图和漫游动画来查看其未来的工作成果，客户可提前身临其境地漫游尚在建设中的工程。以 Revit 及 Navisworks 软件为 BIM 应用平台，通过 Revit 建立参数化族并创建古建筑三维可视化模型，将模型导入 Navisworks 进行碰撞检查、施工仿真、动态漫游等，可实现信息化模型在工程管理上的应用。

其中 Navisworks 软件具备将时间维度加入 BIM 的 4D 施工模拟功能，可根据设想的施工方案提前实现建造过程，可更直观、全面地为用户提供施工信息。模拟施工可以直接在 Navisworks 中模拟，也可以通过 Project 导入 Navisworks 实现。

7.3.2 施工过程的协调管理

落架大修过程中涉及木构架的拆卸和安装。木构架的拆卸按照“先上后下，先外后内”的顺序实施，而木构架的安装，一般应遵循“先内后外，先下后上，对号入位”的原则。整个拆卸和安装过程，均应制订详细的方案，明确构件的拆装顺序和交叉作业的协调措施。BIM 技术不仅可以进行前期现状模型的模拟，在模型上集成与工程相关的数据信息，在修缮过程中也可通过 BIM 技术的施工模拟辅助现场的施工，可对进度计划的制订及执行进行复核修正，确定合理、安全、有效的施工方案，缩短古建筑修缮的施工时间。

将 BIM 导入 Navisworks 软件后，将同时施工的模型构件放入同一集合中，根据组织好的施工进度计划，生成不同的构件集合，如图 7-28 所示。模拟施工时可通过添加任务

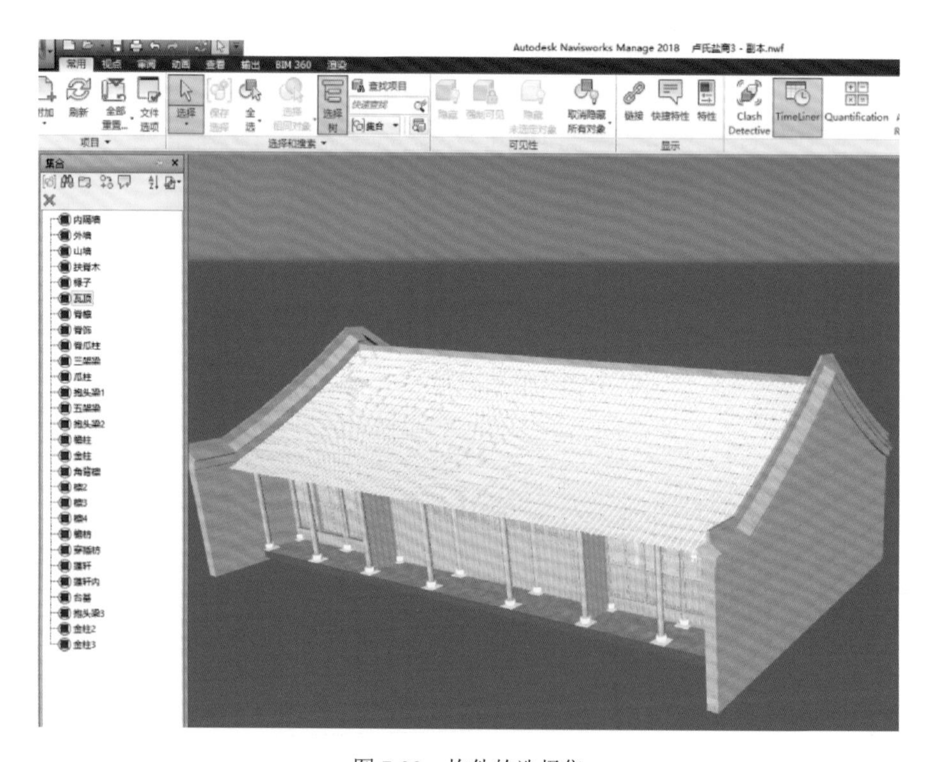

图 7-28 构件的选择集

创建施工进度计划或导入外部 Project 文件，将每一施工任务附着相应的选择集后添加任务类型等参数，即可得到模拟施工的动画，如图 7-29 和图 7-30 所示。

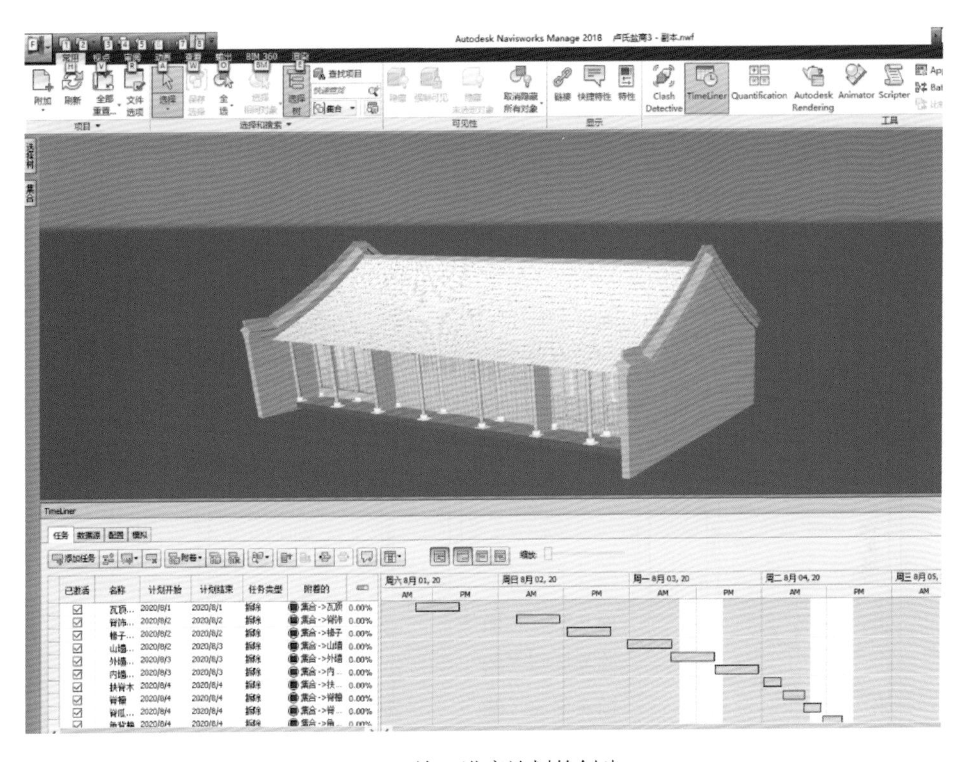

7-29　施工进度计划的创建

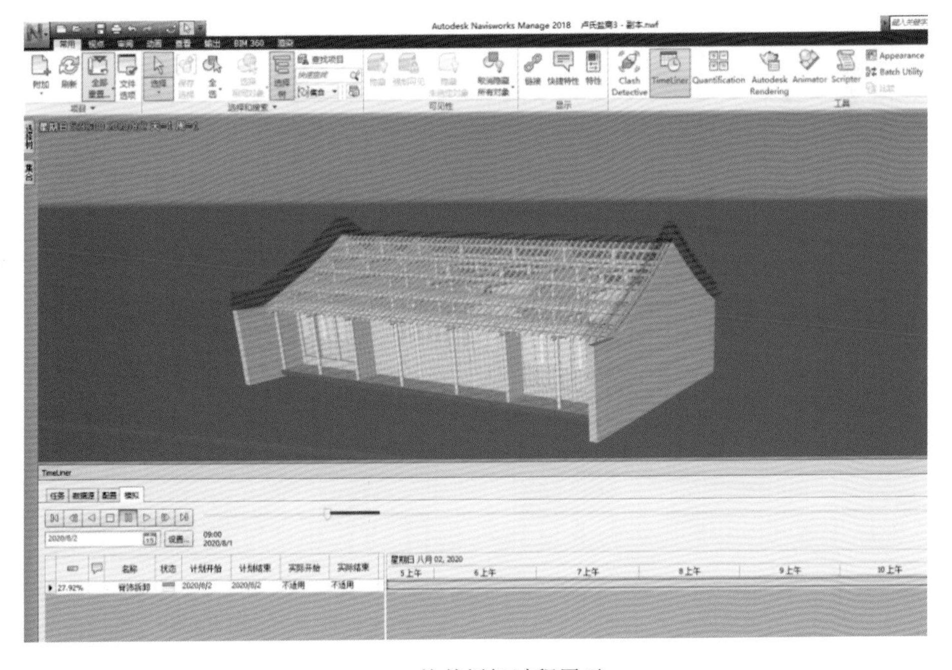

7-30　构件拆卸过程展示

7.4 古建筑信息化模型应用实例

本节以扬州某清代盐商住宅中大厅的修复工程为例，简要介绍 BIM 的构建方法和落架大修的模拟过程。

7.4.1 修复工程建筑概况

大厅位于住宅中的第三进，面阔七间，进深九檩，内部空间宽敞，是盐商举行祭祀活动、婚丧典庆、宴请宾客的场所，其平面图、立面图、剖面图见图 7-31～图 7-33。

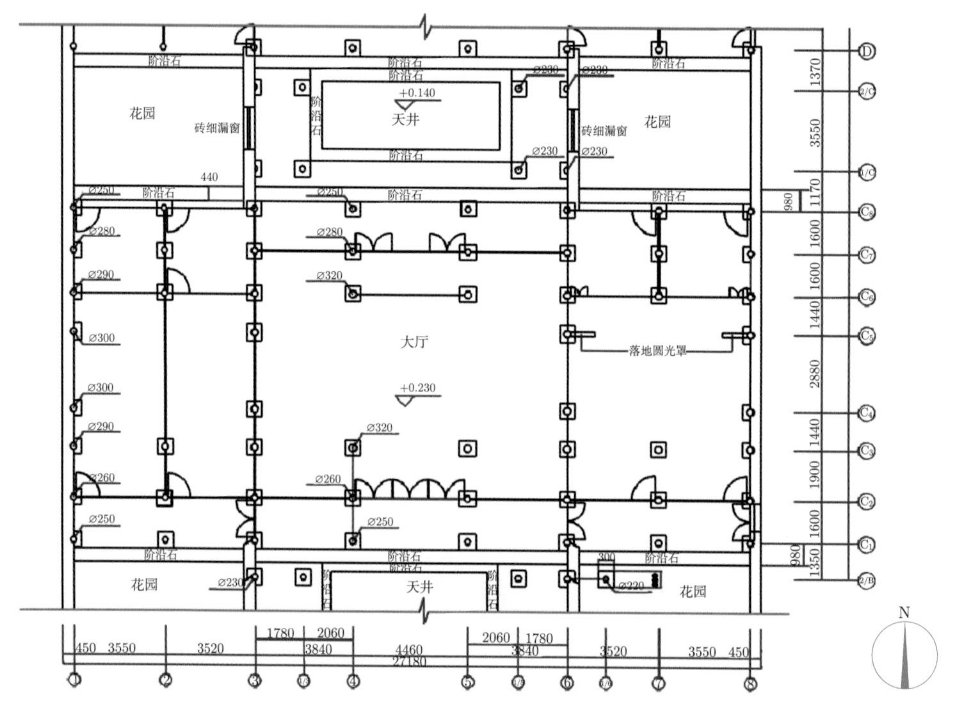

图 7-31 第三进大厅平面图（单位：毫米）

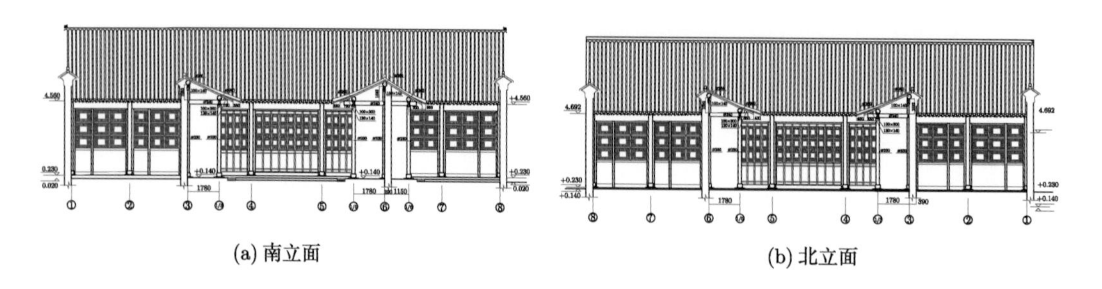

(a) 南立面

(b) 北立面

图 7-32 第三进大厅南、北立面图

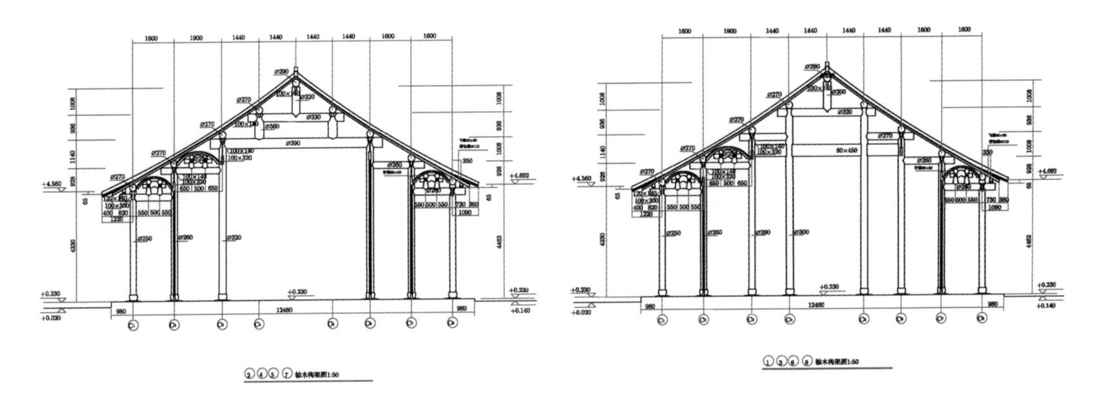

图 7-33　第三进大厅剖面图（单位：毫米）

大厅为木构架砖墙围护结构，通面阔 27.18 米，通进深 12.46 米，檐高 4.33 米，封山出檐。木构架依据房屋空间的布置要求采用不同的形式；明间五架梁、六柱落地；次间三架梁、里双金柱八柱落地；山墙、梢间使用穿斗式构架，柱间用穿枋横向贯穿，八柱落地；上承九檩木基层及瓦望。大厅南北均为出檐，总平出 1.1 米，阶沿出 0.85 米。南北檐步架横向均设蓬轩，南檐的步柱至外金柱之间，横向增设蓬轩一道。

7.4.2　信息化模型的构建

1）修复前的模型构建

该住宅 20 世纪 50 年代初属军管营房，1958 年大办工业时，曾先后被多家工厂使用，改建成生产车间。1981 年遭火灾，大厅、二厅等房屋严重损毁，其他房屋普遍老旧损坏。

该住宅于 2004 年启动修缮方案，2005 年 10 月 18 日开工，2006 年 4 月 18 日竣工。

根据资料对大厅修复前的损毁现状进行统计，结果见表 7-1，大厅修复前屋面和构架损坏现状照片见图 7-34 和图 7-35。

表 7-1　大厅现状损毁统计表

分部工程	分项工程	破坏现状	修缮方法
大厅	屋面	小青瓦屋面失修，翘曲不平整；屋面生长杂草，檐口不完整；屋面渗漏点多，渗漏严重，部分漏点的木椽腐烂，形成屋面局部坍塌。大部分屋脊倒塌后仅存脊胎	拆卸重铺
	墙体	仅存西山墙及后改建砖墙、门洞封闭、门窗改建	拆卸重砌
	木构架	东梢间火毁屋面坍塌、东山墙柱部分磉基下沉 20～60 毫米，部分柱顶端向北倾斜 20～50 毫米、因长年漏雨，部分桁条、椽子漏点处已朽、蓬轩缺失 西山缝木构架构件大多开裂，柱根腐朽，梁端劈裂	落架大修
	地面	原室内外方砖地面全部失落，被改成水泥地面	拆除重铺
	装修	木装修全部被毁，大门和窗扇改为现代门窗	拆除重装

图 7-34 大厅屋面局部坍塌

图 7-35 大厅火灾损毁构架

根据现场调研信息及落架大修前的测量数据，基于 Revit 软件对大厅修复前的现状模型进行建模，如图 7-36 所示。建模过程中，对构件进行标签化设置，进行损伤及修复方法登记，如图 7-37 所示。

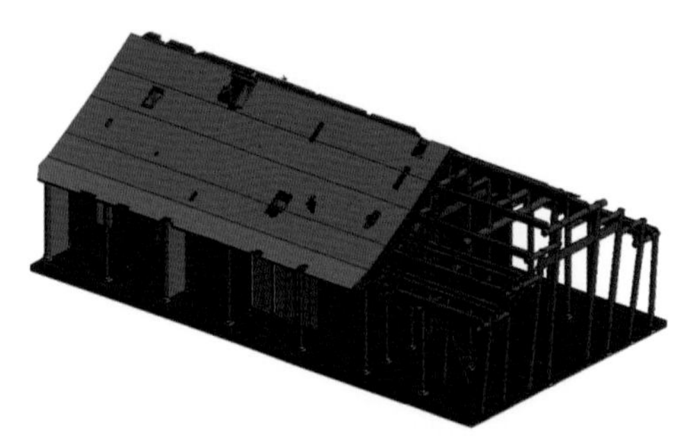

(a) 模型东南面正视

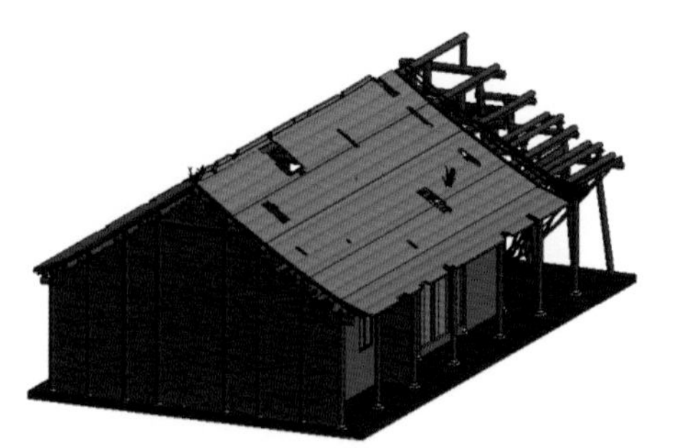

(b) 模型西南面正视

图 7-36 大厅现状模型

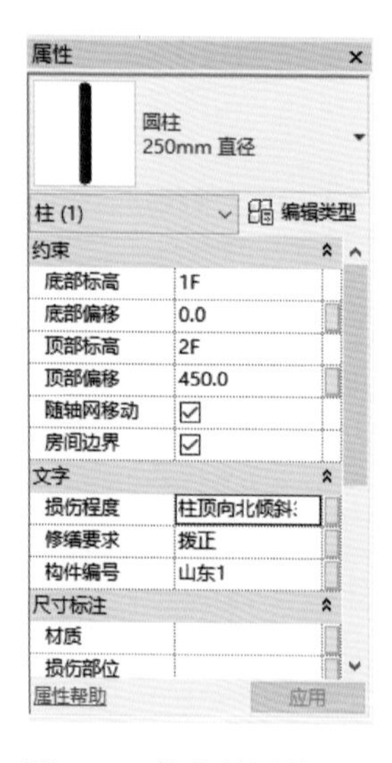

图 7-37 构件的属性登记

2）修复后的模型构建

根据工程修复设计图纸，对大厅所有构件进行分类，如图 7-38 所示。构件中，因蓬轩构造复杂且损坏严重，建模时参考同类建筑的蓬轩照片（图 7-39）确定了修复模型的细部。然后，利用 Revit 软件进行建模，大部分构件可调用已有族进行修改后使用，整体模型及木构架模型如图 7-40 和图 7-41 所示。

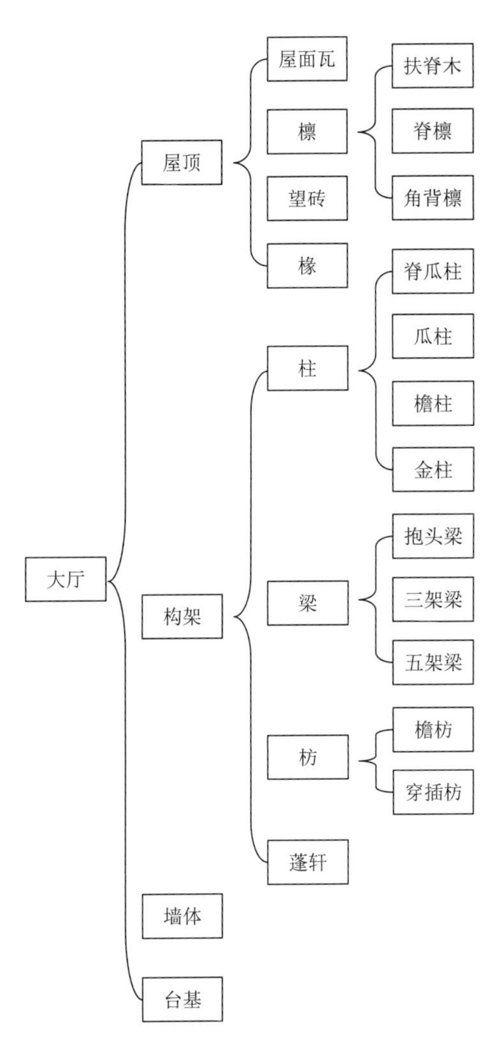

图 7-38　大厅构件分类

蓬轩在盐商住宅中得到广泛的应用，大厅分别在前、后檐架及前金架内各设一列蓬轩，是整个住宅中单进房屋设置蓬轩数量最多的建筑，也是在扬州传统建筑中设置三列蓬轩的孤例。

蓬轩由轩梁（又称四架梁）、轩童柱、月梁构成。轩梁外端伸出檐柱外侧成耍头，耍头上搁置挑檐桁（或台口枋），内端与金柱榫卯相连，其梁上承两童柱；轩童柱上支承月梁和轩桁，桁下方于支座处饰雀替；月梁上部于两轩桁间向上呈弓状，其弧度与轩椽相近，梁下呈水平状。

(a) 廊架蓬轩

(b) 金架内蓬轩

图 7-39　参考建筑的蓬轩

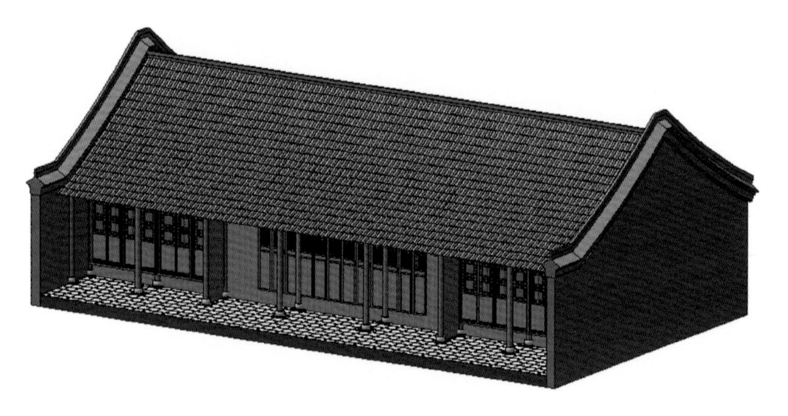

图 7-40　大厅整体模型

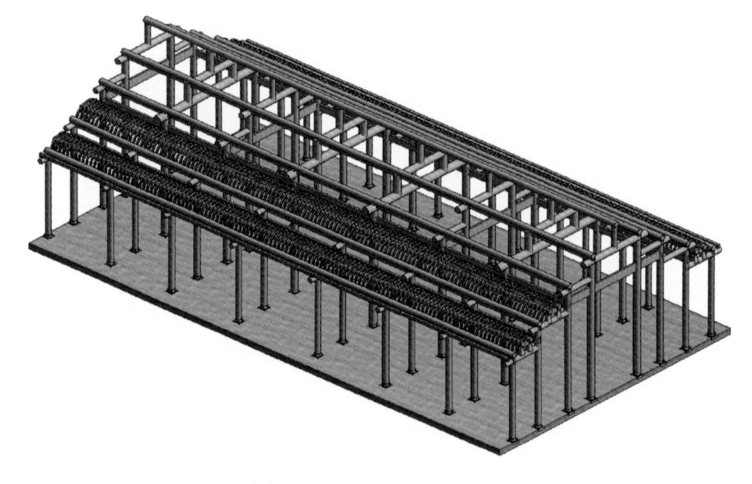

图 7-41　大厅木构架模型

此处利用 Revit 族构件的绘制功能完成族构件的创建并载入，建模细节如图 7-42 和图 7-43 所示。

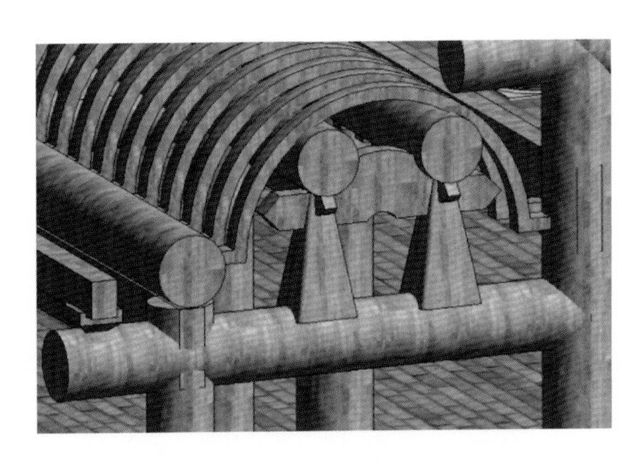

图 7-42　蓬轩的模拟

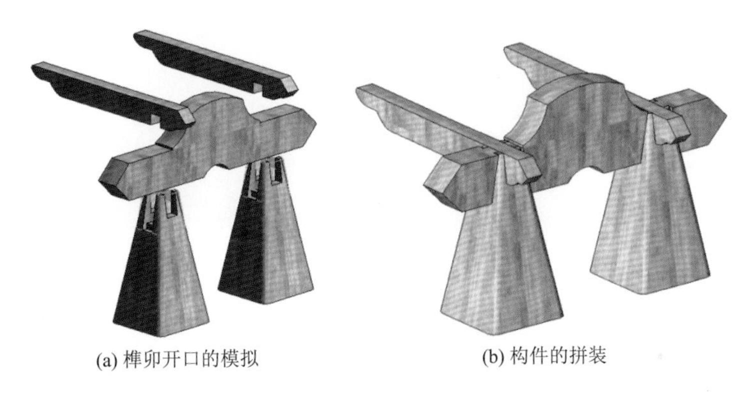

(a) 榫卯开口的模拟　　(b) 构件的拼装

图 7-43　构件的榫卯拼装模型

7.4.3　落架大修过程的模拟

1）现状模型的落架模拟

将 BIM 导入 Navisworks 软件后，处于同一施工进度的构件放入同一集合中，如图 7-44 所示。

按照屋顶→墙体→南、北蓬轩→木构架的顺序对大厅现状模型进行拆卸模拟，其中木构架拆卸应遵循“先外后内、先上后下”的顺序原则，具体拆卸按照场地清理→屋顶→椽→门窗→墙体→南、北蓬轩→外侧檩条→一层抱头梁→檐柱→二层檩→二层抱头梁→金柱→三层檩→脊檩→脊瓜柱→角背檩→三架梁→瓜柱→五架梁→部分内金柱→三层抱头梁→部分内金柱→穿插枋→内金柱的顺序进行。

模拟施工时按拆卸步骤添加施工任务，并设定施工段起始结束时间，如图 7-45 所示。完成后即可进行施工动画的模拟，根据设想的施工方案来提前实现落架过程，可更直观、全面地进行观察。对于拆卸过程中不合理的施工组织计划，针对问题在落架前提出相应的解决方案，使制订的落架方案过程达到最优。大厅采用混合式木构架，抬梁式和穿斗式木构架间隔布置，五架梁拆卸完成后，不同木构架金柱根据落架过程间隔拆卸。具体过程见图 7-46～图 7-52。

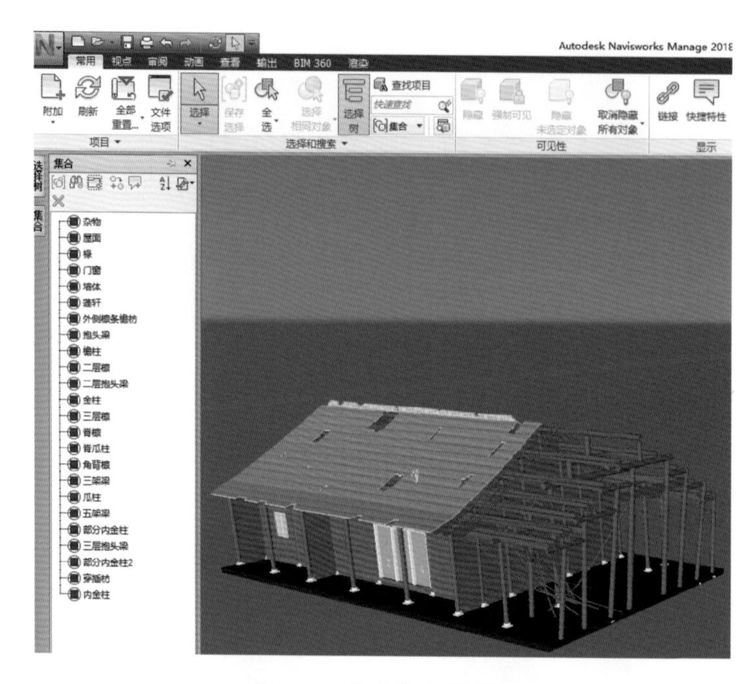

图 7-44　构件集合的添加

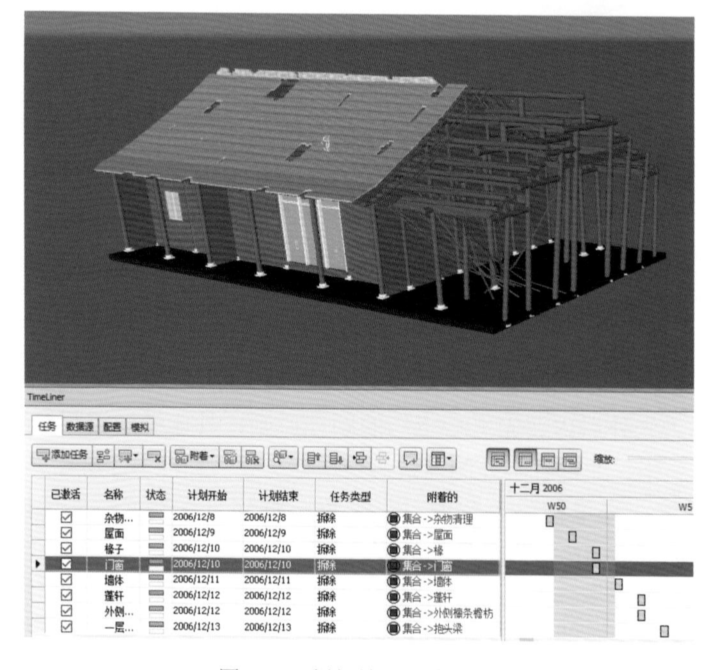

图 7-45　拆卸施工进度模拟

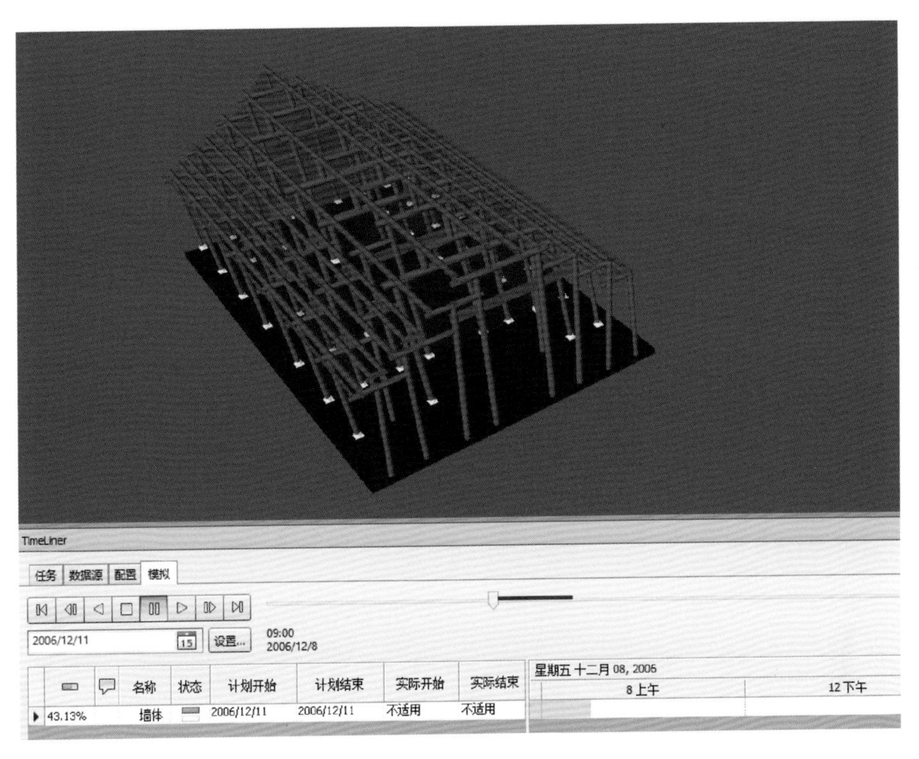

图 7-46　墙体拆卸

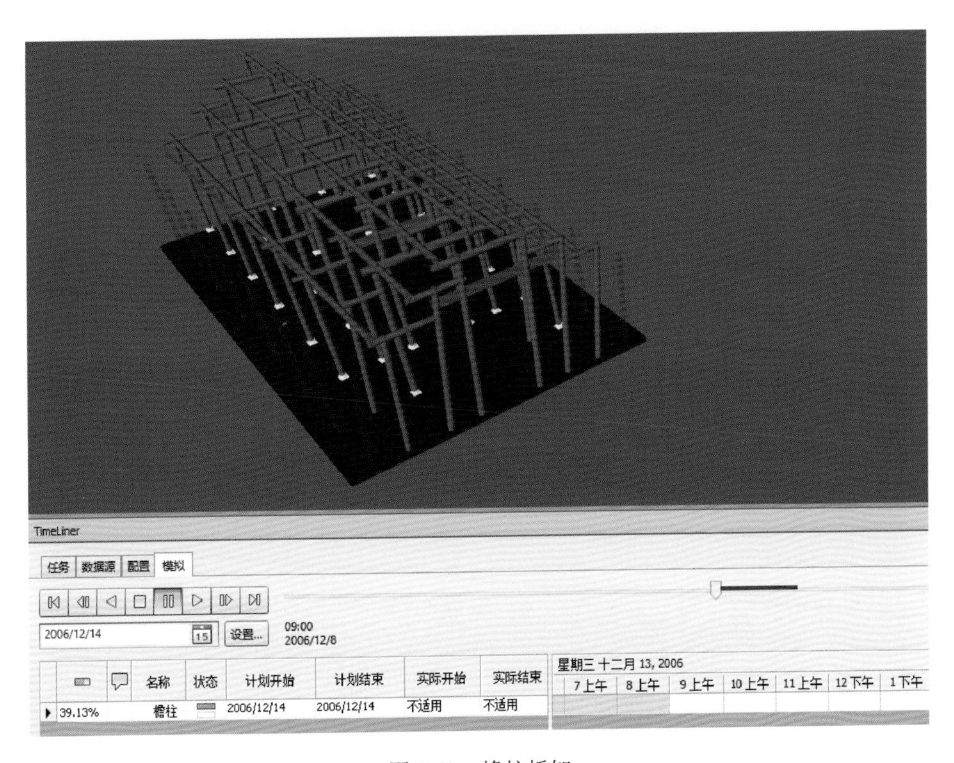

图 7-47　檐柱拆卸

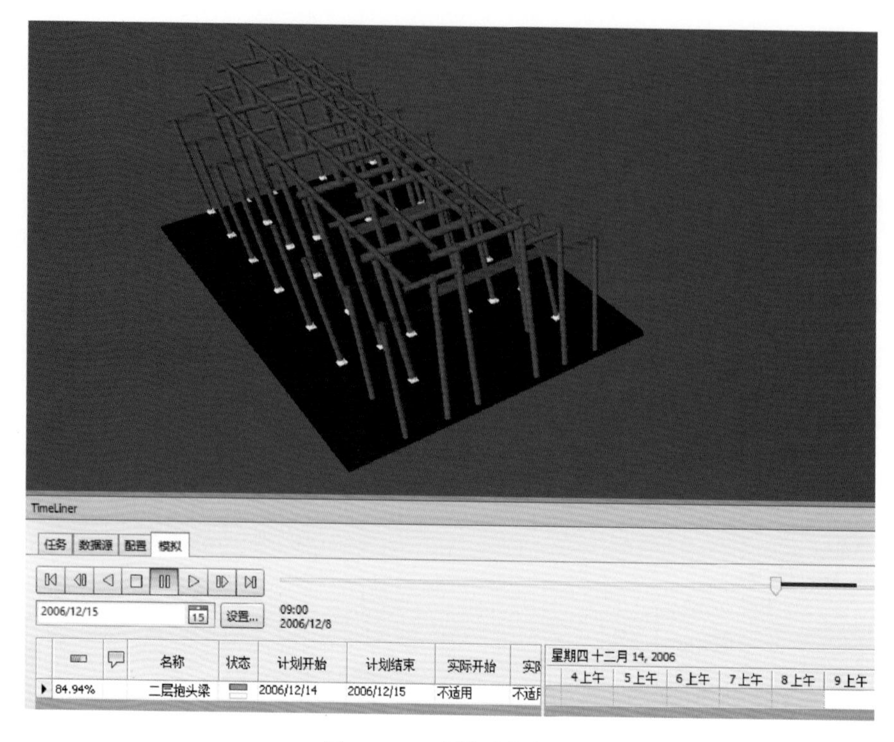

图 7-48　二层抱头梁拆卸

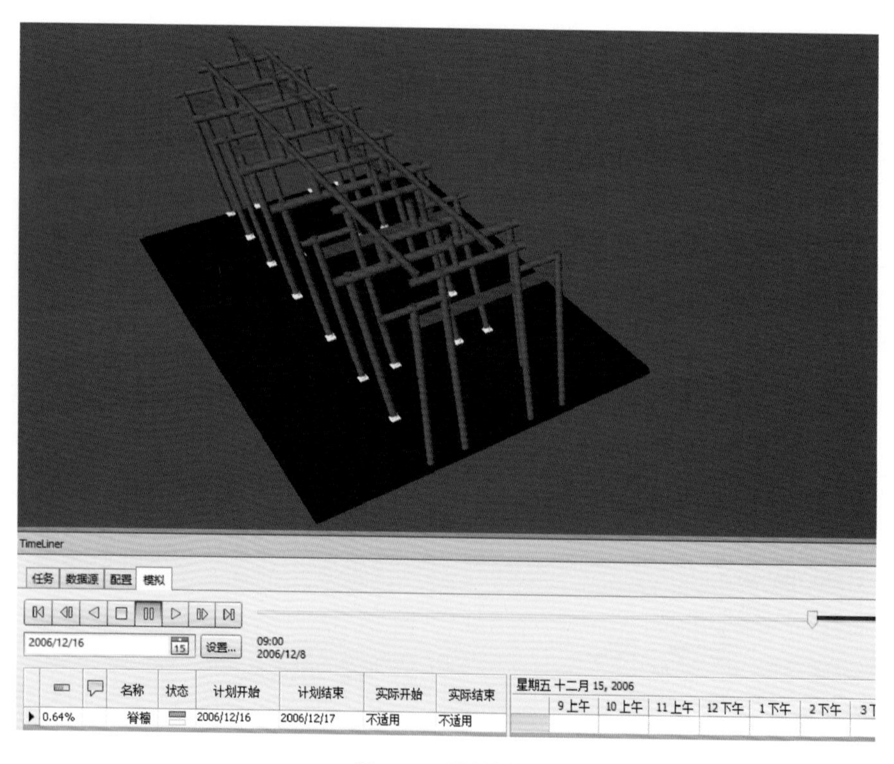

图 7-49　脊檩拆卸

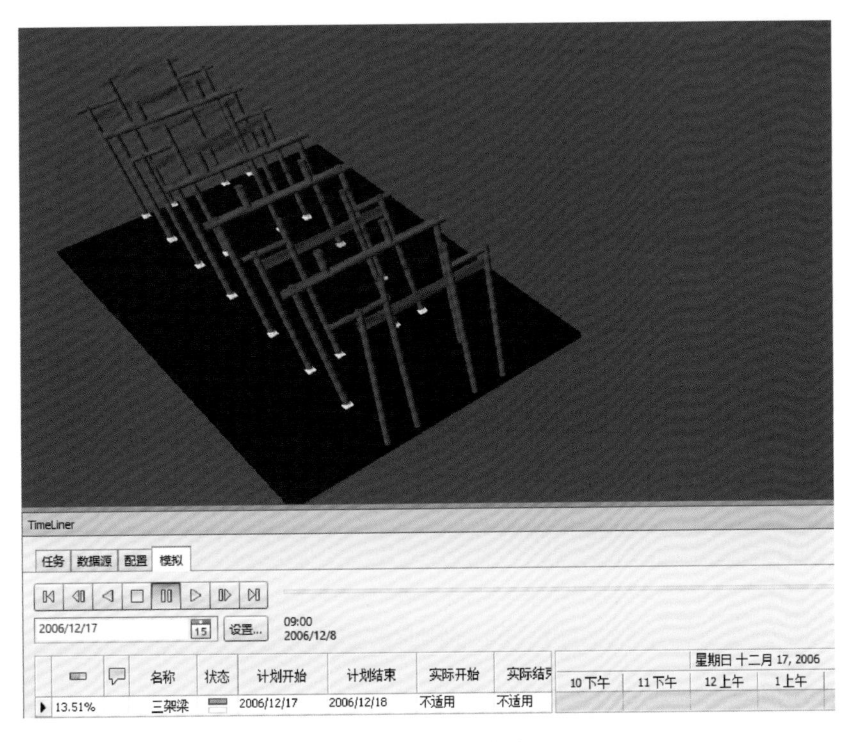

图 7-50　三架梁拆卸

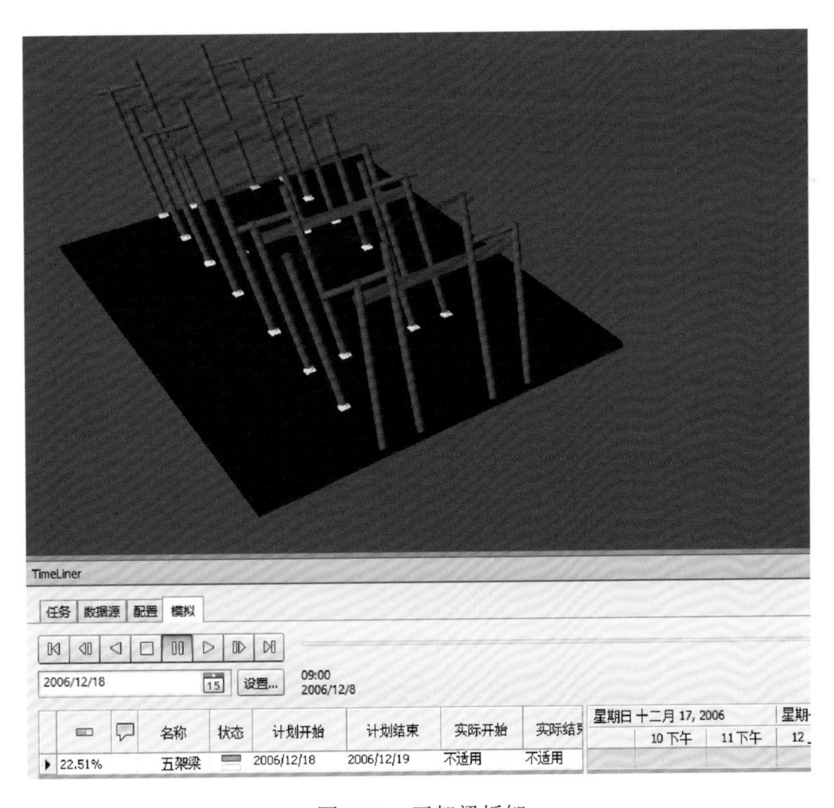

图 7-51　五架梁拆卸

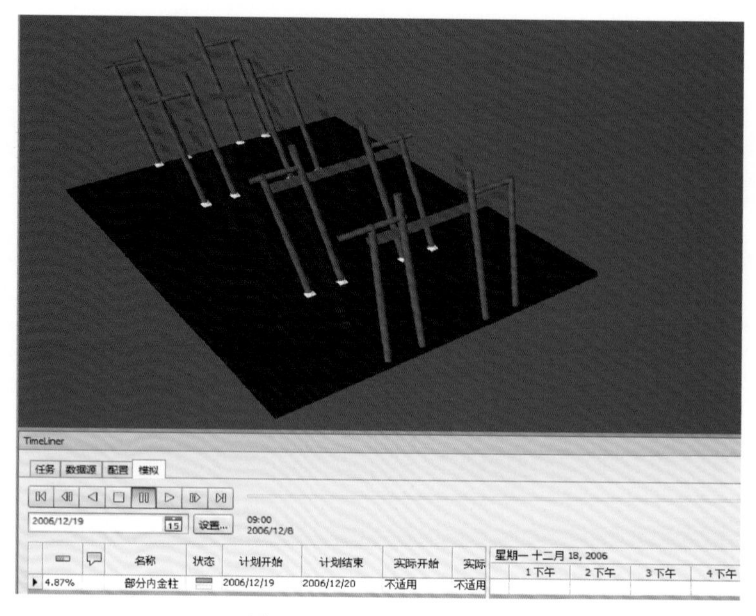

图 7-52　部分内金柱拆卸

2）拆卸构件的修缮模拟

落架后，对于拆卸下来的木构件进行整理并分类堆放，对照原始现状模型生成的构件损伤现状登记表的记录，核对、确认构件的损伤部位和类型，以及开裂、折断、腐朽或虫蛀的程度，提出具体的修缮措施和要求，并在现状模型的基础上进行信息的记录，完成原始现状模型的更新。

构件损伤现状登记表可作为模型的信息附着在模型上，也可导出为 Excel 表格文件（图 7-53），将各类构件损伤修复信息合并在一起后单独存储，表 7-2 为西山缝构件损伤现状登记表。

图 7-53　明细表的导出

表 7-2 西山缝构件损伤现状登记表

构架位置	构件编号	构件名称	材质	损伤部位	损伤程度	修缮要求	注释
西山缝	山西 0	西山缝脊瓜柱	楠木	整根老化变质	严重	替换	
西山缝	山西 1	西山缝南檐柱	楠木	柱根底 600 毫米腐朽（向南）	严重	平头榫墩接	
西山缝	山西 2	西山缝南金柱	楠木	柱根底 200 毫米腐朽（向南）	面积较小	挖补，水性胶粘牢	
西山缝	山西 3	西山缝南金柱	楠木	柱根向上 800 毫米劈裂（向南）	缝宽 20 毫米，深 30 毫米	木条嵌补，水性胶粘牢	
西山缝	山西中 1	西山缝中柱	楠木	柱中部 600 毫米干裂（向西）	缝宽 2 毫米，深 2 毫米	腻子勾抹	
西山缝	山西中 2	西山缝中柱	楠木	柱中部 650 毫米干裂（向西）	缝宽 2 毫米，深 2 毫米	腻子勾抹	
西山缝	山西 4	西山缝北金柱	楠木	柱根向上 900 毫米劈裂（向北）	缝宽 20 毫米，深 30 毫米	木条嵌补，水性胶粘牢	
西山缝	山西 5	西山缝北金柱	楠木	柱根底 100 毫米腐朽（向北）	面积较小	挖补，水性胶粘牢	
西山缝	山西 6	西山缝北檐柱	楠木	柱根底 200 毫米腐朽（向北）	面积较小	挖补，水性胶粘牢	
西山缝	山西三架梁	西山缝三架梁	楠木	梁端南侧上方 100 毫米劈裂，北侧上方 150 毫米劈裂	缝宽 3 毫米，深 2 毫米	木条嵌补，水性胶粘牢，两道铁箍箍紧	
西山缝	山西抱头梁 1	西山缝南一层抱头梁	楠木	梁端南侧上方 100 毫米劈裂	缝宽 3 毫米，深 5 毫米	木条嵌补，水性胶粘牢，两道铁箍箍紧	
西山缝	山西抱头梁 2	西山缝南二层抱头梁	楠木	梁端南侧上方 150 毫米劈裂	缝宽 4 毫米，深 5 毫米	木条嵌补，水性胶粘牢，两道铁箍箍紧	
西山缝	山西抱头梁 3	西山缝南三层抱头梁	楠木	梁端南侧榫头腐朽	已脱落	新制榫头嵌入，水性胶粘牢，螺栓紧固，两道铁箍箍紧	
西山缝	山西抱头梁 4	西山缝北一层抱头梁	楠木	梁端北侧上方 150 毫米劈裂	缝宽 2 毫米，深 5 毫米	木条嵌补，水性胶粘牢，两道铁箍箍紧	
西山缝	山西抱头梁 5	西山缝北二层抱头梁	楠木	梁端北侧上方 200 毫米劈裂	缝宽 3 毫米，深 5 毫米	木条嵌补，水性胶粘牢，两道铁箍箍紧	
西山缝	山西抱头梁 6	西山缝北三层抱头梁	楠木	梁端北侧榫头腐朽	已脱落	新制榫头嵌入，水性胶粘牢，螺栓紧固，两道铁箍箍紧	

对照原始现状模型生成的构件损伤登记表，可一一对受损构件做出模拟修复，如柱根腐朽严重的墩接处理，梁枋榫头腐朽、断裂后的替换，分别如图 7-54（a）和图 7-54（b）所示。

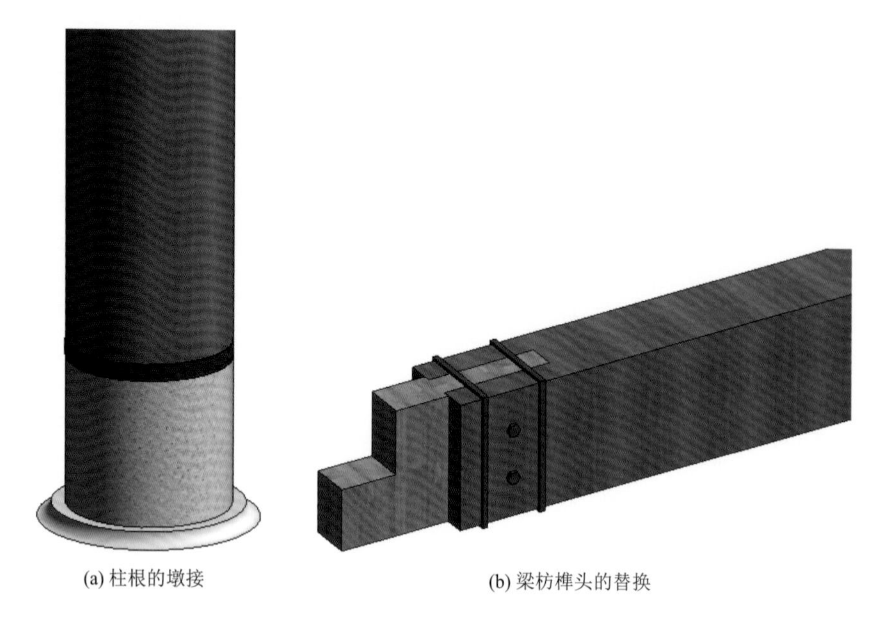

(a) 柱根的墩接　　(b) 梁枋榫头的替换

图 7-54　受损构件的修复模拟

3）修复后模型的安装模拟

构件落架修缮后，在现状模型的基础上进行信息的记录，完成构件族的更新；然后创建一个逐步安装的新模型，并在新模型的基础上完成构件安装的指导过程。

木构架的安装，应遵循“先内后外，先下后上，对号入位”的原则。本示例大厅呈矩形平面，一般先从明间开始安装构架，然后依次安装次间、梢间的构架。但大厅采用混合式木构架，抬梁式和穿斗式木构架间隔布置，对两类构架需采用不同的安装模拟方式。

对于抬梁式木构架，先安装柱头以下构件（下架构件），再安装柱头以上构件（上架构件）。安装下架构件时，先立里边的金柱，并安装金柱间的联系构件如金枋、随梁枋等；然后，立外围的檐柱，安装柱间联系构件如檐枋、穿插枋、抱头梁等。安装上架构件时，也按照“由内向外、自下而上”的顺序，安装各层梁架以及联系构件。

对于穿斗式木构架，可从房屋的端头开始安装构架，然后向另一端顺序安装。安装时，通常在地面上将柱、梁及各横向构件连接成一整榀构架，经校正无误后，将构架整榀吊装就位；然后按“先下后上，先内后外”的次序安装各榀构架之间的联系构件和檩（桁）等构件。

考虑到穿斗式木构架具有较好的整体刚度，对大厅木构架的安装具有稳定作用，本示例采用先安装穿斗式木构架，将其用支撑固定后，再分别安装抬梁式木构架的顺序。

模拟施工时先将同一时段安装的构件添加集合，如图 7-55 所示；然后按照山西穿斗木架→明西穿斗木架→明东穿斗木架→山东穿斗木架→明间下架构件→明间上架构件→次间下架构件→次间上架构件→檐桁→下金桁→蓬轩→上金桁→角背檩→脊檩→椽的顺序进行安装步骤的模拟，见图 7-56～图 7-61。

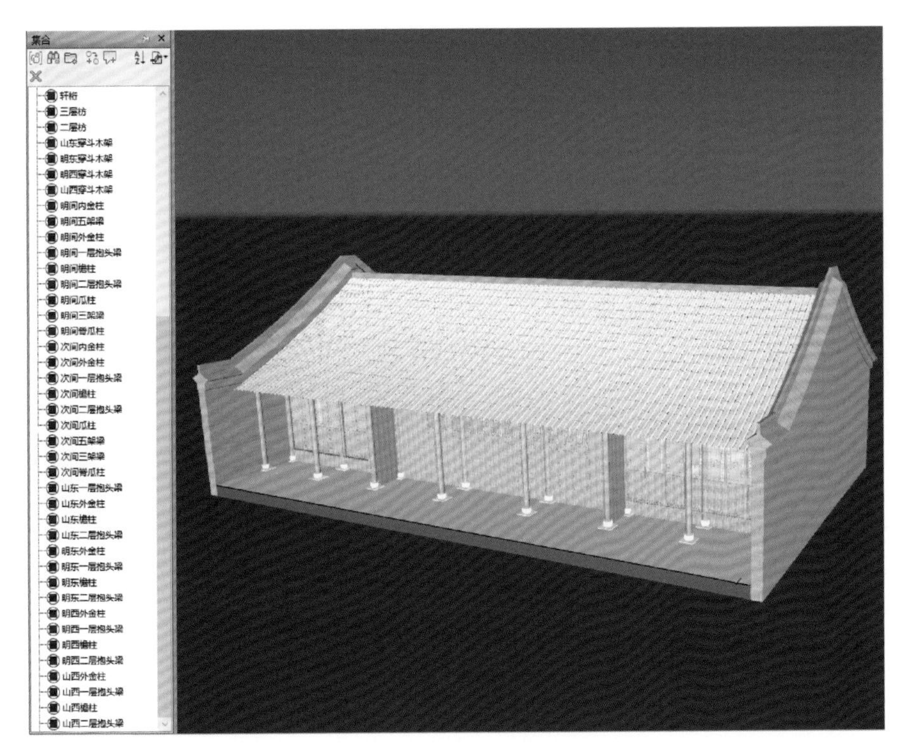

图 7-55　构件集合的添加

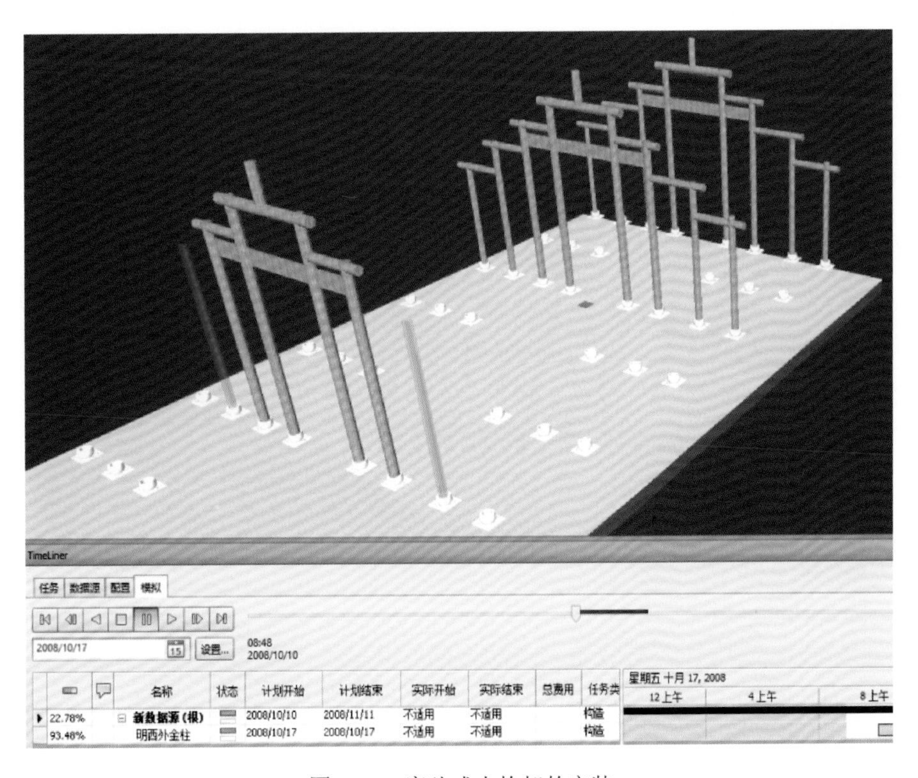

图 7-56　穿斗式木构架的安装

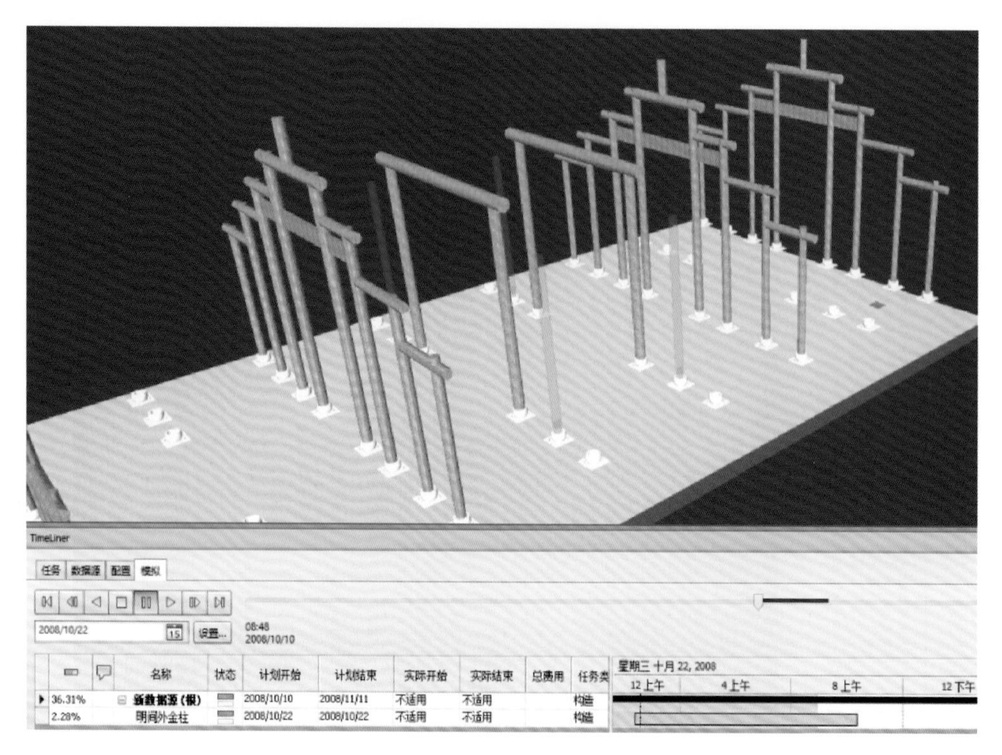

图 7-57 明间抬梁式下架构件的安装

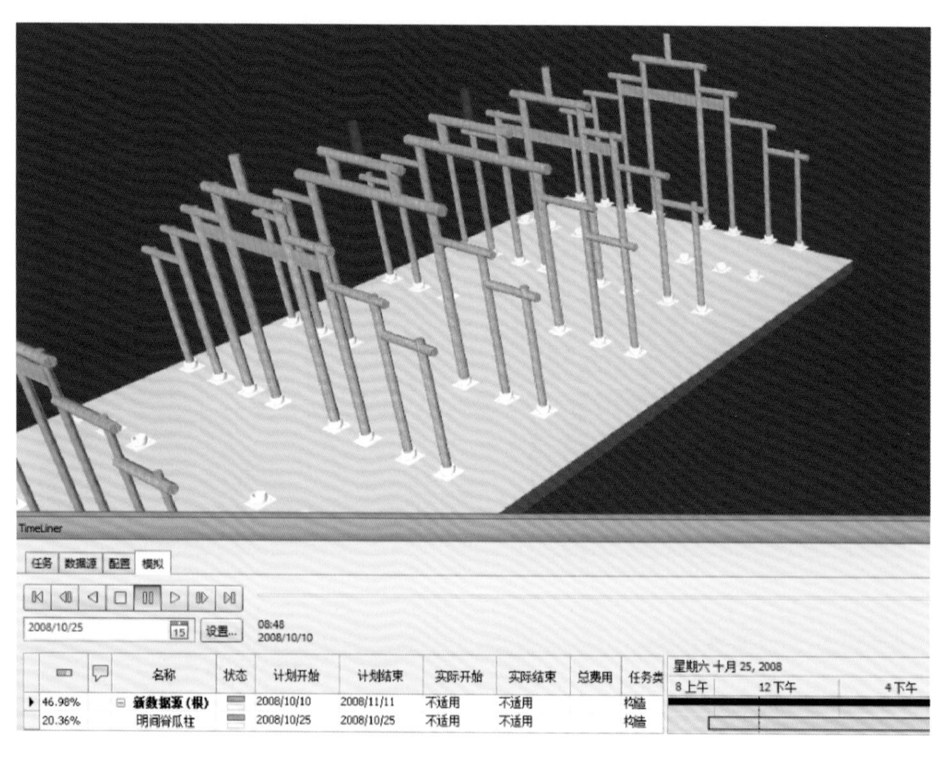

图 7-58 明间抬梁式上架构件的安装

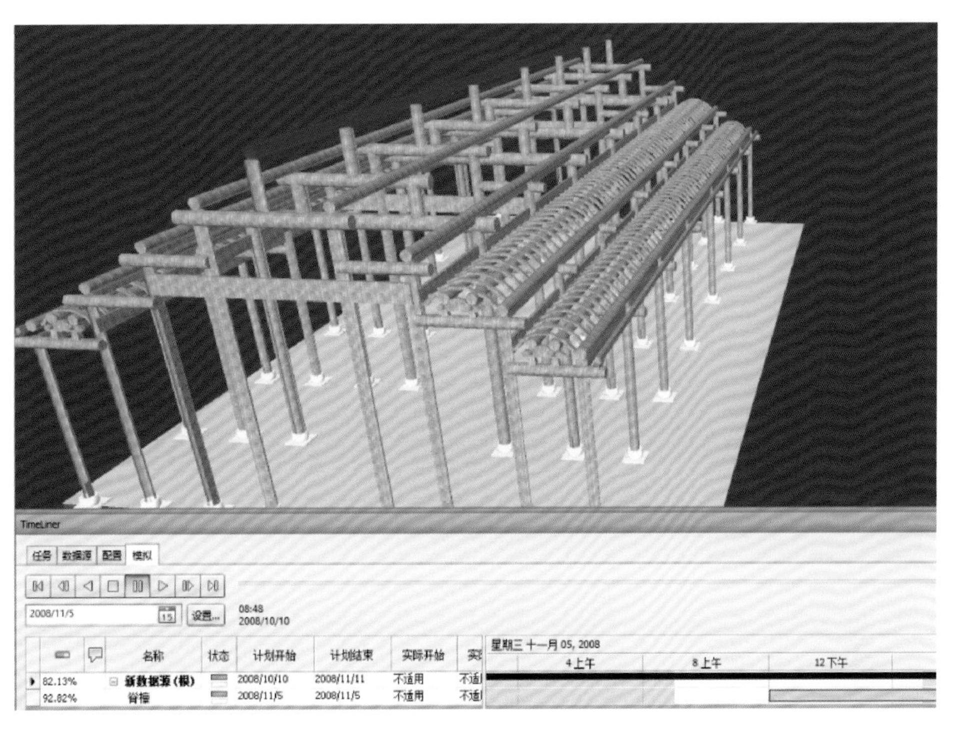

图 7-59 脊檩的安装

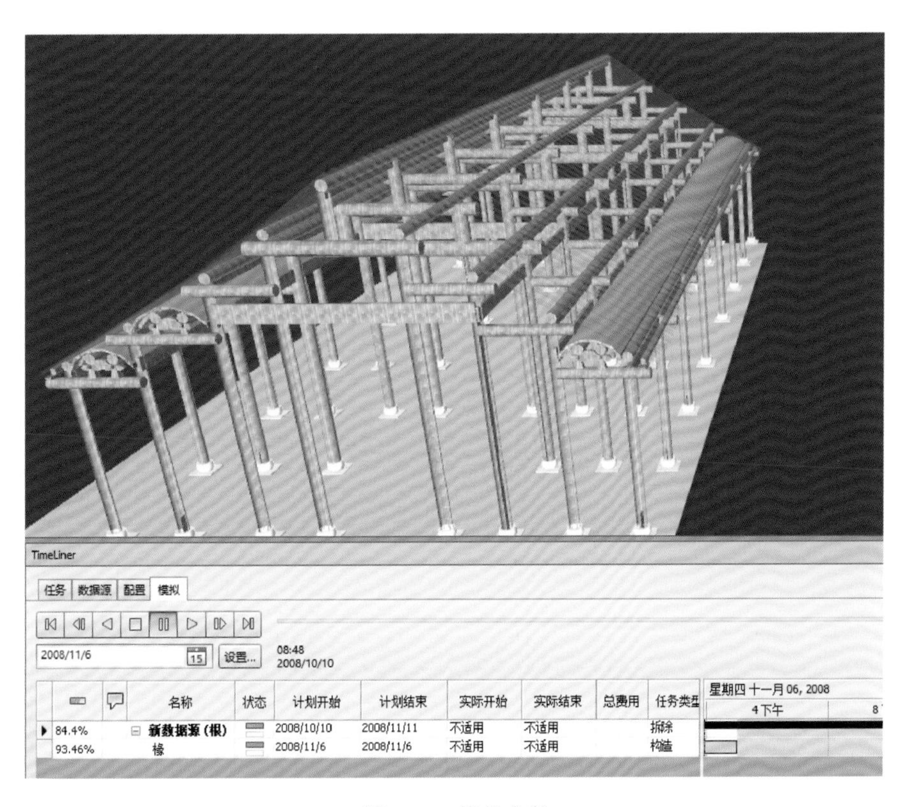

图 7-60 椽的安装

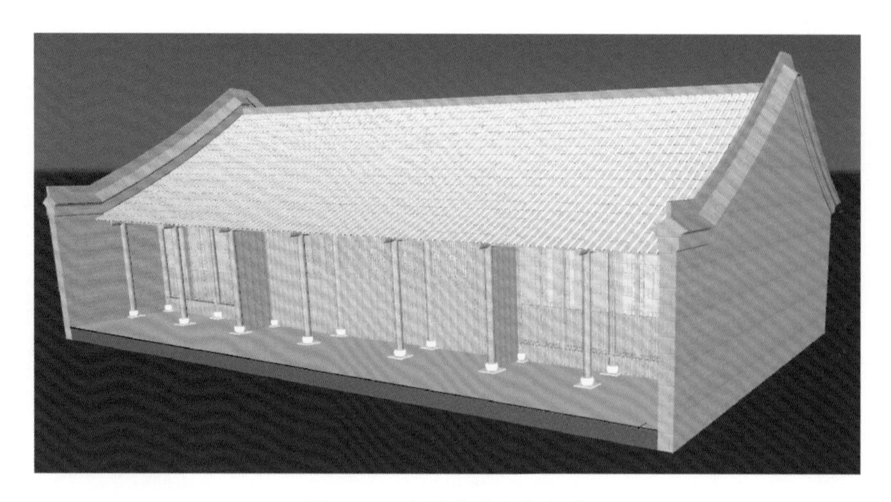

图 7-61 大厅模型安装完成

第 8 章

落架大修典型工程实录与评析

8.1 潮州开元寺天王殿落架大修工程

8.1.1 建筑与结构概况

开元寺坐落在广东省潮州市开元路，始建于唐玄宗开元二十六年（公元 738 年），1962 年被确定为广东省重点文物保护单位，2001 年被列入第五批全国重点文物保护单位。开元寺的建筑格局按照汉化佛教“伽蓝七堂”的营造法则设置（图 8-1），在南北

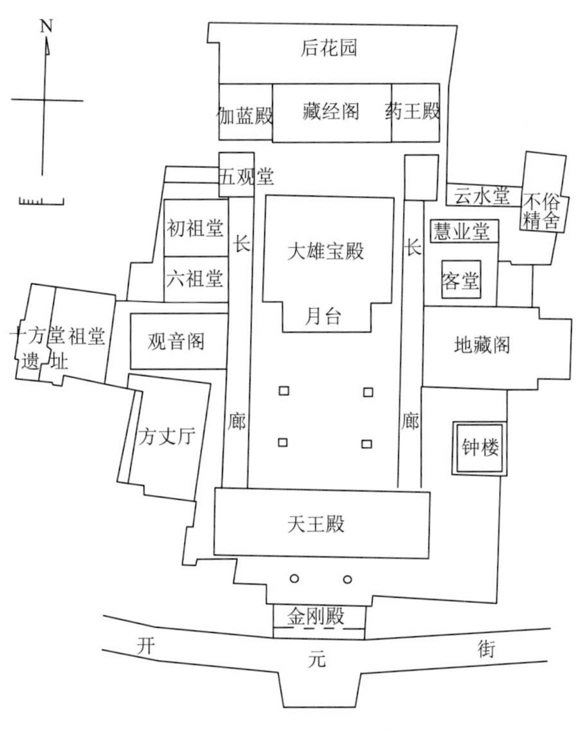

图 8-1 开元寺平面示意图

中轴线上设有金刚殿（山门）、天王殿、大雄宝殿、藏经阁，两侧有观音阁、地藏阁；整座寺院保留了唐代平面布局，又凝结了宋、元、明、清各个不同朝代的建筑艺术。

天王殿是开元寺的主要建筑，至今仍保留着宋代的建筑风格，是中国木构架古建筑的杰作。天王殿面阔十一间，进深四间，单檐歇山顶；立面分为三段，中部面阔五间，三大门居中，左右各三间，为一厅二房式僧房（图 8-2）；其十一间的面阔为木构架古建筑之最高规格。

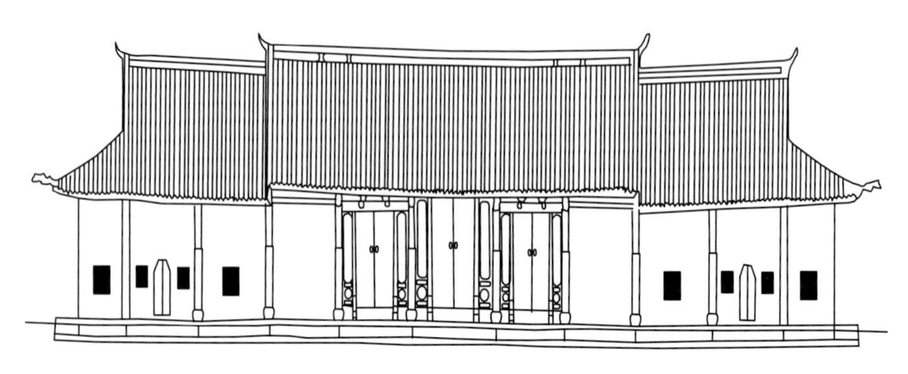

图 8-2　天王殿正立面图

天王殿平面布置见图 8-3，中槽面阔九间，进深二间，连同北槽深一间组成殿内广阔场地。明间北槽南向为弥勒坐像、北向为韦驮立像，与中槽两尽间中的四大天王像形成对比。除了四大天王像顶上为彩画天花顶棚外，全殿梁架显露无遗，为“彻上露明造”。

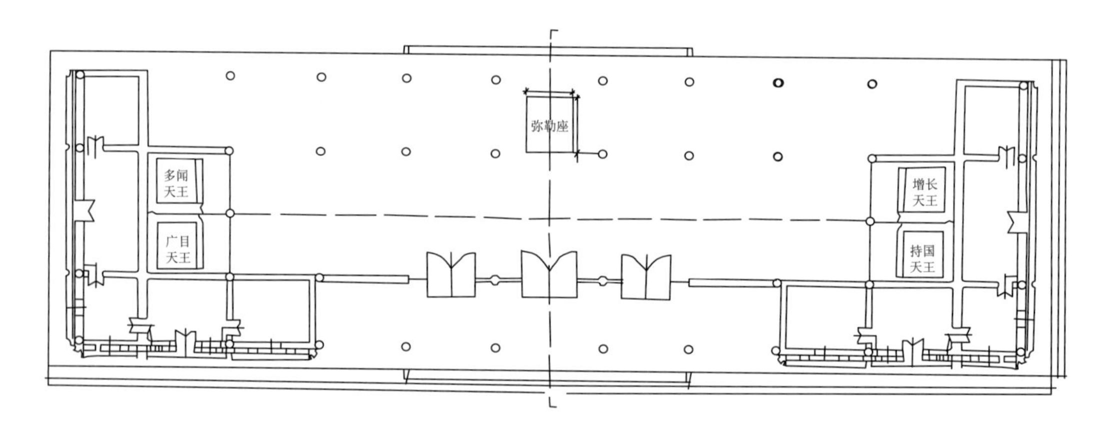

图 8-3　天王殿平面图

1. 建筑布局

天王殿中槽为木构架柱网。柱网平面布置分为南槽、中槽、北槽、厦头槽四种柱距，步架大小不同（表 8-1 和图 8-3）；明间较宽，其余各间渐次缩小，对称位置各间的面阔互不相等（表 8-2 和图 8-3）；面阔、进深虽参差不齐，纵横柱列仍各呈直线布置。

表 8-1　柱距与步距　　单位：厘米

柱网横向	南槽	中槽	北槽	厦头槽
柱距	332	630	368	315
步距	83	105	92	95～80

表 8-2　开间面阔　　单位：厘米

西厦头屋	西末间	西尽间	西梢间	西次间	明间	东次间	东梢间	东尽间	东末间	东厦头屋
315	455	455	442	454	550	435	446	475	455	315

正立面中央五间比两侧高出 66 厘米，形成中部高两侧低的三段落立面（图 8-2）。侧立面构图与正立面之一侧段落相同（图 8-4），其当心间尺度较大。二山门三开间，一明二次（图 8-5），明间高而宽，次间低而窄。

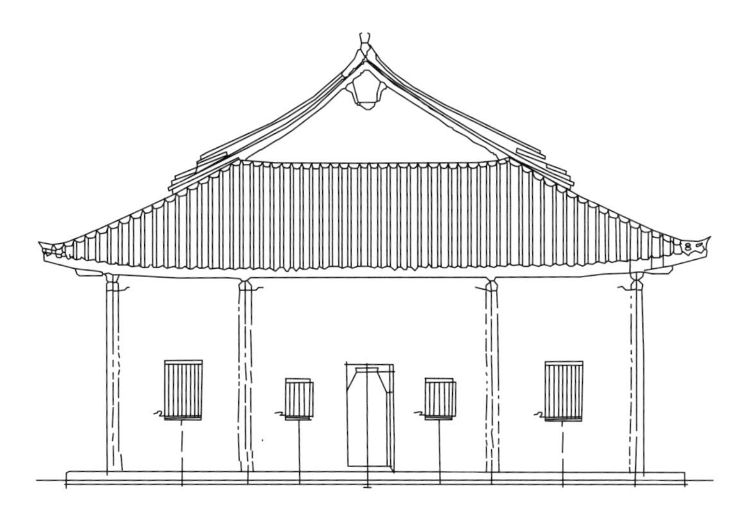

图 8-4　天王殿侧立面图

图 8-5　天王殿二山门（三大门）

木构架柱网的两侧为版筑夯土墙结构，沿纵、横方向布设的墙体与木构架柱网形成主次分明的结构功能，增强了大殿的整体刚度。

2. 梁架构造

天王殿梁架由明间、次间、梢间、尽间、厦头与转角屋架五种不同形式组成。其中明间、次间、梢间三缝较为一致，尽间、厦头与转角屋架各为一种形式，均为典型的柱梁排架式结构。

1）明间屋架

明间屋架为四柱抬梁式，脊桁面高 10.20 米，滴水 5.40 米，前后檐水平长 17 米，连脊桁、挑檐桁在内共 17 根桁条（图 8-6）。

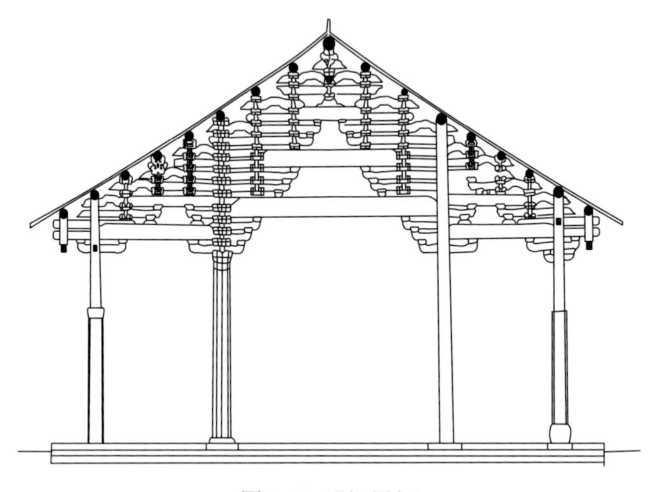

图 8-6　明间屋架

图中方向右南左北

四柱构造如下：①南檐柱：柱础为 72 厘米见方柱顶石、面径 50 厘米的圆鼓磴，上立直径 46 厘米的瓜楞石柱，石柱顶墩接直径 36 厘米木质梭柱，柱端承桁。梭柱上段开凿透孔，让挑檐平衡栱、五步梁头以及插栱穿过。②北檐柱：其瓜楞石柱直接埋入地下，柱根由井字形石质暗柱础及灰土垫层支承；柱顶与上部木柱用一圆盘斗过渡，其余做法同南檐柱。③南金柱：用露明覆盆形石础，直径 40 厘米的梭状木柱直贯屋顶承南二金桁。柱身上段开透孔，让连贯南槽与中槽的插栱、五步梁尾剥薄穿过；两面凿非透孔，由两槽的梁头榫、栱头对接。④北金柱：柱础与南金柱同，上立直径 56 厘米瓜楞石梭柱，石柱顶墩接木墩，上置直径 56 厘米瓜楞斗，斗上设十一叠“铰打叠斗”，每一叠斗高 18 厘米，斗径逐层收缩至顶部承桁斗为 46 厘米。以齐心垒叠的“铰打叠斗”代替上段柱身，叠斗高度近于柱高一半，为天王殿梁架构造之突出特点。

2）次间屋架

次间屋架与明间构造基本一致（图 8-7），仅有以下几方面区别：一是中槽六步梁高 48 厘米，比明间少了 6 厘米；二是中槽三根大梁上面之铰打叠斗由带隐刻斗的梁上抹角方柱代替，梁架构造（尤其中槽部分）显得简单，可见次间屋架比明间降低一级；三是北槽三步梁面以上跨越中槽的连续插栱，在北金柱处制成曲尺状，以解决北槽三步与中槽六步梁面 6 厘米的高度差，便于此栱以上之材栔分配；诸桁面比明间均匀升高 6 厘米，谓之生起。

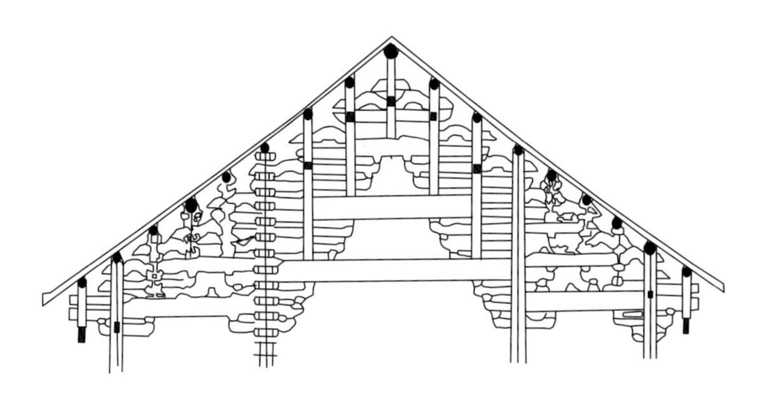

图 8-7　次间屋架

3）梢间屋架

梢间屋架见图 8-8。与明间相比，除南北檐柱相同外，北金柱由通长木柱代替，形式与明、次间南金柱近似；南金柱则改为下段瓜楞石柱，上段墩接木柱。17 根桁全由立地柱、梁上矮柱、挑檐垂莲柱承接。除垂莲柱为抹角方形外，余 15 根断面概为圆形；中槽六步梁由梁、随梁枋、随梁三件组成，随梁枋与随梁之间留出 6 厘米空档，正对上金桁与一金桁处各以一斗对齐，斗内穿过木销键将三个分件连成一根 76 厘米高组合梁。整个梁架较为疏朗简洁，构造与明、次间屋架相同。

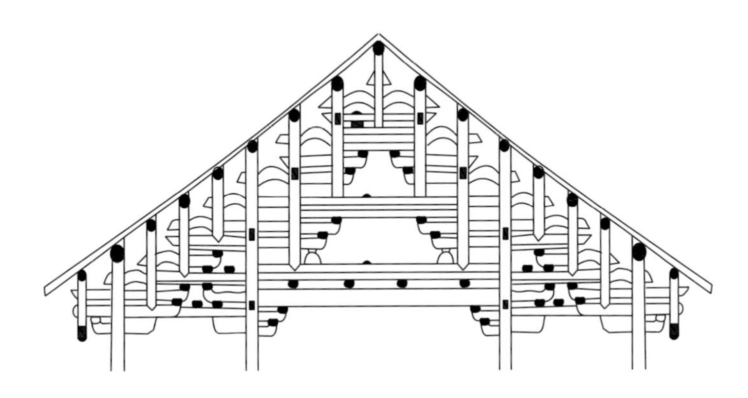

图 8-8　梢间屋架

4）尽间屋架

尽间屋架为五柱穿斗式（图 8-9）。中槽由分心柱隔开成二间，用于安放四大天王像。南北檐柱与其余各间相同，金柱、分心柱做法一致，柱础素面覆盆形，尺度稍小，柱身下段圆石柱略呈梭状，上段墩接木柱。

显然，尽间屋架与其他三间相比，风格殊异，其构成方式与当地民居府第采用的屋架相似，所不同处是形制简洁粗犷，特别注重节点交接的牢固。通过透榫、平衡丁栱、插栱、梁尾穿透等手法，加强构件与构件、槽与槽之间的水平联系。

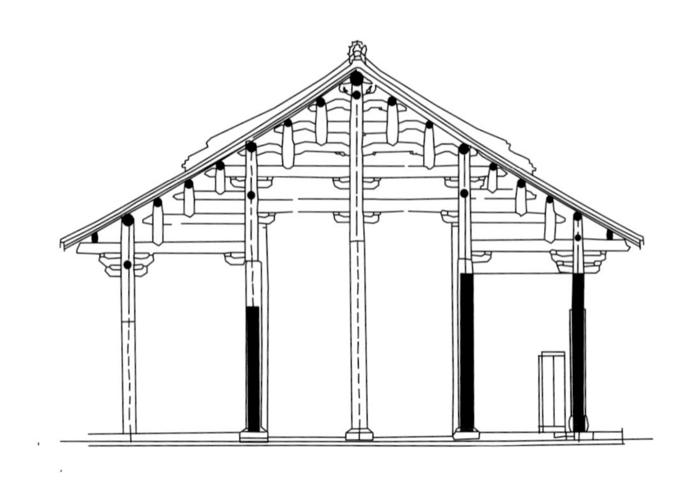

图 8-9　尽间屋架

5）厦头与转角屋架

厦头与转角屋架紧密结合在一起，由顺殿身纵向的七缝屋架和与山墙平行的四缝屋架交叉构成（图 8-10）。其中 3、4、5 三缝屋架为山面歇山正身屋架，屋架 1、2 与垂直交构的屋架 8、9 组成北侧转角，屋架 6、7 与垂直交构的屋架 10、11 组成南侧转角。

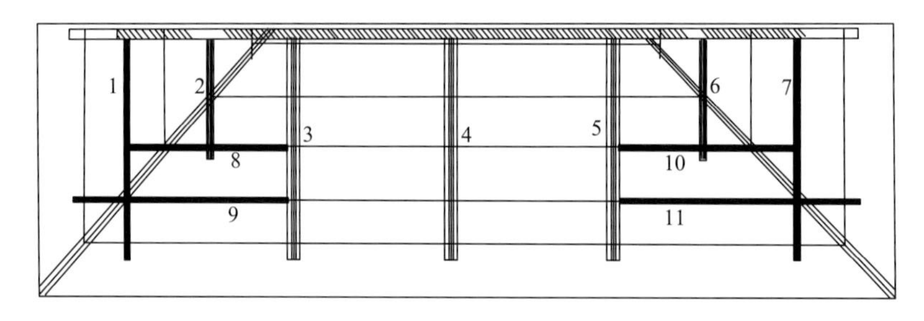

图 8-10　厦头转角屋架位置图

3. 铰打叠斗

天王殿的明、次间屋架几乎全由铰打叠斗代替梁上矮柱（图 8-11）。铰打叠斗的“铰”指十字斗栱节点的卯榫形式，“打”指制作这种卯榫的方法，“叠斗”指垂直方向的构件由多个十字斗栱垒叠而成。

作为平置的斗，无论圆形、方形、瓜楞形或梅花形，均以轴线交叉形成十字开口，分别安置沿梁架方向的构件和与梁架垂直的构件，二者阴阳相嵌以榫卯咬接，如图 8-12 所示。与梁架垂直的构件往往较短，长度一米内者居多，露出斗外部分常修削成一定艺术形象如凤冠状，给人的感觉似鸟欲飞。这样的结构组成实则为十字栱交构，可克服互为垂直两个方向的倾斜与变形。

图 8-11　铰打叠斗代替梁上矮柱

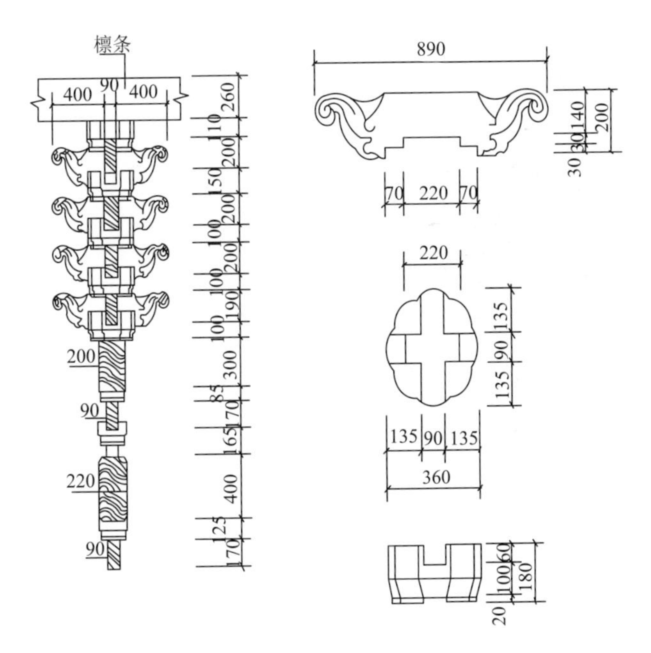

图 8-12　北槽梅花斗大样图（单位：毫米）

铰打叠斗与整根木柱相比有四点不同。一是就单个节点而言，如果卯榫制作严密，松紧适中，可拆也可装。二是就整串叠斗而言，如果房屋受到地震或台风袭击，由于木构榫卯有一定的间隙与弹性，整串叠斗组成的柱则能屈能伸，可较好地消散作用在结构上的外力。三是穿越叠斗的水平构件通过阴阳嵌槽贯通，加强了节点两侧构件的相互联系。四是柱的高度若需增加，可添加铰打叠斗的叠数而不为长料短缺所限制。

8.1.2 残损状况

开元寺建筑经历了千年的环境侵袭和材料老化，损坏较为严重。1962 年，开元寺被确定为广东省重点文物保护单位后，国家和省市文物管理部门曾拨款对寺院建筑进行了维修。

1966～1976 年的“文化大革命”期间，开元寺的僧人全部被遣散，多家单位占用寺院房屋；“凉棚式”的天王殿曾作为室内体操场、乒乓球赛场或文艺培训班学员的练功场，进而条块分割成各种临时办公处所，其整体建筑布局及结构因功能改变，破坏非常严重。

“文化大革命”结束后，1977 年 6 月开元寺交由文物部门管理，并进行了初步修缮；广东省政府于 1980 年初成立了开元寺修建筹委会，由潮州市文物局、潮州市建筑设计院等单位对开元寺建筑进行了残损状况勘察。天王殿因年久失修和严重的人为破坏，全殿除立柱支撑和东西两道承重山墙以及厦头屋两道围墙外，其余墙体空荡无存；四大天王像连同石质基座被夷为平地；中间一明二次三大门连抱鼓石、门槛、月兔墙、门簪，均无踪影（图 8-13）。天王殿落架大修前，建筑结构的具体残损情况如下。

图 8-13　三大门勘察现状

1. 柱础沉陷，石柱断折，木柱腐蛀、劈裂、倾斜

明间北侧金柱柱础因上部负荷超重，地基松软而陷入地面 3.2 厘米，并向东南方向倾斜；北檐柱一式四根于离地面 65～122 厘米处断折，断折线与地面呈 12°～15°倾角；东、西厦头屋外围墙一共八根抹角方形石柱，离地面 25～67 厘米处断折，断折线近于水平；明间以西北槽金柱朝东略偏南倾斜了 38 厘米，严重偏离重心（图 8-14），其余石柱、木柱倾斜 1/4～1/2 柱径的比比皆是，全殿立柱无一与地面垂直。石柱上墩接的木柱，梁上矮柱均不同程度地倾斜、劈裂、腐蛀。

图 8-14　木柱移位倾斜

1977 年 6 月进行的修缮中，对倾斜立柱既无法矫正，又无法更换，而采用水泥砂浆填补裂缝，挖除木柱内腐蛀，补砌进薄砖片，再以水泥砂浆批档、抹平加厚的办法，加大了柱径；表面用斩假石或抹光后涂上朱红色，在一定程度上改善了外观，虽阻滞了自然损坏的发展，但使柱子失去了原貌原状。

2. 墙体倾斜

东西两道承重山墙高 9.99 米，为版筑夯土墙；墙根处厚 52 厘米，上端厚 36 厘米，收分明显，整体性较好。因厦头屋四片纵向内隔墙被拆除，山墙均匀向东倾斜了 16 厘米；所幸的是东端围墙外，即天王殿的东廊下早已成了民宅的一部分，民宅的墙体代替了纵向墙墩的作用，部分地阻止了墙体的继续倾斜；又因为民宅屋内地面比天王殿地面高出 1.25 米，也起到了抵住纵向侧推力的作用，降低了大殿向东倾斜的速度。

3. 横向构件松卯、脱榫掉落

明间以西尽间南槽桁头全部脱榫，只好加一榀单坡屋架与原有屋架拼贴承接，下砌砖柱托住，外加扒钉固紧；明间以东尽间南槽五步梁尾脱榫，加方木顶托；木柱腐蛀、开裂，榫卯严重松脱的节点约占全殿 35%。除中槽沿桁屋面之襻间枋外，其余南北槽襻间枋掉落超过一半，代之以规格较小的方木加扒钉牵紧固定（图 8-15）。

4. 屋架纵向穿插拉固构件普遍锯断

由于历次修缮按逐槽、逐个单间进行，而排架式构架上跨越两槽的水平拉固构件如穿、插栱材只好被锯断才能进行修缮，这样节点嵌接变成了插榫对接，入榫甚浅，尤以明间以西北槽二缝屋架为甚。沿屋架纵向的水平拉固、抗倾斜等作用均消失。

5. 屋脊断折，屋面凹凸起伏

梁架松脱下沉、柱梁歪闪，导致屋脊断折、屋面凹凸起伏（图 8-16），多处漏雨，时常有瓦片、沙土掉落，漏雨之处又加剧了木构梁架的腐蚀。

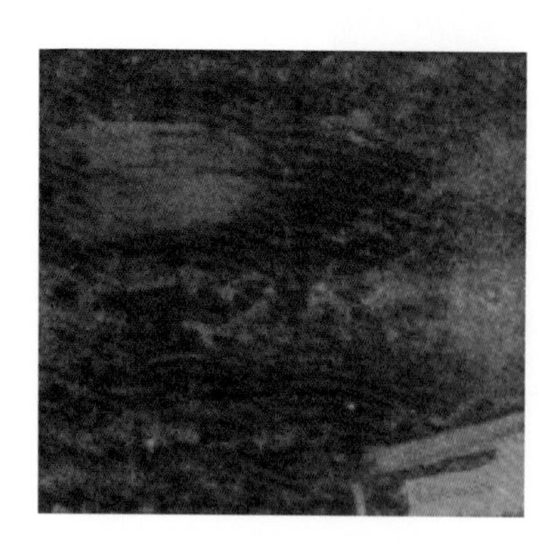

图 8-15　襻间枋掉落后紧固

图 8-16　屋脊断折、屋面凹凸起伏

6. 梁架构件杂间，遗留历次修缮添加或改动痕迹

梁架上部分斗用清代、民国年间当地习用的讹角斗，其尺度、卯口开凿、用材质地均与梁架不一致；明间以东两缝屋架的北槽五步梁尾剥薄成栱状伸进中槽部分，原来需与其他栱材组成三跳丁栱挑出之状（图 8-17），曾于 1956 年修建时改成整个五步梁尾伸进中槽承托中槽六步梁（图 8-18），部分柱斗、凤冠也被劈开和切断；梢间南槽金柱抹角方形，表面卯口杂间，显然非天王段原有之石柱。

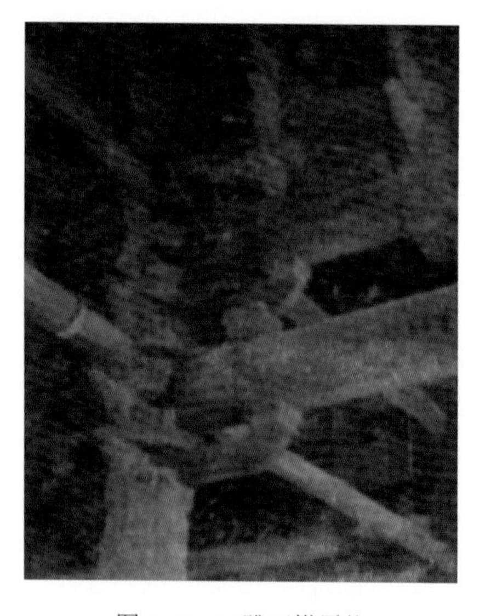

图 8-17　三跳丁栱原状

图 8-18　改建的中槽节点

7. 台明界限模糊不清

东廊下成了民居宅所，台明被掩埋其中；南沿台明也多处崩缺，遇暴雨骤至，殿内地面出现轻度积水。

8.1.3 修缮方案设计

1980 年 1 月，广东省成立开元寺修建筹委会，对开元寺进行大规模修建，并由潮州市建筑设计院负责天王殿的修缮方案设计。天王殿因损毁严重，经论证，对现有残存结构需进行落架大修。

修缮方案设计的前期勘察、资料收集工作如下：①实地勘察测量，按逐缝屋架、逐个构件、逐个榫卯进行，根据实测注记尺寸；卷草等艺术构件除拍照外，再加拓片保存，以备必要时原样复制。②露明柱础、柱顶石除测其边长外，从两侧挖条形孔道，探明其厚度及灰土垫层情况；埋入地下石柱，用直径 30 毫米的扁口铁钎挖探其埋入地下深度，再发掘暗柱础用料、大小及垫层材料。③屋脊、瓦屋面则取有代表性的若干段落解剖，辨明构造用料及用瓦层数。④水平方向测量以明间中心与分心柱连线之交叉点为基准，左右、前后展开；垂直方向测量以距台明边缘 120 厘米为基准的平面垂直升降。

详细的勘察、测量、发掘，获得了较为丰富的第一手材料；通过去粗取精，去伪存真的整理分析，为设计工作提供了依据。方案设计时参考了 1954 年 2 月实测的天王殿平面图及 1956 年华南工学院建筑系实测的天王殿四缝屋架图；通过校对寺志有关记载，搜集原有照片，请原开元寺年长的僧人回忆，加之不放过石柱或残墙断壁上每一卯口的深浅、尺度之大小，距基准地面高低的推敲比较，勾画出一个个复原部位的草图；报请广东省文物局同意之后，确定了施工图的设计。

天王殿落架大修方案的内容可归纳为 10 个方面：①台基增高；②平面柱网保持现状；③前后檐滴水平齐；④叠斗高度调整；⑤穿插栱材连贯；⑥厦头屋构架保持；⑦遗失构件的复制；⑧殿内地面铺设石板；⑨部分石柱更换；⑩承重山墙矫正。

1. 台基增高

天王殿台基仅高 20 厘米，因寺外路面逐渐垫高，现有路面比头山门地面还高出 5～7 厘米。每逢下雨，雨水倒灌入寺内；如大雨骤至，则殿内地面濒临受淹。通过这次大修，将台基提高 10 厘米，各部尺度相应增高，从全寺布局看，无甚影响。

2. 平面柱网保持现状

实测发现明间并不在面阔中心，明间两侧对称位置各间不相等，进深方向南北槽也互不相等，见表 8-1 和表 8-2。柱础勘察与发掘并未发现更动过的痕迹，各缝屋架通过的四柱或五柱依然呈直线排列，说明这种情况已维持久远。调查访问与查对资料，均未能得到圆满的解答，只好保持原槽步架与原开间尺寸。调整上部构架的步架为 80～105 厘米，举高为 29～31.5 厘米与之适应，这给设计和施工带来诸多不便。然而在无根据情况下，努力维持现状，阙疑之处留待今后继续研究。

3. 前后檐滴水平齐

天王殿正脊并不在进深的中心，而是前后相差 36 厘米。如果两坡屋面坡比相等，则呈现前高后低，山面歇山檐口将形成倾斜线。实际测量发现，明间前后檐滴水高度距台明上沿为 540 厘米，其余各间尽管生起或落山也互为相等；梁架勘察发现，以脊桁为中心的两侧对称位置各桁面高度，其高差由“承桁斗”或所刻桁碗深浅调整解决。因此，决定按前后檐滴水平齐进行设计。

4. 叠斗高度调整

勘察发现，明间、次间四缝屋架上，从脊桁开始至南、北三金桁，用承桁斗承托桁头，而于十字栱上加一块 5～13 厘米厚的木块垫托桁的高度，以满足桁屋面举折的要求。这些木块厚薄不一，表面粗糙且不规整，显然为历次修建所加。而十字栱上存留尚有一个斗的痕迹，同时，立柱端面桁碗挖刻甚深。种种迹象表明以北金柱为主体的铰打叠斗需加回一个斗，相应的中槽、北槽和南槽也需加回一个斗，代替添加的木块高度。这样，北金柱上的十一叠铰打叠斗就要增至十二叠，经过反复核对，并作 1∶25 比例图与各缝屋架相互对比，证明加回一个斗，以斗承桁才真正恢复原貌。

5. 穿插栱材连贯

明间以东两缝屋架修建时，沿屋架纵向跨越北槽与中槽的三根栱均于北金柱处锯断，两槽间联系明显削弱，代之以整个五步梁尾伸进中槽。这次大修，参照明间以西两缝屋架式样予以复原。上述三根栱材换成连贯方木，既恢复了原貌，又加强了两槽之间的水平拉固作用，伸进中槽的五步梁尾也改回原来出三跳丁栱的形态。

6. 厦头屋构架的保持

两端厦头屋盖用简单的单向或十字开口插槽，以插骑方式沿垂直方向逐层和沿水平方向逐步架交构，组成两坡屋面转角。不但未使用角乳栿、老角梁、仔角梁重叠，连相当于角椽作用的角梁也未落在诸桁交构的交叉点上。紧贴屋面的桁，一般都是圆形截面，厦头屋则部分用矩形方木代替，直接插入或嵌入插骑矮柱，更显轻巧与独特无双，其构架方式应以保持。

7. 遗失构件的复制

抹角门洞，棂条窗，墙端栅栏，三大门，抱鼓石，天王前签形栏杆，天王头顶、背后之彩画、天花，匾额楹联以及门簪均依据柱、墙、襻间枋、桁、椽、瓦、地面诸残迹详细测量分析，找寻原有照片予以复原。

8. 殿内地面铺设石板

原有地面之明间、次间铺石板三路，加上台明压边石外，余地面残破不堪。天王殿除供四大天王、韦驮、弥勒菩萨外，兼作寺内诸建筑过往通道，不仅人群流量大，且时有车辆通过，确定整个地面铺石板，门庑与厦头屋地面照旧铺红方砖。

9. 部分石柱更换

殿内梢间两根南金柱截面抹角方形，柱身卯口甚多而无规则，显然是其他拆落房屋的旧石柱搬移至此使用，形制明显不符。替换成与北金柱一样的露明覆盆形石柱础，上立瓜楞截面石柱，其上再墩接木柱。明、次间四根北檐柱皆断折，照原样复制更换；东西厦头屋外围墙各四根附墙石柱断折，同样予以仿制替换。

10. 承重山墙矫正

东西二道承重山墙向东倾斜 16 厘米，原墙体系版筑夯土墙，整体性好；修缮时从高度约一半处切断，切口做成方齿状，用砖条砌筑矫正。恢复原有四片纵向内隔墙，确保墙体重心的稳定。

8.1.4 施工技术措施

为了保证天王殿落架大修工程的有序实施和有效复原，在施工过程中采取了以下技术措施：①编号与拍像；②分段拆卸与安装；③特殊结构边拆边复核；④桁端榫接与铁活加固；⑤精工制作，仔细安装；⑥油漆做旧。

1. 编号与拍像

天王殿木构建筑的大小构件数以千计，类同者甚多，为了能照原位安装，必须进行编号；必要时再加上拍像，便于对照。天王殿诸构件编号根据排架式柱梁结构的特点，按各间屋架的柱础、柱顶石、石鼓磴、石柱、木柱、梁、栱枋、穿、托木、月栱、驼峰、桁、襻间枋等具体位置、具体名称编号；开裂严重、腐蛀过甚者照原样制作替换，并编上原构件名称编号，照原位归安。构件的编号如图 8-19 和图 8-20 所示。

图 8-19　梁架构件编号

图 8-20　替换构件按原名称编号归安

2. 分段拆卸与安装

天王殿面阔超过 50 米，本身又兼作全寺通道。落架大修期间，寺内其他殿阁也在施工中，为确保拆卸安全和不影响过往交通，全殿修建分为三段进行。先拆下中段五间，两侧暂作通道兼作材料堆放与施工场地；至中段复位安装将要铺钉桁、椽时，再拆卸东段修缮；最后，拆卸西段修缮。

3. 特殊结构边拆边复核

构架方式独特的厦头屋，由于障碍物遮挡，勘察中某些部位难以完全摸清其结构交接方式，有些刻槽开口方向一时也难以分清。为防止出差错，拆卸至插槽式结构裸露之后，及时从各个角度拍像，复核测量结果，复位安装过程再核对原照片无误才进入桁、椽铺钉（图 8-21 和图 8-22）。为使结构更为紧密可靠，角梁与檐口桁端的交接点，于隐蔽部位用一根直径 16 毫米螺栓穿越三个分件固紧（图 8-23）。正脊构造做法也拍像存查，便于照原样复制（图 8-24）。

图 8-21　正在归安的厦头转角构架

图 8-22　角梁与摔网椽安装

4. 桁端榫接与铁活加固

各间桁条于屋架上平齐交接，为加强沿桁条纵向的拉固作用，除阴阳嵌搭接外，阳嵌本身预先制成燕尾榫，从上往下嵌入阴嵌开凿的燕尾槽中（图 8-25），这种做法沿用已久，效果较好。

对于开凿透孔、卯口的立柱，为防柱身开裂，将原有构件用三圈至五圈藤条箍紧，末端用小圆钉固定，这既是一种装饰，又是防开裂措施，但仍免不了藤圈被拉断或小圆钉拔出。为此，改用厚×宽为 0.6 厘米×2.5 厘米的铜圈照原藤圈位置箍固；工程竣工五年后，防立柱开裂效果较佳，虽不及三、五圈藤条那样秀气悦目，仍属可行之举（图 8-26）。

图 8-23　螺栓穿越三个分件

图 8-24　正脊构造

图 8-25　桁端燕尾榫槽嵌接

图 8-26　用铜圈代替藤圈箍固立柱

5. 精工制作，仔细安装

勘察中发现，有些对接的栱、梁、插榫的襻间枋等构件，因历次修建无法将榫插入，设计的深度或榫卯配合过于松弛，导致整缝屋架甚至整个梁架松脱，构件掉落。施工中对榫嵌、榫卯的松紧度、入榫深度逐件予以检查，发现问题及时采取补救措施。

凡砌在墙内的桁头，预先涂刷煤焦油防腐蛀。

全殿桁条仅明间脊桁和脊襻间枋彩画。为防止吊装过程以及瓦片擦伤画面，用塑料薄膜包裹，分头吊装就位，至瓦屋面铺好后再将薄膜除去。

6. 油漆做旧

修复后的天王殿木构架，照原来做法，桐油打底，桁条、梁枋油土朱红色，抹角边棱间色略浅，椽板油淡绿色。批档的石柱一概将批档层去除，并用萝卜、草酸擦洗。复制的瓜楞截面、抹角方形石柱，用熬煮过的茶水涂刷至与旧石柱相近石色。

8.1.5 修缮工程评析

历史悠久的潮州开元寺，为华南古老的建筑之一。整座寺院既保留了唐代平面布局，又凝结了宋、元、明清各个不同朝代的建筑艺术。天王殿是开元寺的主要建筑，其梁柱构架融合了抬梁、穿斗等多种结构做法，逐层叠置的铰打叠斗将屋架结构有机地结合成整体，展示了宋代华南地区独特的建筑风格，是中国木构架古建筑的杰作。

天王殿因长期遭受环境侵袭和材料老化，特别是“文化大革命”期间的破坏性使用，导致整体建筑严重损坏、木构架丧失承载能力。对现有残存结构进行落架大修，是确保天王殿结构安全并尽可能保留文物价值的必要措施。

天王殿落架大修工程从 1981 年开始勘测设计，至 1983 年竣工。在文物管理部门、建筑设计院和施工单位的合作下，精心设计，精心施工，确保了工程质量，基本达到按原状修复的目的。整个工程具有如下特点：①在工程的开始阶段，通过详细的勘察与测绘，确定了平面柱网的尺寸，获得了全部屋架、构件和榫卯的构造尺寸，探明了基础的构造形式及垫层情况，辨明了屋脊、瓦屋面的构造用料及用瓦层数，为修缮设计提供了可靠的依据。②在方案设计阶段，利用遗存构件的信息，参考以往测绘图纸、收集寺院老旧照片、并听取年长僧人情景回忆，进一步完善了设计方案，确定了施工图的设计。③在落架大修施工之初，根据建筑形制与构架的特点，按各间屋架排序、自下而上对全部构件编号；对严重损坏需制作替换的构件，除了编号，再辅以拍照确认；保证了数千构件的有序拆卸、放置、修缮和原位重新安装。④注重建筑形制和构造的原状恢复，将历次逐槽逐间修缮而锯断的水平拉固构件换成连贯方木，既恢复了原有构造形式，又加强了槽、缝之间的水平拉固作用。⑤鉴于天王殿面阔超长且为全寺的通道，落架大修期间，将全殿分为三段，分期拆卸、修建，兼顾了材料堆放、构件修缮与施工通道的需求，确保了施工过程中拆卸安全和交通顺利。上述措施和经验，为我国大型单层寺院建筑的落架大修工程提供了有益的借鉴。

在天王殿的修缮工程中，按照常规方法，对砌筑在墙内的构件进行了煤焦油防腐、防蛀处理，对修复后的木构架进行了油漆保护。但广东潮州气候温湿，非常适合白蚁的繁殖生长；天王殿木结构采用的杉木，也容易遭受白蚁的蛀蚀。落架大修后的天王殿，一直受到白蚁侵扰。至 2011 年，天王殿屋盖中较多的杉木构件、大门的门板已被白蚁蛀空（图 1-49），支撑正脊石柱顶端的“叠斗”和“四大天王”泥塑神像内的杉木支撑物也被白蚁蛀空，使天王殿又成为危房。在国家文物局和广东省文物局的支持下，管理部门于 2012 年对天王殿实施了白蚁灭杀和损毁木构件修缮替换工程，消除了结构的危险因素，但整体建筑的安全性和文物价值都已遭受了较大的损失。天王殿落架大修后的白蚁蛀蚀与整治，也为木结构古建筑进一步加强防腐、防蛀保护，提供了明确的警示。

8.2 承德普宁寺大乘阁落架大修工程

8.2.1 建筑与结构概况

普宁寺位于河北承德避暑山庄，始建于清乾隆二十年（1755 年），是清政府平定了准噶尔部达瓦齐叛乱后，为庆祝胜利而建。普宁寺是一座典型的汉藏合璧式的寺庙，前半部分是汉族寺庙传统的布局，以大雄宝殿为中心；后半部分为仿照西藏桑耶寺的布局，以大乘阁为中心（图 8-27）。大乘阁位处寺后高台的中央部位，其他建筑如众星捧月般围护其周围；阁内供奉着一尊 21.83 米高的观音大佛木雕立像，具有珍贵的艺术价值。普宁寺于 1961 年被国务院批准为第一批全国重点文物保护单位，1994 年被列入《世界文化遗产名录》。

1. 大乘阁的建筑与构造

大乘阁通高 36.65 米，总面阔七间 26.71 米，总进深五间 16.97 米，南面建在 1.5 米高的月台之上，北边坐落在山崖上（图 8-28）。建筑外观正面六层檐，后面四层檐，两侧面五层檐，屋顶由中间高大、四角低小的五座攒尖顶组成；内部为三层双圈木构架，中间空筒用于安放木雕大佛。

大乘阁的结构为多层通柱式木构架，由围绕大佛设置的内外两圈柱网组成（图 8-29 和图 8-30）。内圈通柱（攒金柱）共十六根，柱高 24.47 米，形成贯通三层的大空间，柱顶安设四架柁梁，在梁上安装五座攒尖方顶。外圈通柱（檐柱）共二十四根，柱高 13.72 米，贯穿两层。通柱之间以间枋相连接，内、外柱圈之间分层置承重梁，上铺楼板，构成回廊。内圈全部枋柱为榫卯连接，不设斗栱，结构简洁；外圈柱头间以额枋贯联，上设平板枋及斗栱，为清代官式做法。

大乘阁两侧通柱之间设置贯通两层的砖砌石墙，以保证通柱的稳定性。内檐顶部设井口天花，不设藻井，屋顶结构所采用桁条直径为 32 厘米，挑檐桁径 26 厘米，各层出檐约 125 厘米。

大乘阁的基础直接建造在岩石上，通过砌筑不同厚度、尺寸的方砂石借以取平；方砂石之间用铁制的银锭榫连接牢固，在其上砌筑柱础石。

大乘阁外檐所用斗栱有五踩斗栱与七踩斗栱两类，斗口为 6.4 厘米，折合清代营造尺为 2 寸，仅为清代《工程做法则例》规定的十一等大木用材中的第九等材。如此巨大的建筑物使用如此小的等材，说明斗栱的结构作用趋于减弱，主要用于建筑装饰。

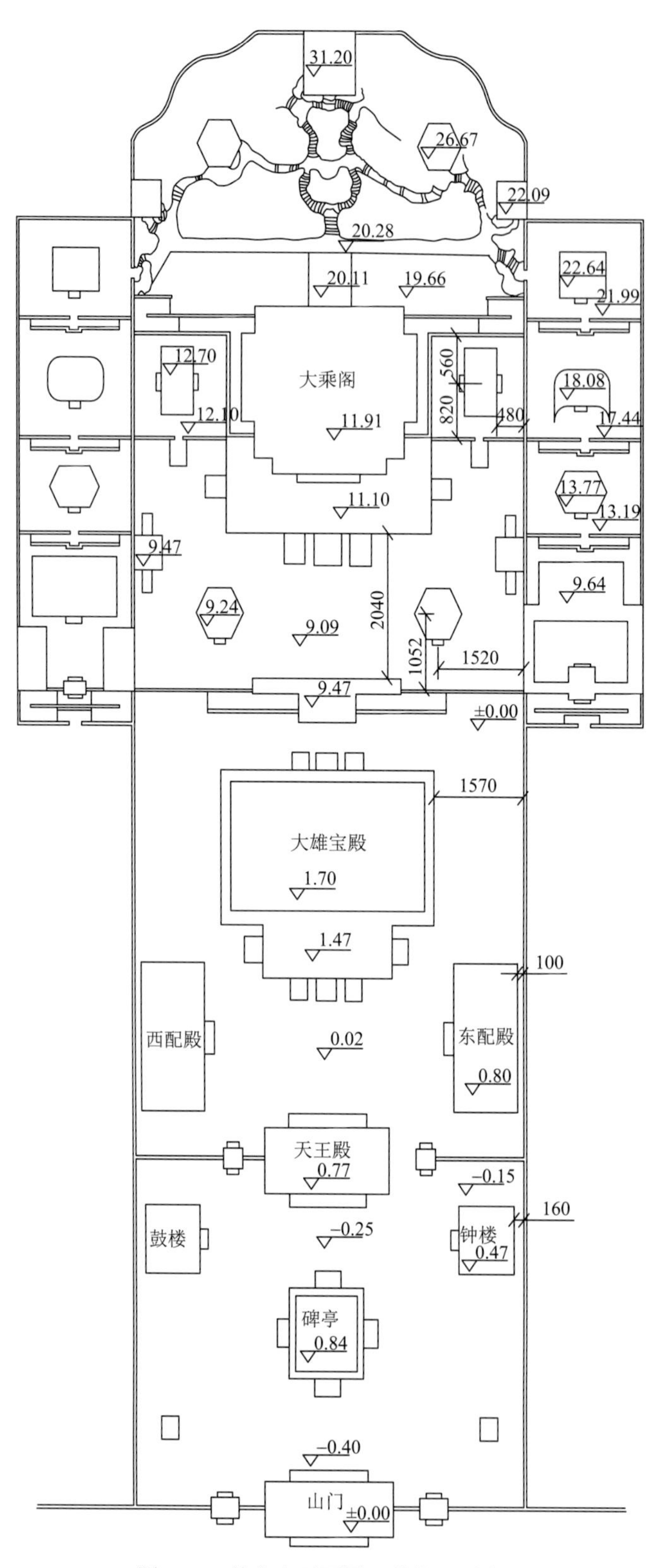

图 8-27　普宁寺平面图（单位：厘米）

图 8-28　普宁寺大乘阁正面

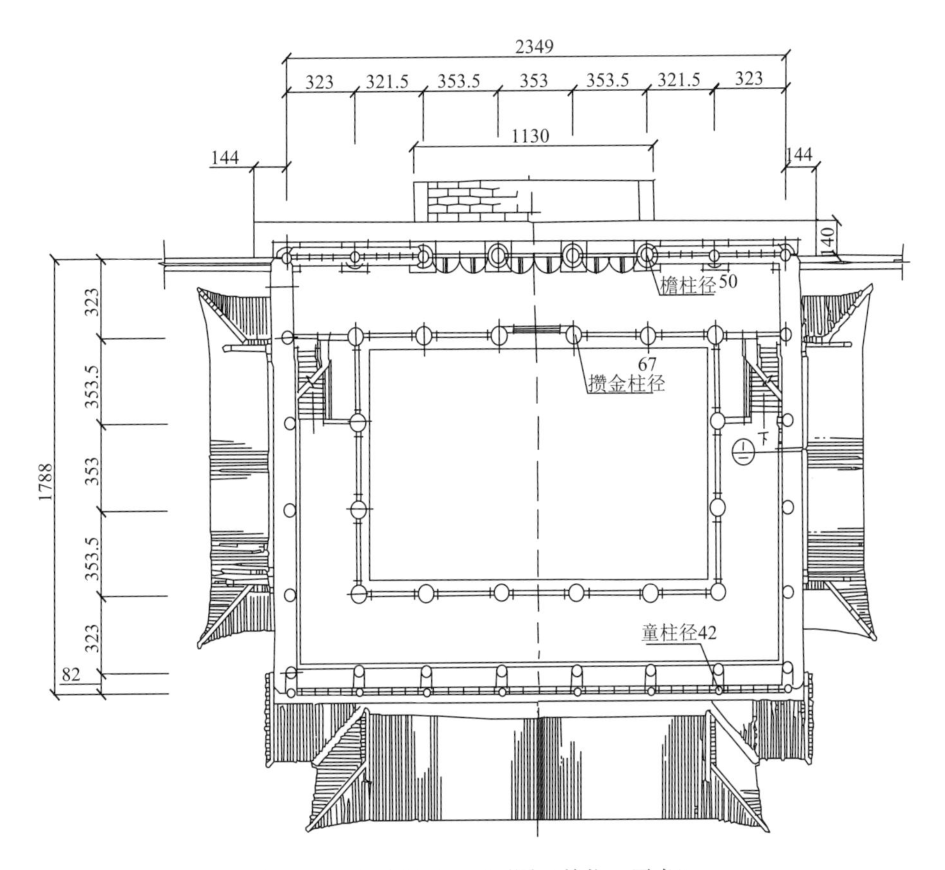

图 8-29　大乘阁二层平面图（单位：厘米）

图 8-30　大乘阁剖面图

2. 木雕大佛的构造做法

大乘阁中的木雕大佛是中国古代雕像艺术中的瑰宝，佛像比例匀称、线条流畅、极富立体感，是世界上最大的木质佛像，已被列入吉尼斯世界纪录。民间曾传说大佛是由一棵巨大的榆树雕琢制成。1960 年大乘阁落架大修时，因大佛整体前倾、木材虫蛀糟朽，需要同时进行加固修整，为此对大佛进行了详细的勘察和测绘。通过勘察，发现大佛内部骨架是由立柱和搁板组成的木框架，在木框架的外部钉上二层至四层壁板，将整个框架封闭在内，在最外一层的木板上再精工细雕，因此，从外观上看到的是一尊高大完整、站立在莲花座上的木雕大佛（图 8-31）。

大佛的整体结构由三个部分组成，各部分的构造做法如下。

（1）须弥座：为砖石混合基座，高 1.22 米，长 8.38 米，宽 5.74 米，外面用石雕制，内部用条砖叠砌。

（2）莲花座：位于须弥座上，为木制佛座，高 1.00 米，长和宽与须弥座相同；莲花座由十五根立柱、木枋、木板组成，和大佛的木构架形成统一的框架整体。

（3）佛像：身高 19.61 米，胸围 15 米，内部结构为十五根立柱和四层搁板及其他木构件组成的木框架（图 8-32 和图 8-33）。正中是一根粗大的中心柱，总高约 24 米，直径 66 厘米，由三根圆木墩接；中心柱是佛像的主干，上部直达佛像头部，根部埋入须弥座。中心柱的周边有四根戗柱，高 15.7 米，直径 45 厘米左右，柱头直达二层顶板的承重枋下

图 8-31 大佛雕像

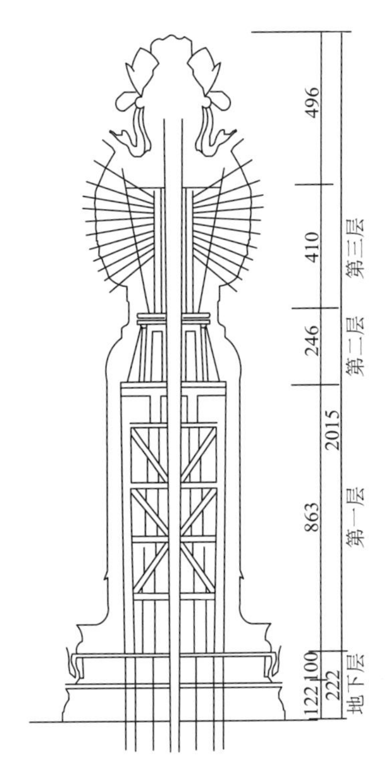

图 8-32 大佛木构架纵剖面（单位：厘米）

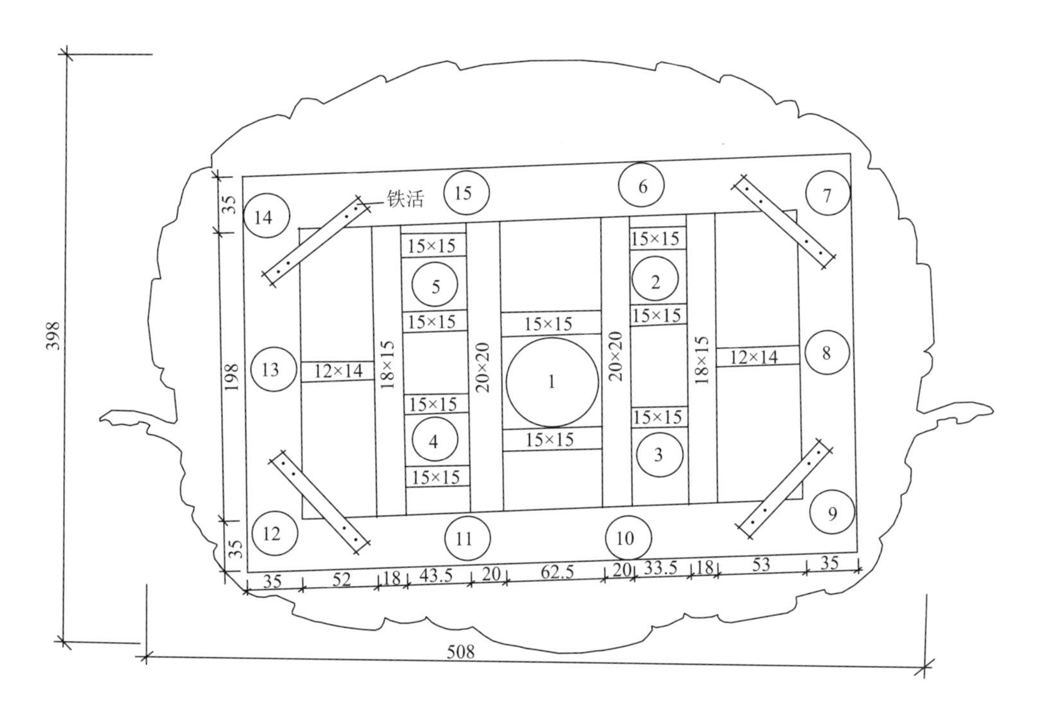

图 8-33 大佛木构架平剖面示意图（单位：厘米）

面；在戗柱的外面布置了十根边柱，高 13 米多，直径 33 厘米左右，柱头承托一层顶板的承重枋；戗柱和边柱的根部也埋入须弥座中。在整个大佛结构中，以中心柱为主干，其他构件均通过榫卯、铁拉杆、铁钯锔等与中心柱连接成一个整体，使大佛保持平衡稳定。

8.2.2 损伤状况

由于年久失修，至 20 世纪 50 年代，大乘阁的整体构架已向南偏东倾斜 70 多厘米，大佛雕像也随之前倾；瓦顶严重漏雨，南面二层屋檐坍塌，柱础石破裂，两山墙檐柱糟朽下沉。

1. 大乘阁损伤状况

大乘阁东部方亭坍塌，多处渗漏，二层屋檐已全部无存，阁身木构架向东南方倾斜 70 多厘米。外圈檐柱的柱根糟朽，山墙部位柱根糟朽达柱高的 1/3，并严重下沉。内圈攒金柱的柱心糟朽，因柱圈中置大佛，各柱间缺乏联系构件；加之原拼接不够严实和受外力（以风力为主）的影响，各柱都有不同程度的倾斜。

2. 大佛损伤状况

佛像内部木框架的柱根大多糟朽，导致中心柱顶部向西南方向倾斜 67 厘米。由于中心柱用柏木制作，其柱根糟朽程度较轻；其余十四根柱子的柱根糟朽较为严重，中心柱四周戗柱的柱根埋入须弥座台面以下部分已全部糟朽。外部衣纹板下部由于采用杨、榆木料制作，均已出现虫蛀，整个大佛已存在倾倒危险。

8.2.3 大乘阁第一次修缮加固

自 1957 年起，国家和省、市文物主管部门组织技术人员对大乘阁进行了勘察、测绘和修缮方案研究，最终确定对大乘阁进行落架大修。1958 年，中国文物研究所按照“保存现状”的原则，制定出“先内后外，自下而上，逐层归安”的落架大修方案。

1. 大乘阁加固

1）柱础

木构架落架之后，将酥裂的柱础拆除，按原有式样用房山艾叶青石料复制，再原位安装。

2）中心木构架

鉴于木构架的柱根糟朽下沉，内圈各柱间缺乏联系构件，各柱都有不同程度的倾斜，为避免维修时再度发生倾斜，从结构上考虑，加强中心柱圈的刚度成为关键。

为此，先更换 16 根攒金柱糟朽的柱心木和包镶板，然后重新拼接包镶，并用铁活加固。待中心柱圈整体修复归安后，在攒金柱的棋枋板外，于三层楼板之下隐蔽处增加一圈木斜撑；同时，在整个柱圈的顶部，于水平方向增加十字铁拉杆，以加强中心柱圈的整体刚度。

3）山面通柱

两山面的通柱高 13 米，由于柱根都有不同程度的糟朽，所以须将自柱根向上高达 1/3 以上的部分全部更换。但限于当时经济和物质条件，难以购置相同规格的木料，最后在不得已的情况下，改用钢筋混凝土柱代替。

4）二层屋檐

依据二层屋檐的残存痕迹确定其原有构造和材料，再按原样进行恢复。为了避免今后再发生塌落，在椽尾与承椽枋连接处加设铁活拉结。

图 8-34 为大乘阁第一次修缮加固中的照片。

(a) 搭设脚手架

(b) 木构架加固

图 8-34　修缮中的大乘阁

2. 木雕大佛的加固

1）戗柱

对于严重糟朽的戗柱柱根，将糟朽部分全部掏出之后，插入槽钢浇铸混凝土，再以槽钢外露部分夹住未糟朽的上部戗柱，并用螺栓固定。

2）佛像

对于倾斜的佛像，在其腰部设置一根直径 25 毫米的钢缆绳，绳上设花篮螺栓用于牵引大佛复位，钢缆绳的两端拴牢在两山墙的预埋钢筋混凝土梁内。在钢缆绳与佛像的结合部位，放置木板，杜绝钢丝绳与佛像直接接触，保证佛像不受新的损害。

3）木骨架

在中心柱和东南三根边柱下面的砖石须弥座中浇筑钢筋混凝土地梁；用宽度 15 厘米的钢条对中心柱和三根边柱抱箍两道；然后用槽钢（150 毫米×150 毫米）做成三角形支撑，将槽钢上部与抱箍焊接、下部固定在地梁中。对其他糟朽程度较低的立柱，增设水平撑木及铁拉杆与中心柱拉结，形成完整的框架结构。

3. 施工中的安全防范措施

对整个修缮工程、特别是大佛的修缮，制定了安全防范措施及现场施工程序。由于佛像内部的照明与焊接的需要，施工现场必须安装电缆；对电缆的等级、规格和型号都有严格的要求，工地现场配置灭火器，由专人负责。在焊接时对焊接点面的周围用白铁皮围好，防止焊接时火点溅到木材上。当日工作量完成以后所有用电器材一律撤出工作现场。

大乘阁的第一次修缮工程于1958年开始备料，1961年初开工，1963年底完工。经过落架大修，大乘阁的结构安全隐患基本解决，木质大佛的稳定性也得到了保证。通过多年的观察，包括1976年唐山大地震余震影响的观察，大乘阁的构架基本完好，佛像的倾斜程度也没有扩展，证明加固方案是科学、严谨、行之有效的。

8.2.4 大乘阁第二次修缮加固

在第一次修缮加固工程中，对木雕大佛采取了结构加固和佛身牵引固定，初步解决了前倾问题。但因当时的技术条件限制，未能对木材的防腐、防蛀采取有效的措施，随着时间的进展，佛像材质损坏的风险逐渐凸显。

为了解决佛像的防腐、防蛀问题，1997年由中国林业科学研究院、承德市文物局、承德市普宁寺管理处三方组成工作组，对大佛进行了科学、详细的勘察。勘察结论如下：大佛的衣纹板和站板的64%为虫蛀三级以上（属严重虫蛀），木材平均强度指数仅为1.6（健康材为10）；大佛正面部位雕刻的衣纹、瓔珞、珠花丝带等严重虫蛀，衣纹板和站板糟朽随时有可能脱落。

针对木质文物保护的特殊性和杀虫要求的彻底性，工作组制定了《承德普宁寺大佛抢修加固方案》。该方案详细说明了勘察结果和基本结论、修缮加固原则、脚手架和防护架、熏蒸杀虫处理、防虫防腐处理、修缮加固实施方案、修缮加固后的监测和建议、施工预算等工程项目。

第二次修缮工程制定了《大佛防虫、防腐和加固维修方案》，其原则如下：①保证大佛的整体完整性，突出维修工程的工艺性。无论是材料剔补或工艺维修，都要精心安排，精细施工，严格管理。②充分利用现代科技，突出科学性。充分利用生物、物理及化学等多个领域的科技成果。③在剔补材料时，做到与原材质的一致性，充分利用化学治虫、防腐的现代科技手段。④为使大佛今后修缮具有可逆性，维修时多采用物理、化学相结合的方法，以物理方法为主，化学方法为辅的维修理念。《大佛防虫、防腐和加固维修方案》分为三个阶段实施，主要工作和技术要求如下。

1. 大佛熏蒸杀虫、聚氨酯发泡保护阶段

1）搭建熏蒸仓

熏蒸仓是用钢管支撑、塑料布内包裹的超大型密封仓。先利用大佛周围的空间搭设双排钢管架（图4-10），顶棚以钢管、钢绳、木板结合等办法封顶，构成熏蒸仓骨架；再蒙上塑料布，逐段接合密封，形成密封效果良好的熏蒸仓。

2）熏蒸杀虫药剂

采用硫酰氟（SO_2F_2）作为熏蒸剂，具有杀虫广谱、渗透力强、速度快、无腐蚀性，在相对低温条件下活性良好、不留残毒。经过实验，硫酰氟对木材内害虫有理想的杀灭效果。

3）施药与熏蒸

施药选择 10 月底、气温较低（6～14 摄氏度）、游客少的季节。按照 63 克/厘米^{3}的剂量用两条施药管分别通入佛体内上、下两部分，并在仓内放置三台电扇鼓风，以保证仓内毒气均匀散布，施药熏蒸时间长达 80 小时。

4）开仓排毒与效果检测

经过熏蒸杀虫和虫样检查，发现虫样全部杀死，效果达到 100%，表明仓内杀虫效果显著，密封仓密封良好。然后，开启排风扇，把仓内毒气排出。

5）聚氨酯发泡保护

此次修缮的重点是更换佛身内部虫蛀腐朽的衣纹板，在更换衣纹板时对衣纹地仗层的保护是大佛修缮加固的首要关键。为此，选择硬质聚氨酯泡沫塑料，紧贴大佛外部制作保护层，以使在更换大佛内部腐朽衣纹板等木构件时，外部衣纹地仗不致因敲击而脱落、破裂。

具体做法如下：先用塑料薄膜包裹佛身，使地仗饰金不与聚氨酯泡沫接触，同时又便于施工后的自行脱落；在大佛体外离佛身 0.4 米的距离，做木笼骨架，钉围板成筒状；然后，将聚氨酯 PAPI、聚醚 BL303、催化剂 DABCD、氟 11F 四种原材料按照一定比例放入热浴容器中充分搅拌，混合后迅速倒入指定位置；混合料经过膨胀固化，制成保护层。

2. 大佛防虫、防腐和整修加固阶段

1）防虫、防腐处理

熏蒸杀虫工程只能杀死现有的危害蛀虫而没有长期防疫效果，必须对大佛新旧木构件再做防腐、防虫处理，以达到长期保护木构件（一般为 30～50 年）的目的。本次处理选用中国林业科学研究院木材所研制的防腐剂 OPN-1、OPN-2 和 BBF。采用打孔（直径 6 毫米）吊瓶滴注药液、涂刷、喷淋药物等方法对木材进行了处理。

2）整修加固

大佛体内木结构的加固任务为剔除和更新构件，对新旧木构件作防腐、杀菌处理。

对用于更换和加工的新木材，经干燥处理，使含水率达到 20%以下；用 OPN-1、OPN-2 和 BBF 药液浸泡 12 小时后电烘干，使含水率低于 20%。

大佛衣纹板和站板的剔除、更换按原规格进行，对已被严重蛀蚀成粉状的板、撑木全部剔除干净，直至地仗层；用防腐处理过的木料随形雕刻，使其与地仗内层相吻合，再后用环氧树脂将新衣纹板与地仗及周围其他木材胶合。每层站板的竖向接缝处安设榆木银锭榫，横向接缝处安设榆木暗销。站板、衣纹板用螺栓或铁拉杆与水平支撑木连接，每根支撑不少于两根拉杆。

大佛体内加固之后，对木材表面进行一次全面的药剂喷淋，涂刷施药（OPN-1）170 千克，形成较为永久性的涂层保护，又用环氧树脂胶稀释剂对内壁涂刷两次，等于给大佛又穿了一件严密的“三防”外衣。最后，拆除聚氨酯发泡保护层，本着“自上到下，自外到里”的原则，每天拆除 0.5 米高度左右泡沫层，拆除时注意保护大佛表面地仗。

3. 大佛表面油饰及补配法器阶段

1）大佛表面除尘

大佛因身上积满了尘土污垢，看不到金漆特有的本色，美感全失。借此次修缮之机，首次整体除尘。为防止除尘时新的污水浸入毛细裂纹的木质结构之中，要求先吸尘，且不得带水作业。除尘后的大佛金漆质感圆润、亮丽鲜明。

2）补配法器

补配损落、残损的法器和饰件 14 件，制作珠花 18 种 350 多件。

3）大佛油饰

根据施工现场勘察，特邀北京油饰彩画专家来施工现场考察论证，并提出局部用赤金补金。为了有效保护地仗，局部补金后进行封堵裂纹和控制龟裂蔓延，增加一道保护层。待全部油饰完毕，拆除架子，清理施工现场。

大乘阁第二次修缮工程于 1998 年 10 月开始，1999 年 6 月完成。工程中选用新型熏蒸杀虫剂、木材防腐防虫剂和工艺对木材进行处理，采用“从里而外、从上到下”的逆向操作工艺，对大佛进行构件和装饰的精心修复，使工程达到了预期的效果，有效地延长了大佛的使用寿命。

8.2.5　修缮工程评析

普宁寺大乘阁是著名的多层楼阁式古建筑，阁中供奉的金漆木雕大佛是世界上最大的木质佛像，为中国古代雕像艺术中的瑰宝；对大乘阁和木雕大佛的修缮保护，是文化遗产保护的重要工程，具有高度的社会意义。

大乘阁的第一次修缮工程是在 20 世纪 60 年代初国民经济困难时期进行的，工程针对屋檐坍塌、木构架倾斜以及大佛木构件糟朽的危险状况，采用了落架大修方案。方案的设计和施工遵循了文物保护的原则，采用加强柱础、更换修缮木柱、增设支撑的方法，稳固了木结构整体构架，并采用槽钢和混凝土替换、加固了大佛的木质骨架；工程措施有序合理，效果明显，经过落架大修，大乘阁的结构安全隐患基本解决，木质大佛的稳定性也得到了保证。

但受当时物质条件和技术条件的限制，在山面通柱、木质大佛木柱的修缮替换中采用了钢筋混凝土构造，未能全面达到保持“原来的建筑材料”和“原来的工艺技术”要求。此外，未能对木材的防腐、防蛀采取有效的措施，影响了木质结构、特别是木质大佛的长期保存效果。

大乘阁的第二次修缮工程在改革开放后的 20 世纪 90 年代后期进行，重点为佛像的维修保护，这是中华人民共和国成立以来最大规模的大型木质造像保护工程。修缮工程制定了《大佛防虫、防腐和加固维修方案》，确定了修缮原则：①保证大佛的整体完整性，突出维修工程的工艺性；②充分利用现代科技，突出科学性；③保证替换材料与原材质的一致性，突出化学治虫、防腐的科学性；④为使大佛具备今后修缮的可逆性，确立以物理方法为主、化学方法为辅的维修理念。

在第二次修缮工程中，充分利用了国内生物、化学、物理等方面的新技术对木质文物进行修复保护，在工艺方面具有以下特点：①搭设了超大型密封熏蒸仓，采用化学熏蒸法对大佛木材进行封闭杀虫，显著提高了灭杀效果；②采用新型药剂对杀虫后的木材进行防虫、防腐处理，延长了木构件的使用寿命；③设计了大型佛像修缮“从里而外、从上到下”的逆向操作工艺，对大佛构件和装饰进行了精心修复；④运用聚氨酯现场随形发泡技术，为大佛制作了防护层，保证了佛像施工中的结构安全和装饰的完整。整个修缮工程充分体现了学科的综合性和工艺的先进性，合理解决了古建筑中重要文物的安全隐患，并有效地保存了历史信息，为我国多层木结构古建筑、特别是超大型木质佛像的防腐、防虫处理和长期保护树立了样板。

8.3 太原晋祠圣母殿落架大修工程

8.3.1 建筑与结构概况

位于山西省太原市的晋祠（图 8-35），是我国现存最早的宗祠园林建筑群，为第一批全国重点文物保护单位。圣母殿是晋祠的主要建筑，坐西向东，位于中轴线终端，用于奉祀晋国开国诸侯唐叔虞的母亲邑姜。圣母殿建于宋天圣年间（1023～1032 年），崇宁元年（1102 年）重修，是我国宋代建筑的杰出代表。

图 8-35 晋祠鸟瞰图

圣母殿为重檐歇山顶建筑（图 8-36），面阔七间，进深六间，四周围廊；大殿“副阶周匝”的做法，是中国现存古建筑中最早的实例；殿堂梁架是宋代《营造法式》中殿堂式构架形式的孤例。

图 8-36　圣母殿正面照片

1. 建筑布局

圣母殿的立面图、侧立面图和平面图分别见图 8-37～图 8-39。

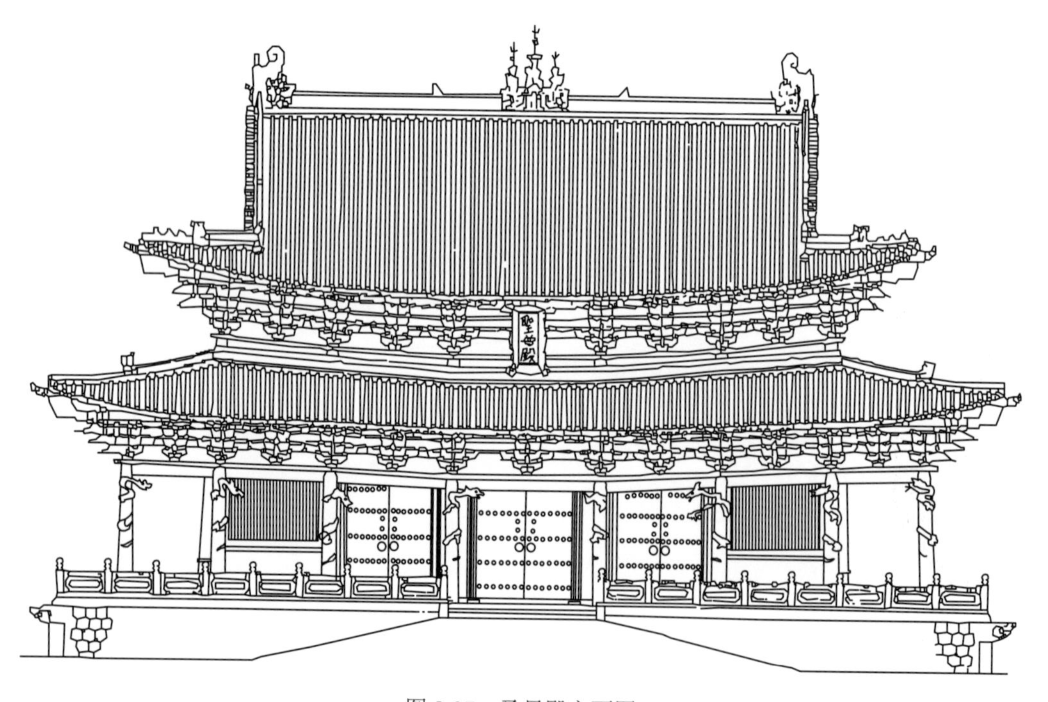

图 8-37　圣母殿立面图

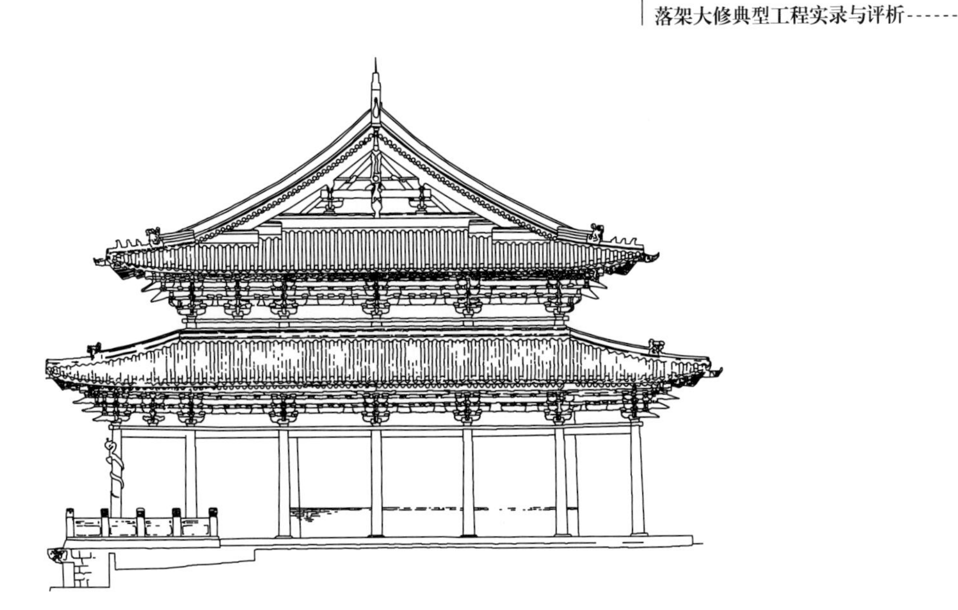

图 8-38　圣母殿侧立面图

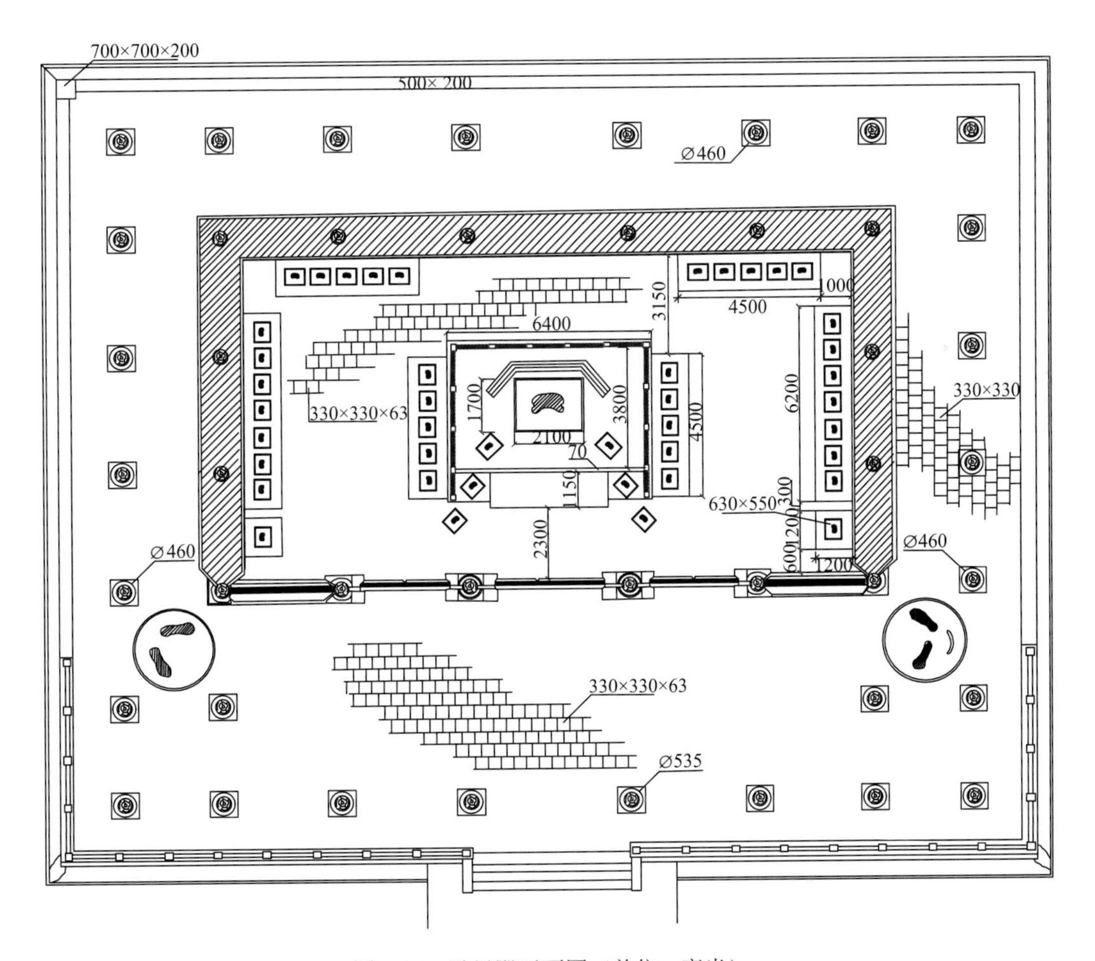

图 8-39　圣母殿平面图（单位：毫米）

大殿四周围廊，面阔七间，通面阔 27 米，进深六间，通进深 21.24 米。殿身面阔五间，进深三间；三面砌墙，后檐墙厚 154 厘米，两山墙厚 135 厘米；正面明、次三间各施板门两扇，梢间下砌槛墙，上施破子棂窗。

殿内无柱，明间正中砖砌神台，高 122.5 厘米，台上置木雕神龛，内置宋代泥塑圣母邑姜像和四尊侍女像；神台前施琉璃案，左右各置侍女像一尊，南北两侧次、梢间内沿墙三面各置侍女和女官像 18 尊，殿内侍女、女官像连同圣母像共 43 尊。

圣母殿平面中布置了深两间的前廊，是国内现存唐宋古建筑中的一个孤例。它不仅为宗教活动提供了一个较大的场地，也非常适合众多游人的集散；宽敞的前廊，在外观上形成前立面深深的阴影，益增建筑的深奥之美。

2. 台基

圣母殿台基依山脚基岩构筑，台明前高后低，在台上形成平面。台基南北宽 30.71 米，东西深 25.15 米，前沿高 2 米，后沿高 0.45 米。台基四周用料石垒砌，上沿置压栏石一周，于台基正面和前廊两侧设石勾栏，地面铺设方砖。

圣母殿台基平面见图 8-39，沿四周外廊设柱础 26 个，沿殿身周边设柱础 18 个。柱础为青石雕造，素面覆盆式，由础盘、盆唇、覆盆三个部分组成。

圣母殿下的基岩为斜坡形，台基地面距基岩 2～13 米不等，前檐部位基岩较深，后檐部位基岩较浅。结合加固工程进行了挖孔探查，发现前檐廊柱和角柱原有基础较复杂，均为单独柱底基础。每个廊柱之下分别挖有直径 1.5～2.1 米的基坑，深度在 2.5～3.8 米；基坑为三合土或瓦砾、碎砖杂填土夯实，上部用块石和砾石分层垒砌，并用石灰浆或小碎石、粉土等填充，最上面（即原柱础之下）覆盖一层厚度 0.3 米左右的夯打素土层。两山廊柱、檐柱基坑内，不如前檐基坑复杂，但也为砂砾层、黏土层、粉土层、三合土层等多种层次构成。个别柱坑中用厚度近 2 米的人工垒石，直接置于厚度 1 米左右的未经夯实的建筑垃圾之上，且瓦砾、碎砖空隙较大，杂乱堆积，结构松散。

3. 木构架

对照宋代《营造法式》卷三十一所绘图样，圣母殿的木构架，殿身内、外柱基本等高，柱框与梁架间置斗栱层，应属“殿堂结构”，其式样为“进深八架椽，乳栿对六椽栿用三柱，副阶周匝，身内单槽”（图 8-40）。

由于平面中减去前檐明、次三间的廊下内柱（即殿身前檐柱），上层檐的柱位又需施用斗栱支撑檐头，设计者将这三间的廊下内柱——殿身前檐柱，改为不落地的童柱，立于前廊的三椽栿上，既满足了平面中的要求，又解决了上层结构的需要；此种将殿身构架与副阶构架联为一体的结构式样，成为圣母殿木构架的最大特点；使用童柱的做法，也是国内现存木构古建筑中最早的实例。

1）柱框

大殿柱框由殿身柱框与副阶柱框组成。殿身面阔五间，进深四间，四周檐柱应为 18 根，因前檐明、次三间用童柱，故檐柱实为 14 根。殿身内单槽，仅于前檐中平槫缝施内柱一排 4 根，故殿身柱框呈“曰”字形；柱头上施普拍枋，柱头间施阑额，至角柱普拍枋出头不加雕饰，阑额至角柱不出头。

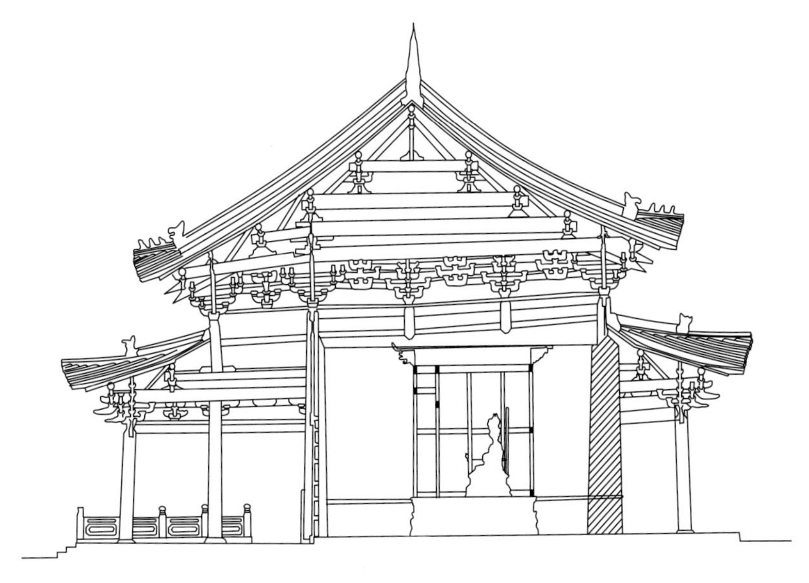

图 8-40　圣母殿横剖面图

前、后檐明间檐柱高 779 厘米，次间柱高 786 厘米，角柱高 805 厘米，柱生起 26 厘米。明间柱无侧脚，次、梢间及角柱有侧脚，分别为 3 厘米、3 厘米、7 厘米，约合角柱高 0.9%；两山面自中柱以外各柱侧角皆大于前、后檐，分别为 4 厘米、7 厘米、11 厘米，约合角柱高 1.37%；山面中柱高 796 厘米，次间柱高 800 厘米，角柱高 805 厘米，柱生起 9 厘米。

山面檐柱一排四根，高与前、后檐相同，明、次间柱高分别为 779 厘米、786 厘米。柱头施普拍枋，阑额皆与檐柱同。内柱与檐柱的柱径均为 48 厘米，柱头卷杀如覆盆。柱高为柱径的 14 倍。

副阶围廊柱框，面阔七间，进深六间，柱头施普拍枋、阑额，至角柱普拍枋出头、阑额不出头的做法皆与殿身相同。正面明间平柱高 386 厘米，次、梢间柱高为 390 厘米、396 厘米，角柱高 406 厘米，柱生起 20 厘米。山面两明间三柱等高，皆为 390 厘米，次间柱高 399 厘米，角柱生起 16 厘米。柱侧脚与檐柱一致，角柱向正面侧脚 7 厘米，约合柱高的 1.7%，侧面侧脚 11 厘米，约合柱高的 2.7%。副阶柱的柱径 45 厘米，柱头卷杀如覆盆，明间平柱高为柱径的 8.57 倍。

2）明、次间横向构架

殿身进深为八架椽，脊槫下用叉手，蜀柱立于平梁上，以下依次为四椽栿、六椽栿和八椽栿，各栿的两端都是上承槫，侧施托脚，槫下设替木、散斗、襻间枋、十字令栱、大斗、驼峰支于下层栿上。八椽栿两端分别插于前、后檐柱头斗栱上。梁头伸出撩檐槫砍成要头，成为斗栱的一部分。

明、次间殿身的四缝木构架，与前檐副阶木构架联为一体。前檐柱头斗栱下置童柱，以矮木支于前廊三椽栿上，栿尾插入内柱，栿端承平槫，侧施托脚，下设替木、令栱、大斗、驼峰支于前廊四椽栿上，栿尾插入内柱，使用透榫露于柱外，栿端插入副阶柱头斗栱中，出头砍为耍头。

后檐副阶木构架，结构比较简单，进深二椽，整体构架是上施劄牵，下施乳栿，后尾皆插入檐柱内。檐柱间设承椽枋以承下层檐脑椽。劄牵梁前端，上承平槫，下用斗栱，驼峰支于乳栿上，乳栿前端插入柱头斗栱中，出头砍为耍头。

明、次三间的四缝横向木构架中，虽然在形式上使用六椽栿与八椽栿，实际上都是由两段短梁于中平槫缝拼接而成，六椽栿为由劄牵与五椽栿拼成，八椽栿由乳栿与六栿椽拼成。在中平槫缝，自上而下于各梁、枋间垫以替木、大斗，将荷载直接传入内柱，由于此处是殿身内外的分界线，故纵向各枋间皆用泥壁封堵。

3）歇山构架

梢间内置歇山构架，距次间梁缝中线 182 厘米。脊槫下平梁、四椽栿的式样与次间相同，四椽栿下另设承椽仿一根，以承上檐山面的檐椽，承椽枋下用替木、令栱、大斗、矮柱支在丁栿上。脊槫、上平槫、中平槫皆挑出歇山构架以外 130 厘米，宋代《营造法式》称为山花出际，槫头钉博风板、悬鱼。各构件空档用土坯封砌。

按宋代《营造法式》规定：“八椽至十椽屋，出际四尺五寸至五尺，若殿阁转角造，即出际长随架”；圣母殿的出际长 130 厘米，折合宋尺四尺，与规定基本相吻。

4）纵向构架

纵向构架见图 8-41。明、次间横向构件以及梢间歇山构架的纵向之间，除用槫作为联系的构件外，明、次间皆于各槫下施单材襻间枋，梢间则用两材襻间枋作为构架的纵向联系构件。梢间的两间襻间枋于出际处砍为二跳华栱头。

山面承托歇山构架的丁栿，尾部搭在次间八椽栿上皮，端部压在山面柱头斗栱上，伸出撩檐槫砍为上层耍头。

图 8-41　圣母殿纵剖面图

5）屋顶举折与檐出

上檐木构架中，前、后撩檐槫中距 1704 厘米，自撩檐槫上皮至脊槫上皮举高 465 厘米，屋顶构架坡度为 465/1704=l/3.66，介于宋代《营造法式》规定的殿堂 1/3、厅堂 1/4 之间。

圣母殿上檐檐出（即檐椽自撩檐槫中心至椽头水平出）100 厘半，折合宋尺 3.13 尺，比宋代《营造法式》规定稍短。飞椽平出为 54 厘米，为檐出的 54%，比宋代《营造法式》规定的 60%也稍短。上檐自檐柱中至飞椽头平出总计 265 厘米。

下层檐自檐柱柱头中线至飞椽头平出，即“上檐出”总计为 231 厘米（椽平出 100 厘米+飞檐平出 51 厘米+下檐斗栱外出跳 80 厘米）。下层檐的“下檐出”即自檐柱柱根中线至压檐石外皮，两山面为 220 厘米，前后檐为 200 厘米。

圣母殿的檐出尺寸，包括飞椽平出尺寸，虽然比宋代《营造法式》规定稍短，但以下檐的“上檐出”与檐柱（平柱）柱高相比，为 60%（231/386），此数据与已知辽宋时代建筑的比例相近，故其出檐给人感觉依然相当深远。

4. 斗栱

圣母殿的整体木构架中，殿身和副阶的梁架与柱框之间皆施斗栱层，包括上、下檐及内槽总计 97 朵。下檐斗栱共 52 朵，其中柱头斗栱 22 朵，转角斗栱 4 朵，补间斗栱 26 朵。上檐斗栱共 36 朵，其中柱头斗栱 14 朵，转角斗栱 4 朵，补间斗栱 18 朵。内槽斗栱共 9 朵，其中柱头斗栱 4 朵，补间斗栱 5 朵。

斗栱依其形制和构造做法不同，可分为十三种。下檐斗栱（副阶斗栱）有五种类型，其中柱头斗栱为五铺作重昂（图 8-42），转角斗栱为五铺作重昂平出计心，补间斗栱有五铺作单抄单下昂、设泥道栱或翼型栱和不出跳三种形式。上檐斗栱（殿身斗栱）也有五种类型，其中柱头斗栱为六铺作双抄单下昂（图 8-43）、里跳与内槽斗栱相连两种，转角斗栱为六铺作双抄单下昂，补间斗栱有六铺作单抄双昂和不出跳两种形式。内槽斗栱有三种类型，柱头斗栱为六铺作内外各出三跳华栱，补间斗栱有五铺作双抄和不出跳两种形式。

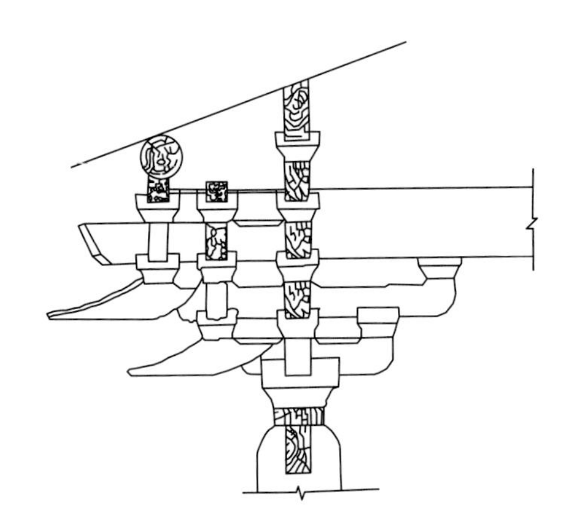

图 8-42　圣母殿下檐柱头斗栱断面图

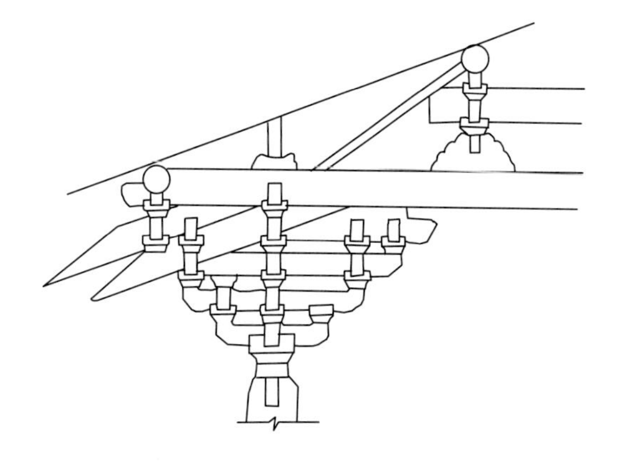

图 8-43　圣母殿上檐柱头斗栱断面图

5. 装修

殿身于内槽柱间施门窗，阑额与门窗上额间抹白灰壁。

明、次三间各施板门两启，门高425.5厘米。明间门宽450厘米，高宽比接近正方形，次间门宽368厘米。每扇门皆设木制门钉五路，每路七枚，门钉高6.5厘米，底径12厘米。每扇门各安兽面铺首一枚，各间施门簪4枚，呈扁方形，边缘凹进无饰。板门厚5.5厘米，背面钉横衬七条，高宽为9厘米×7.5厘米。

两梢间在条砖槛墙上设破子棂窗，槛墙高164厘米，窗高274.5厘米，每窗安棂条19根，棂条空档4～5厘米。

6. 瓦兽件

圣母殿的瓦顶为布瓦绿琉璃剪边。殿的上、下檐瓦顶皆施灰色筒板瓦，檐头施绿色琉璃剪边。

上檐正脊随木构架生起显著，正中琉璃脊刹，两端琉璃大吻。琉璃脊筒高41厘米，自正中脊刹分为左右两段，每段各十三块。大吻为龙吻，吻高188厘米，连同尾上铁制三尖叉子总高238厘米，宽140厘米。

上檐垂脊形制与正脊同，绿色琉璃构件组成，高54.5厘米；垂脊下端安装龙首垂兽一枚，高63厘米，长66厘米，下宽32厘米，上宽10厘米。

上、下檐的四翼角皆施绿色琉璃戗脊，高45厘米，前端安装龙首戗兽一枚，高52厘米，长46厘米。

8.3.2 残损状况及原因分析

1. 圣母殿残损状况

圣母殿自宋崇宁元年重修以来，历经八百余年风雨，受自然灾害及地壳运动的影响，整体结构受到不同程度的腐蚀和损伤。

由于晋祠处于太原盆地边缘，圣母殿又坐落在太原至交城的大断裂带上，殿基前后地质构造上的差异，造成程度不等的沉降。特别是改革开放后，晋祠附近现代化工厂的不断兴建，地下水大量开采，水位下降，最终导致圣母殿地基土层大量失水，不均匀沉降加剧，致使柱子下沉，大殿整体向东南倾斜，构件脱榫、弯曲、断裂严重，具体残损状况如下。

1）台基

圣母殿依山而建，台基基础前高后低，在台明上形成平面。经实地勘测，将圣母殿的48根柱位（包括乳栿上童柱）以西南角为①号逆时针编号，以前檐明间北廊柱⑤号附近地面为零点，用经纬仪测出各柱所处位置的相对高差（图8-44）。通过测量可以看出，前檐廊柱相对高差较小，都在3.5厘米以内；而前檐和后檐相比较，相对高差高达35厘米左右。由此可知，圣母殿台基前半部地面严重下陷，致使大殿整体倾斜。

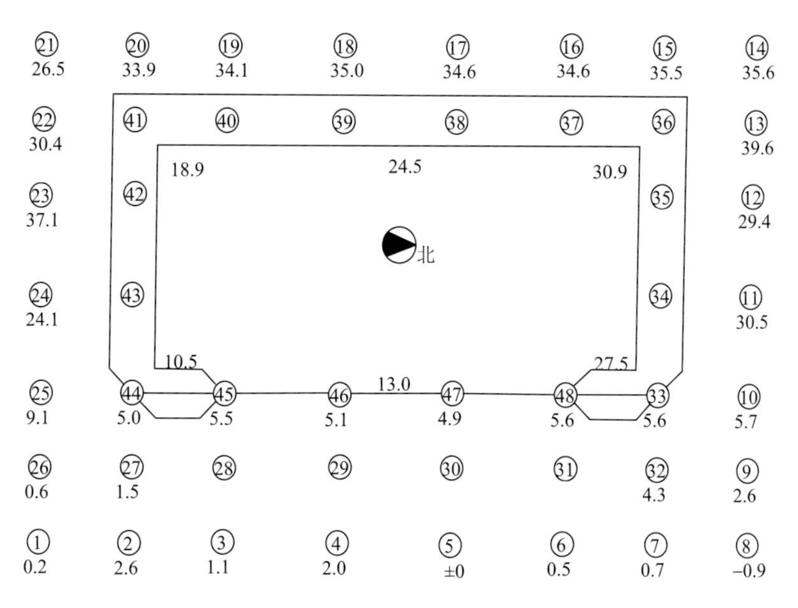

图 8-44　圣母殿台基地面相对高差数值图（单位：厘米）

2）柱础

由于圣母殿地基不均匀沉降，现存柱础除历次修缮造成的大小规格不同外，础盘和覆盆的上沿均不在同一水平面上，各柱础都有不同程度的偏移，且柱础与柱子本身不垂直。

根据现场测量的柱础上沿相对高差（图 8-45），后檐廊柱的高差较小；前檐廊柱出现北高南低，相差在 20 厘米左右；南山面西高东低，相差 23 厘米；北山面也是西高东低，相差 10 厘米左右。由此看来，前后檐比较，前檐下沉严重；两山比较，南山下沉比较严重。

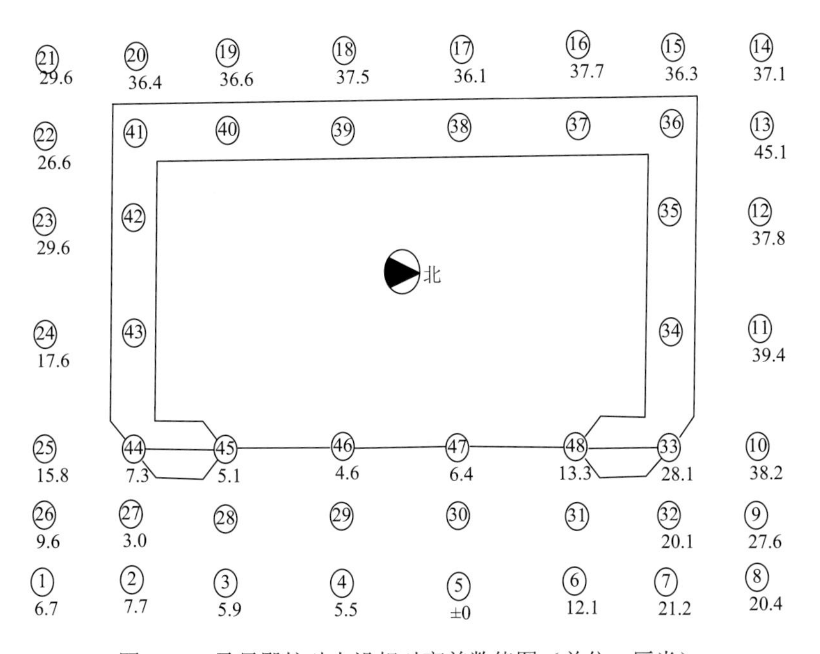

图 8-45　圣母殿柱础上沿相对高差数值图（单位：厘米）

柱础基中线纵横相对应，形成殿宇的开间。现存圣母殿四周廊柱柱础基中线发生偏移，根据现场测量，前檐廊柱柱础均向东偏移，其中明、次三间和南梢间柱础（共五块）偏移较大，在 15～27 厘米之间；后檐廊柱础多数向西偏移，数值在 1.5～5.8 厘米不等；两山柱础北侧除了两角柱础外，均向南偏移，南侧偏移无规律（图 8-46）。

柱础高差和位置的变化，与基础本身有着密切的关系，它直接影响着上部构架的受力平衡，加剧构架变形和构件损坏。

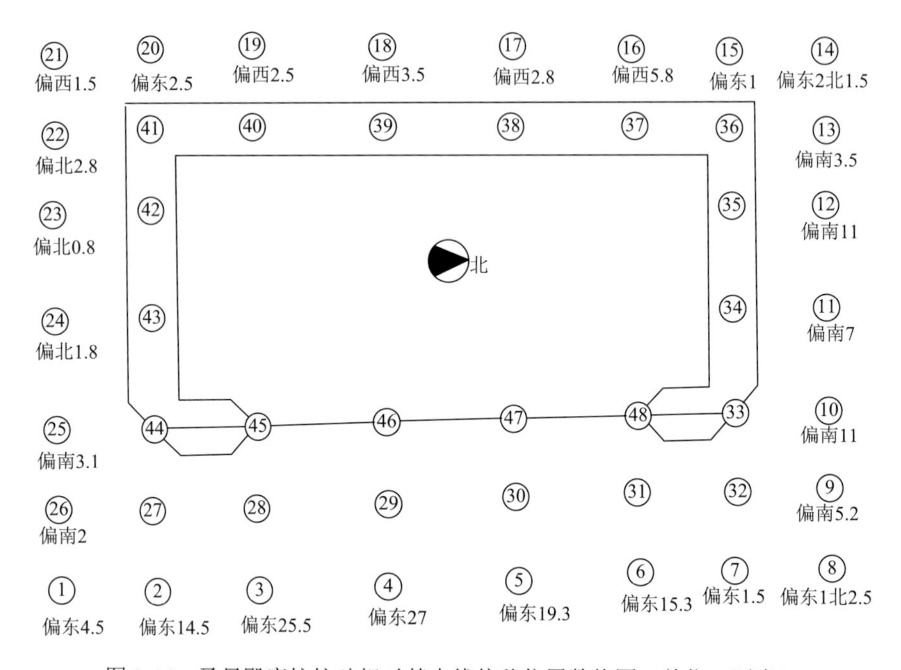

图 8-46　圣母殿廊柱柱础相对基中线偏移位置数值图（单位：厘米）

3）柱子

圣母殿的变形，通过柱头及柱底的高差以及柱身的倾斜，可以明显看出来。

根据实地测量，各柱头相对柱底的偏移，前廊两角柱偏东 4.5～6.5 厘米，偏南 10～13 厘米；后廊柱多数偏东 8～10 厘米，偏南 1.5～2 厘米；北侧廊柱偏东 7～17 厘米，偏南严重者达 10～11.5 厘米；南侧廊柱偏东 4.5～10.5 厘米，偏南 4.5～10.5 厘米；前檐柱偏东 8～21 厘米，偏南 6～28 厘米（图 8-47）。

4）阑普、斗栱、梁架及屋顶

由于柱子的下沉、偏移，导致柱间联络构件阑额和普拍枋严重弯曲、劈裂；位于柱头之上的斗栱和回廊斗栱，在前檐处变形较大，向东侧倾多达 16～20 厘米，变形方向与柱子基本一致；由此造成殿宇重心偏移，屋顶移位，这是圣母殿变形的症结所在。

随着柱子和斗栱的沉降侧倾，上部的梁架拔榫、垂弯、倾斜、扭闪乃至折断严重。前廊三椽栿拔榫 1.5～8 厘米，垂弯 10 厘米左右；殿身六椽栿所对乳栿和五椽栿所对劄牵，都发生明显的拔榫和下沉，乳栿下沉 7～15 厘米，拔榫 6～13 厘米，劄牵变形基本雷同；殿身内槽梁架，均向东推移，数值在 3～8 厘米；梁架自身中垂线南偏 3～4 厘米。

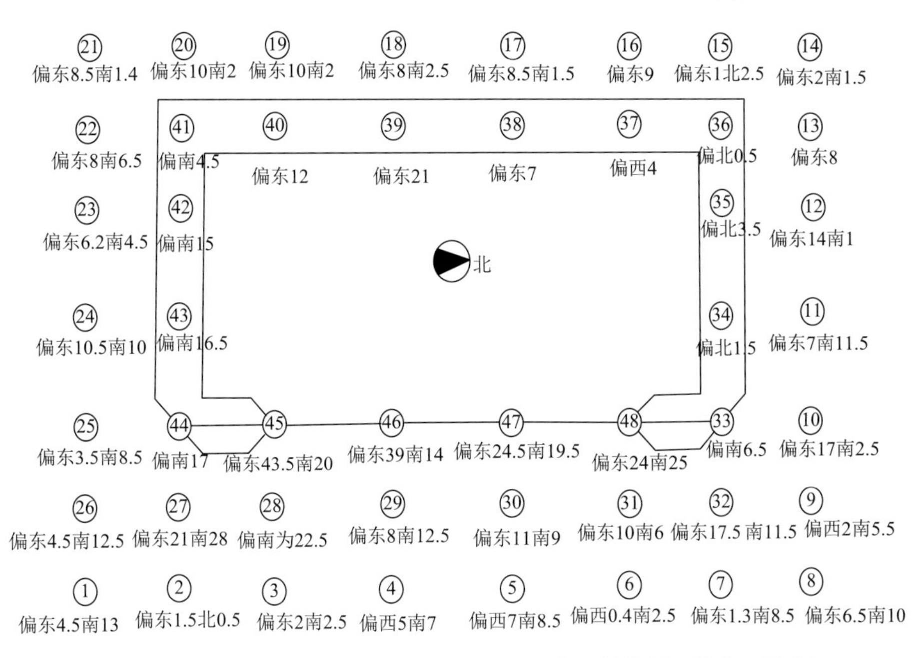

图 8-47　圣母殿柱头与柱底（除侧脚外）相对偏移数值图（单位：厘米）

梁架的变形，进一步导致殿顶的变形。围廊前檐檐头垂弯 25 厘米，屋顶前坡垂弯 51 厘米，超过生起 40 厘米，从外观看，屋顶变形十分明显。

2. 圣母殿变形的原因

圣母殿历经漫长的历史岁月，受大自然和人为的影响，损坏和变形在所难免，造成变形的原因也是多方面的，根据现场实测和地质勘测分析，可归纳影响因素如下。

1）营建误差和不规则修缮的影响

从现状测量数据可以看出，晋祠圣母殿在崇宁元年重建时就存在明显误差。柱础大小、高低不统一；柱径差别较大、柱高误差达 8～11 厘米；斗栱用材宽度不统一，总高不相等；三缝梁架的六椽栿和八椽栿为两段对接。这些构造上的弱点和建造误差，对大殿结构的功能产生一定的影响。

在元、明两代的历次修缮中，更换柱础时局部加高，更换的柱子直径和高度均不等；修补前廊时删除了童柱下驼峰等垫件。这些不规则修缮，使建筑物失去荷载平衡，加剧各类变形发展。

2）地质构造运动的影响

太原至交城是地质上的一个断裂带，圣母殿处在太原盆地西边缘这个断裂带上。根据太原地震台近十五年观测数据证实：地壳中纵深 500 米都有其活动和变化，1976～1979 年地层地质构造运动一直以 0.5 厘米的年速度变化，而 1979～1990 年速度加快，以 0.9～1 厘米的年速度变化。根据观测资料，晋祠一带地层变化除纵深外，还向东南方向滑动，而且东南较正南方向变化速度要快。圣母殿处在这一断裂带上，建筑物变形也难以避免。

3）地下水源变化的影响

1960～1978年晋祠附近数十公里，因工农业发展的需要，开采深井58眼，晋泉涌水量受到严重影响，上游化工区101～103号井和下游平泉自流水井对其影响最大。晋泉水量1954～1958年平均流量1.994米^3/秒，1966年最小流量为1.366米^3/秒；1977年关闭化工区101号、102号井一百天，水量恢复到1.5～1.7米^3/秒；1978年平泉开发奥陶系地下水，破坏了晋祠-平泉一带的地下水湖，晋水流量突然下降，很快降至0.605米^3/秒，鱼沼泉干涸。

处在鱼沼泉上的圣母殿，由于基础奥陶系石灰岩突然失水，其物理性能和自身强度必然发生变化。圣母殿后半部坐落在山脚奥陶系石灰岩上，前半部为黏土碎石淤泥堆积而成，这种风化、沉陷和收缩必然导致圣母殿基础沉降、移位。

4）地震力冲击的影响

据地震史料记载，北宋以来太原及其附近地震活动频繁。除景祐四年（1037年）6.3级地震和建中靖国元年（1101年）6.5级地震，导致圣母殿严重损坏予以重修外；元大德七年（1303年）5级，元至正二年（1342年）5.5级，明万历十六年（1588年）5级，清乾隆十九年（1754年）5级，1936～1957年三次5级地震，对圣母殿的变形也有一些影响。

8.3.3 落架大修方案

根据圣母殿的损坏状况和原因分析，因险情源于基础的不均匀沉陷，需要对建筑进行全部落架大修，加固地基基础后再重新安装，以彻底解决隐患。圣母殿落架大修方案由山西省文物局古建专家柴泽俊先生主持制定，方案由台基加固、殿宇修缮、化学加固与铁活加固、抗震加固、壁画揭取加固和塑像保护六个部分组成，各部分要点如下。

1. 台基加固

（1）按照勘探资料，基岩为斜坡形，台基地面距基岩2～13米不等，前檐廊柱部位基岩较深，至后檐廊柱以西基岩已露出地面。

基岩在台基地面2米以下部位，柱础下浇灌钢筋混凝土基桩四至五根；基桩下端直接立于基岩上，桩上作钢筋混凝土圈梁和条形基础，其上再砌磉墩、安装柱础，使殿宇荷载全部传到基岩上。

基岩距台基地面2米以内部位，直接浇筑钢筋混凝土圈梁和条形基础，上砌磉墩、安装柱础。

基岩距台基地面1米以内部位，用水泥砂浆砌条石磉墩、安装柱础。

（2）勘探时发现台基内原有鱼沼泉的三个通水道原位保留。水道上用石板铺盖，以备泉水恢复。

（3）台基四周原用条石垒砌，清末修葺时部分地更换为片石，应予恢复原状，参照台基前沿南半部条石规格制作。前两角有角石柱和螭首，周置压栏石；前檐和两山前间保留明代石勾栏，缺残者照旧补配齐全。

（4）柱础的安装，恢复宋代原貌，础盘与地面相平，后世更换之础石，覆盆高低不一、弧度不准者，按宋制原状修复安装。

2. 殿宇修缮

（1）柱子墩接补残。柱子拆卸后剔除糟朽部分再填补粘牢，柱底腐朽或已缺短者墩接补齐，用高分子材料和铁箍粘实扎紧，尽量使用原构件。

（2）阑普加固修复。阑额和普拍枋劈裂者加固，垂弯者矫正后加固，腐损者照旧复制。

（3）斗栱修残补缺。斗栱构件糟朽者剔补，劈裂者粘接，折断和缺损者照旧复制，事先搭套完备，然后归安。

（4）梁架修补加固。梁架构件垂弯者矫直加固，劈裂者粘实箍牢，脱榫者归安原位，折损者照旧复制。

（5）槫椽按原状修复。槫椽经几次修补，槫径刨细，椽子更替，多非原制；修缮时槫已腐朽或槫径不足者照旧复制；椽子糟朽直径达 1/4 以上者照旧补配，微残者剔补继用。

（6）屋面构件修配。连檐、瓦口、飞子、博风、悬鱼等小型构件已糟朽不堪，照旧复制补配齐备。沟滴瓦件规格杂乱，修缮时依照宋制沟滴瓦件复制使用。脊饰吻兽基本完整，虽系明代制品，仍其有一定的历史，艺术价值，保持现状，原位安装。

（7）檐墙地面修复。檐墙沉陷开裂，修缮时复制青砖照原状重砌。拆卸墙体时仔细探明原有壁画残存情况，如有发现及时清理保护。地面现状已是前低后高，修缮时重铺方砖，方砖、条砖、水坯规格照旧。

（8）门窗匾额保护。门窗按现状保护，原件继用。立颊、槫柱、门槛后人更制者复原。匾额修缮时安全卸存，逐一检修，残者修补规整，原位悬挂。

（9）艺术品保护。前廊柱上八条木雕盘龙，是宋代遗存至今的文物珍品，修缮时预先按部位登记编号，墨书于龙之隐蔽处，拆卸保存，竣工后归安牢固。殿周廊内石碑登记编号，移地保存，竣工后归复原位。殿内木构件上有许多彩画图案，修缮时用拷贝纸、棉花垫托、绳索包扎，妥善保存。

3. 化学加固与铁活加固

1）化学加固

圣母殿上大木构件——柱子、阑普、斗栱、梁架、槫枋等，凡是糟朽、劈裂、垂弯、折断等情况者，尽可能用高分子材料加固后继用，糟朽者剔朽加固，尽量保存原有构件。化学加固的外露部分要尽量和木构件相一致，达到完整、坚固、协调的目的。

殿顶琉璃吻兽脊饰开裂破碎者，亦用高分子材料粘接后继续使用，不得随意添配和更新。

2）铁活加固

根据圣母殿的变形与构件残损情况，修缮时铁活加固应着重于以下几个方面。

（1）柱子铁活。凡剔补、墩接已劈裂的柱子，皆应用铁箍束紧，一般铁箍用在柱头阑额卯口以下和柱脚；柱身墩接处，除木质榫卯外，亦可加铁箍系紧。

（2）阑普铁活。为防柱头摆动和阑额、普拍枋拔榫，应在普拍枋上皮两枋交接处用铁板连接，转角处随转角贯铁板连牢。

（3）斗栱铁活。斗栱倾侧变形，多在交接口内发生劈裂，于栱枋上皮加铁板固定，华栱与真昂侧面相连，增强斗栱的整体功能。

（4）梁架铁活。梁栿对接处用铁板固定，梁头与槫头用大扒钉系紧，两槫对接处除榫卯外用铁条钉牢。

（5）拉杆椽铁活。各架椽子于每间之两侧固定两根拉杆椽，上下两端用螺栓与槫材贯固，前后坡和两山檐椽相同，形若人字柁架中的上斜弦，稳定槫椽屋架。

（6）凡是高分子材料加固的木构件，为防止化学材料老化后黏结力失效，可同时用铁活束紧。

4. 抗震加固

太原地区是历史上地震多发地区，1949 年以后 5 级以上地震出现过三次。太原煤矿遍布东西两山，矿井塌方的震动程度类似 4、5 级地震。因此，必须重视圣母殿的抗震加固，并将其列入落架大修工程中。

鉴于圣母殿是国家重点保护文物建筑，抗震加固既不能影响外貌，也不能影响原有结构，必须在保存原貌原状原构的基础上加固，即加固构件只能设置于隐蔽部分，不得外露，更不得损害原有结构和构件。

圣母殿檐柱是承受殿身荷载的主体，四周围廊梁架后尾皆贯于檐柱之中，稳固檐柱，增强其抗震性能尤为重要。经实地考察计算，运用檐墙墙体加设抗震剪刀斜撑，即在两山及后檐墙内加设剪刀斜撑，上端撑于阑额下柱头两侧，下端铺地栿与柱脚相触；前檐窗槛下坎墙内亦增设小型剪刀撑，强化门窗立颊槫柱，使殿身四周檐柱稳定固定，荷载力增强，没有倾侧之虞。

5. 壁画揭取加固

门窗之上两次间和两梢间四块障日板壁上，有壁画 16.17 平方米，揭取后清除画面上后人涂刷之白土粉，加固壁画，原位安装保存，壁后用框架封护，四周固定牢实。

上檐栱眼壁上画幅，明代曾予重绘，前檐和两侧面均为两层，不易分离，现状揭取后加固安装。南侧面有两块后补画面局部脱落，原画已显露，可剔除后补泥皮，加固原画，安装保存。

殿身檐墙内外，均经后人几次重抹，原壁画残存情况不详。修缮时逐墙剔除外表墙皮，仔细探明原来壁画残存情况，若发现墙内壁画残块，即行清理，揭取加固后保存。

6. 塑像保护

圣母殿内宋代彩塑，是晋祠文物的精华，在国内外享有很高的声誉，为我国宋代彩塑中的瑰宝。修缮保护圣母殿，保护殿塑像的安全，是必须首先解决的一个问题。圣母殿内外共有塑像四十五尊，其结构全部为木骨泥塑而成，外表敷以彩色，除前廊内南侧武士和殿内神台上圣母两侧二小像为后世补塑外，其余皆为宋代原作，历史、价值皆居上乘。修缮工程前，必须对塑像的保护进行精心设计，妥善实施，然后方可进行殿宇的修缮工程。

针对圣母殿塑像的结构和体积，可采取以下三种保护方法。

（1）殿前廊内二武士像，高达 4 米，重达 4.5 吨，三根木骨埋入地面以下，不易移动，可就地支搭架木，架设木板棚布、油毡，防潮、防风、防雨、防砸撞。砌筑檐柱下和廊柱基础时，挖至塑像附近土层，要支搭保护塑像的基础设施，严防基础移动，影响塑像安全。

（2）圣母像位于殿内神龛中央，端坐于凤头椅上，神龛原地保护，外设架木、棚布和油毡，塑像不动，原位保护。

（3）殿内除圣母像以外其他各像，下部皆有低矮的木座，像体木骨架自身稳定，没有埋入地下，可制成轿子形架木，将塑像固定于轿架之中，移至别处保存。施工时要求轿架牢固，操作认真，移动谨慎，确保塑像安全。

8.3.4 修缮方法与技术措施

1. 工程筹备

1）施工场地规划

为了保证拆卸构件的堆放安全和修复要求，首先需要进行构件堆放场地的规划和布置。由于圣母殿紧邻鱼沼飞梁，两侧建筑密集，无隙地可用，经勘测规划，只能将拆卸构件分散存放。在殿后山坡和围墙外公路一侧，存放一部分砖瓦、琉璃和无须加固的木构件；新购木材的加工和拆卸下来的斗栱、梁枋、壁画等，围护于殿南 800 米的干部疗养院隙地内；柱础、料石就地保存加固。

此外，为了节省施工场地，减少拆卸安装的起吊搬运工作量，将檐柱、金柱等高大构件就地倚靠脚手架保存，将六椽栿、四椽栿等大型梁架构件置于脚手架搁板之上。

施工现场规划时，对施工设备的架设安装考虑了操作空间的需求，为施工人员和车辆通行留足安全通道，以及为留在殿基内的柱子、梁栿等构件搭设了临时性保护工棚。

2）脚手架搭设

根据建筑的体量、层次、斗栱、梁架的分布、殿顶琉璃位置，以及拆卸安装牌匾、木雕盘龙等附属文物的需要，搭设了内、外脚手架。

运输材料和拆卸安装构件的坡道架，设在大殿的后檐，与山体和围墙之间设便门相通，以利材料和构件的运输。

搭设脚手架时，要考虑安全稳固、操作方便，运输畅通。由于圣母殿的部分大木构件就地依架保存、修补加固，要求脚手架具有较强的支撑和悬吊能力。为此，脚手架的搭设高度达到 12 米以上，并选用了直径 20 厘米以上的竖杆和横杆，以保证脚手架有足够的刚度和承载能力。

3）工棚库房搭设

圣母殿内塑像和廊檐下牌匾、对联、石碑、木雕盘龙等附属文物拆卸后需存入文物库，揭取后的壁画，以及廊柱、阑普、上下檐斗栱、梁架、槫枋等木构件需存入防火、防雨、防潮、通风、搬运方便的工棚和库房。

加固和修复壁画的工房需要有相应的防风、恒温和除尘设施；存放和加固木构件的工棚库房，需要有开阔的场地，便于翻垛、检修、加固、搭套等工作。

殿基上檐屋顶自拆卸脊兽瓦件后，即搭设防护棚，用油毡棚布覆盖，四面系紧，既防止雨雪浸湿殿基返潮，又保护倚架的檐柱、金柱和悬空的梁栿，便于现场操作，不致因雨雪气候变化而影响施工。

4）材料选购与定制

根据设计要求和需要复制的残破构件的实际情况，选择木材的材质材种和砖、瓦、琉璃、石料的质量规格。

圣母殿的大木构件和椽、望为华北落叶松制成，门窗为红松制成，斗栱构件为当地榆槐制作。由于可购置的华北落叶松规格甚小，仅可制作小型木构件；大型构件的补配复制，用东北落叶松代之。修缮古建筑需用干燥的木材，山西省古建筑保护研究所将库存五年之久的木材倾仓而出，基本解决了圣母殿所需干燥木材的规格和材种。

砖、瓦、构件的复制，按照原件实物和设计规格要求烧造，做到色正音纯，棱角规范。殿顶琉璃脊饰、吻兽基本完好，缺残部分按原有式样补配烧造，然后用高分子材料粘接，小扒钉联结牢固。需要补配的琉璃沟头、滴水和筒瓦，照旧复制齐备。

5）建筑现状测绘记录

落架大修之前，除了对大殿进行实地勘察和测绘设计，还对大殿的全貌、各个结构艺术部分、殿内外附属文物全部拍摄了照片资料，临摹或抄录了全部题记。

逐项检查了殿宇各类构件的残缺、损坏或完好情况，将损坏程度、面积和范围记录在案，作为修缮加固依据和研究资料。

为了施工验收和研究需要，在大殿的拆卸、检修、加固、复制、安装等施工过程中，对各个阶段的工艺流程，如材料的加工（坎磨砖、加工铁活等）、制作、粘接、搭套、凿卯、安装、合拢、砌墙、布瓦、调脊、墁地以及揭取加固壁画、保护塑像等，全部拍摄现场施工照片。

所有殿宇木构件的形制、规格、榫卯、隐蔽结构等情况，现场构绘草图和实物测量，并将实测尺寸标注其上，然后制成圣母殿分件结构图例，注明部位规格，装订成册，作为修缮过程中检校构件的依据，为研究宋代建筑的结构和法式特征提供实例，同时亦充实文物保护科技档案。

6）构件的编号与标记

圣母殿是由数以万计的部件搭套在一起构成的，构件因部位不同，结构功用有别，名称亦随之而易，但其形状规格和式样雷同者甚多。为了不致在拆卸、检修和安装过程中造成紊乱和误差，各种构件自上而下分层次、部位，事先绘制了编号草图。

构件编号时，将各种构件分类、分层次，以殿宇西南角为起点，按逆时针方向顺序绕周编号登记，总号、分号相结合，并将其号码标记在草图上（图 8-48）。

构件拆卸前，将草图上的号码全部标注于构件上；大木构件（柱、额、梁、枋、槫等）预先书写号码牌，钉挂于构件两端侧面（图 8-49）；砖石、琉璃及小型木构件，如勾栏、角石、柱础、吻兽、脊饰、沟滴，以及斗栱构件、替木、蜀柱、驼峰、托脚、垫墩等，以固定方位直接用墨笔写在构件的隐蔽部位。

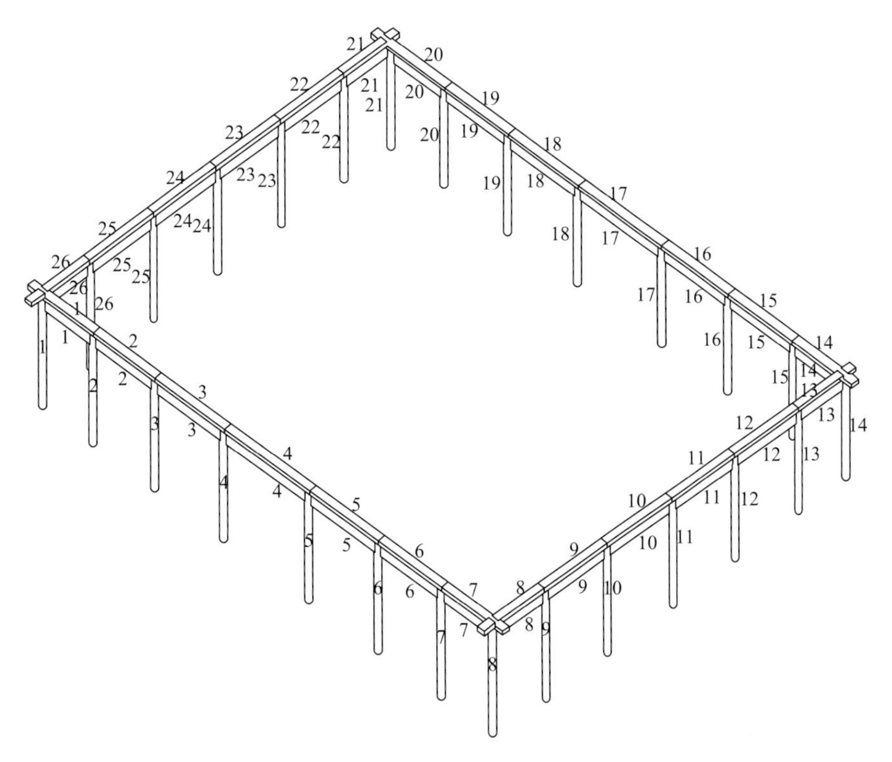

图 8-48　圣母殿下檐柱子、阑额、普拍枋编号图

图 8-49　构件钉挂编号木牌

对于木构件的现状和残损程度，以及需要补配、复制和修缮加固的具体方法，全部填写登记表，便于安装前检验核校，确保构件修缮加固质量。

2. 殿宇拆卸

拆卸殿宇时，需因地制宜地采取适当而严谨的操作方法，避免在拆卸过程中对构件造成新的损坏。具体操作方法和要求如下。

1）脊件、瓦件的拆卸

拆卸琉璃脊饰、吻兽时，先去掉联结的铁链、扒钉、贯条，揭去脊吻孔洞上的帽盖填充，松动相互粘接的灰缝和内部灰浆，轻轻取下置于脚手架搁板上，编号登记后卸于架下，运至工棚内存放。脊兽入库存放，要分别正、垂各脊，根据编号的方位和相互的连接关系码放，不得随意堆垛，以便检修、拓样、粘接和补配。

拆卸瓦件时，先铲动连接灰缝和压在瓦上的泥土，由侧面起动，不得从一端揭撬。下架时，于光滑的铁槽或木槽内溜瓦，槽底堆满砂子，单片下滑，随时拿开；槽架要求支撑稳固，不得颤动和重叠。瓦件下架后，除已残者外，要根据长、宽、厚的不同规格，分别码放整齐，便于鉴定原作，清点数额，然后补配使用。

灰背、泥背的清除，要装进竹筐或塑料袋内卸下倾倒，不得直接铲卸到脚手架下，防止污染环境。

2）椽飞、望板的拆卸

椽飞、望板、连檐、瓦口之类的构件位于屋顶，受雨雪侵蚀，多有损伤，不可因有损坏而随意拆卸，而将能继续使用的构件致残。这些构件原为铁钉贯固，需用开口铁锹拔出两端铁钉，然后将构件取下。

椽飞上的灰尘污土，除清扫外，可用较大的木锤轻轻震动，不准用铁撬、斧头击撞。檐椽、角椽、花架椽、脑椽各置其类，可继用者或已残甚者随时分置，便于检修、加固或复制。拆卸椽飞过程中，殿宇四角用斜柱戗固或绳索拉紧，防止梁架移动损坏构件和榫卯。

3）梁架构件的拆卸

对于梁架上的彩画、图案和墨书题记，先用排笔除尘，再用拷贝纸、棉花、草绳包扎牢实，做到防潮、通风、干燥；钉挂在梁架上的题记木牌，标明位置后拆卸、包装，入库存放。

梁架构件为榫卯结构，拆卸时，先除去缝隙内的污尘，用铁撬全面起动；不得先撬起一端，防止榫卯折损。抬动或悬吊构件时，绳索或着力点要置于两端卯口以内，以免造成卯口劈折。

卸至架下的构件，用大平板车运往工棚，尽量减少对彩画和榫卯的磨损。运至工棚后，要严格按照梁架的部位和编号分类存放，便于检修加固。

4）斗栱的拆卸

斗栱分布于上、下两檐，繁杂重叠，且构件大多相同；斗栱纵横向之间又大多与栿、枋连为一体，采用榫卯组合，构造复杂。拆卸时，拨动缝隙污尘轻轻起动，然后取下，榫卯要联结在斗栱之上。拆卸顺序，按编号（包括总号、分号）图设计层次，分清上下檐柱头、补间、转角各朵斗栱的位置，分层拆卸。

上、下檐斗栱分库存放，同一檐的斗栱分朵搭套，以防拆卸安装误差。斗栱上多有彩画纹样和色彩，拆卸搬运过程中，注意保护，避免损坏。存放和检修斗栱的工棚库房，要防风、防雨、防潮湿，尽力保护原有彩画遗痕。劈裂、折断的斗栱构件，要对接存放，便于核对原制式样，进行加固或复制。

5）阑额、普拍枋的拆卸

阑额和普拍枋多已垂弯变形，背面檐柱柱头上阑普残坏尤甚。拆卸时拨去缝隙尘土后，于两端加支柱撬动，不得先撬一端，防止另一端榫卯折损。抬动和搬运时，不得以榫卯架设和受力。有彩画者，包装后再拆卸。

圣母殿阑额不出头，而普拍枋于转角处搭头相交，拆卸、搬运和检修时，不得以普拍枋出头处为受力点，防止交口榫卯处折断。普拍枋上的稳固榫卯要随同存放，不得另外搁置。

6）柱子的拆卸

拆卸廊柱时，考虑到柱头有凸榫，柱底有贯脚榫，大幅倾斜或柱底移位不当，都会损伤榫卯。因此，在廊柱上部栓以麻绳控制，将柱底移位后，以架木横杆作滑轮，徐徐斜向落地，然后抬至存放地点。

檐柱和金柱采用就地倚架存放的方式，拆卸柱子时，上部用滑轮或倒链吊起，下部支垫防潮油毡，靠紧脚手架固定；然后将柱顶遮盖，周身用塑料布披垂，做到通风、防雨。在檐柱以上部位，架设类似屋檐性的大棚，将金柱、檐柱和搁置在脚手架上的梁栿构件等，全部遮护在棚架之内。

7）墙体的拆卸

檐柱一周砌有高达 6 米的墙体，将两山和背面的柱子包入墙内。墙体结构为下部坎墙砖砌，上铺防潮裙肩木板一层，再上面墙体全部用水坯砌筑，外表抹有灰泥壁。

为防止损坏墙内隐蔽结构和壁画，墙体拆卸时制订了三条规程：一是注意内外泥皮当中有无残存壁画和题记，用小铲剔取，逐级清理，见有壁画色彩和题记，立即采取措施揭取保护；二是拆卸墙体时注意墙内隐蔽结构和通常见不到的内在结构体系，发现后及时拍照记录；三是水坯、青砖和裙肩木板要尽量保存，基本完好无损者原件继用，以保持或局部保持墙体宋制原构。

认真按照这三条规程操作，在后檐当心间墙壁内发现原有门板装置，被堵塞后用泥皮抹平，门侧八字墙上朱红色壁面可见，下部色泽磨损，留有宋、元游人墨书题记，证明墙体确系宋构。墙内檐柱一周，布满竹篱，保持柱身通风干燥；墙内柱子之间，顺墙装有斜撑杆，以稳固柱身，防止倾侧；虽然横杆用材较小，效力甚微，但其设置功用还是显而易见的。水坯和青砖保存了一批基本完好者，继续使用，缺者照旧复制。

8）台基构件的拆卸

台基上柱础由石灰岩制成，素面覆盆式，础盘大都埋入地表以下，厚薄不一，有的础石已被压裂成两半或三、四瓣，依据编号就地存放，以不影响挖掘柱础孔洞为宜，以备加固和修复。

地面方砖，多为 1980 年修缮时铺墁，规格略小，砍磨亦欠规整，拆卸后封存，以备别处使用。

砂石勾栏仅设于前檐和两山前间，为明代天顺五年（1461 年）增补之物，但已为世人所公认，施工时小心拆卸后按照编号分别码放；其大部分风化残缺，部分加固后继用，残甚者照旧复制安装。

压栏石多为后人修补时复制，规格与原作无异，就地保存，施工中对台明外沿起到围护作用。

殿前台明两角，安装有角柱石和螭兽，为防止撞击损伤，拆卸后妥善存放，原物原位继用。

9）门窗装修的拆卸

前槽中三间装大型板门三道，两梢间安破子棂窗，明代重制，现状基本完好。因地面变化，柱子倾侧，立颊、地栿均不规则，按照编号图纸拆卸保存，检校后修补。

3. 构件修缮

1）柱础

前廊础盘大多因压力过大而嵌入台明地面以下，殿宇东半部 11 块柱础被压裂成两半或三、四瓣。柱础缺残者用高分子材料拌石粉补平，修补完好；破裂隙者用化学材料粘固后加铁箍束牢。为使外观一致，将檐墙内完好的柱础与墙外修补后的柱础调配安装。全殿 44 个柱础皆用原物，未予复制更新。

2）柱子

柱子总体腐朽劈裂严重，檐柱包砌在墙内，下部腐蚀尤甚。经检查，凡是裂隙或残坏者，全部用化学材料补好后继用[图 8-50（a）]。殿内外金柱、檐柱、廊柱 48 根，除后檐南次间廊柱折损照旧复制外，其余全部进行加固继用。

因殿宇倾斜，柱身多有劈裂，或榫卯折断，为防止裂纹加剧，灌注化学材料粘连并补配榫卯后，在柱头、柱脚各施铁箍一道束紧。

廊柱和檐柱中共有 12 根下部腐烂，将腐烂部位去除后墩接，墩接部位皆以榫卯连紧，用高分子材料粘牢，接口和榫上端加铁箍束紧[图 8-50（b）]。柱子内部腐空部位加心柱粘补牢固，柱子底面腐烂墩接者，黏合剂与铁箍并用，以增强柱身的稳固性和受剪力。

(a) 柱子嵌补

(b) 柱子墩接

图 8-50　柱子修缮

3）阑普

下檐（廊柱头上）阑额、普拍枋各 28 根，上檐（檐柱头上）阑额、普拍枋各 18 根，合计各 46 根。除下檐 1 根阑额，下檐 10 根普拍枋腐朽过甚照旧复制外，其余皆为原物；其中受压垂弯而变形者 5 根，劈裂或折榫者 12 根，经粘接、拼合，并附以铁活加固后继续使用。

4）斗栱

圣母殿上除梁架上襻间铺作和前槽金柱上柱头、补间斗栱外，仅上、下两檐就有斗栱 60 朵，其中上檐 25 朵，下檐 35 朵。全部檐头斗栱构件共 2325 件，其中栌斗、角斗、交互斗、散斗等斗子构件 1688 件，栱、昂、耍头等构件 637 件。

已缺或残破或折损严重而复制的大小斗形构件 134 个，占斗子构件总数的 6.9%；残破或折损严重而复制的栱、昂、耍头等构件 18 件，估占栱、昂、耍头总数的 2.8%。其余全部原件继用，残破构件剔补修整，劈裂构件粘接加固，缺耳者贴耳，榫卯已失者补齐，用化学材料粘牢，螺栓贯固，栱昂劈裂较甚者，粘接后加铁箍束紧。檐头斗栱加固构件总数 244 件，安装后原构如故，达到了预期的效果。

5）梁架

梁架构件和榫卯的损坏主要为劈裂折损，损坏部位清除缝隙之间的污垢后，用硬木修补完整，再采用环氧树脂灌注，并用铁活箍紧。

梁架中的构件除极少数折断者复制外，大多数原件加固继续使用。上下两檐丁栿、乳栿 41 根，除前廊当心间和后廊南次间 3 根因折断复制外，其余 38 根原件继用，其中有 23 根经过修补墩接和加固。修补方法为前端腐烂者对接，开裂者灌固，劈裂者粘补后束牢。六椽栿、平梁计有 20 根，全部原件原构，开裂者灌浆粘补，缺榫者补足，加铁活固定。各架枋材（柱头枋、罗汉枋、压槽枋、襻间枋、随榑枋等）共计 380 多根，严重折损和朽坏复制者 18 根，占枋材总数的 4.7%。其余原件原装，缺榫者修补，劈裂者加固补强。梁架上的斗栱，各架有襻间铺作，前槽金柱上柱头、补间斗栱合计 9 朵，除极少数已缺构件和小斗复制外，大都原物原构，部分作了加固修补。

转角部位上、下两檐皆施大角梁、仔角梁和续角梁叠构，仔角梁外露部分腐朽过甚，照旧复制，上檐西北角大角梁外端朽烂，腰间腐空折断，依原制添配，其余三根外端微腐者剔补粘固，劈裂者弥合粘接，加铁箍束牢，原位安装。

各架榑材 131 根（包括围廊承椽枋），原构直径偏小，仅及宋制四等材的一材三分（26 厘米），尚不抵足材尺度；明代修缮殿顶时，为了见新又加工刨光，致使部分榑径仅微大于材（23～24 厘米）；修缮前大部分因负荷能量不足而垂弯，其中折损共 41 根。根据设计要求，经验算，保留直径符合要求的旧榑 41 根，其余照设计规格复制安装，更替下来的榑材，改制枋材、望板使用。

全部梁架构件（包括梁架斗栱，不包括榑、椽、飞、望板、博风、悬鱼等）共计 1214 件，复制者（包括已缺之小斗、垫墩等）20 件，占梁架构件总数的 1.6%，劈裂、缺榫或略有残损但经过加固仍可继用者 84 件，占梁构件总数的 6.9%。

4. 基础加固

按照加固方案，圣母殿地基采用嵌岩桩加固。施工过程中，为了避免震动，确保殿内外塑像及周围文物建筑和古树的安全，基本采用人工挖、筑基桩的办法（图 8-51）。

基桩直径 1 米，下端嵌入基岩内 0.5 米，上端与系梁连接，上沿取平。基桩孔直径 1.1～1.2 米，按照廊柱、檐柱、金柱的标定位置，测定中心点，由此向周围辐射 55～60 厘米，人工垂直下挖。根据孔壁土质情况，孔洞自地面深及 2 米以下者，都要进行安全支护。支护方法，按照不同情况，分别采用木板支杆、钢筋混凝土井圈和竹编护筒等。

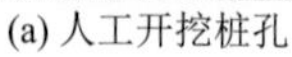

(a) 人工开挖桩孔

(b) 基桩绑扎钢筋

图 8-51　人工挖、筑基桩

自台明上沿下挖 6.5 米即出现地下水，8.5 米以下地下水流量较大，在水深 1.5 米处人工挖孔已无法操作。经实验，深层机械钻孔震动较小，殿内外塑像及周围文物不受影响，故殿基东南角八个基桩孔底部 8.5 米以下部分，用机械钻孔击入岩内。

基桩和系梁的钢筋布置按照设计图纸进行。混凝土强度 200 号，含钢率为 4%，主筋为直径 18～20 毫米的螺纹钢筋。

基桩直径 1 米，桩帽直径 1.4 米，檐墙下系梁部分断面为“T”形，空间为矩形。基桩先行浇筑，下端主筋全部达到混凝土底面，锚入基岩之内；然后浇筑系梁，使桩、梁连贯一体。因后檐基桩深度仅 60～80 厘米，与系梁同时浇筑。

浇筑系梁和桩帽时，侧面采用砖模，底面置混凝土垫层。混凝土凝固成型后，周围和槽边空隙用素土夯实。

地基加固工程完成后，及时进行了隐蔽工程的验收，质量合格，效果良好，殿内外塑像及周围文物、古树安全无恙。

5. 台基修缮

圣母殿台基的前沿基部和两山壁体原构尚存；前沿台明中上部于清光绪三十二年（1906 年）重修，尽因资金匮乏，改砌片石壁面。此次修缮，在加固基础之后，全部恢复料石台明，旧料继用，缺者补齐，角柱石和螭兽原物原位安装，压栏石就地加固。

台明和殿内用灰土夯实，底面取平；铺墁地面用砍磨方砖，要求底灰饱满，用砖规格一致，砖缝横竖有序。

柱础修补加固之后，按照柱网布列位置原地安装。于础盘上面找准十字中线，底面与系梁上沿粘接牢固，上沿与方砖地表取平，覆盆突出于地表之外，抄平、固定、灌浆、注牢，周围素土夯实，养护期满后，立柱负重。

前檐六间和两侧前间的明代增筑勾栏为砂岩雕造，风化裂隙甚重，拆卸后，损伤较轻构件粘接加固后原位安装，损伤严重构件照旧复制。

6. 殿宇安装

殿宇的安装合拢，包括木构架的安装直至屋顶脊筒的最后粘接。在整个安装过程中，各个部位、构件都存在着平、正、直的合拢问题，必须以事先固定的坐标点，不断地检核校正，使之符合规范要求。

安装柱架时，按照柱子的编号，根据原有廊柱、檐柱和金柱的位置、间距、标高、侧脚和生起分别安装。竖起柱子后首先核对四向中线，校正无误，随即用剪刀撑固定柱身，戗固后再校核侧脚生起，全部正确后再安装阑普；各柱的柱底有贯脚卯固定，柱头有阑普连接，其上再加以阑普铁活，使之成为稳定的框架。形成柱网框架后，四角用大架杆三面支撑或以拉线固定；随后，在柱架之上逐层安装斗栱、梁架、榑枋，铺钉椽、望，形成殿宇的空间整体木结构。

在全部安装过程中，每天校核各层标高，校核柱间和梁缝的中线、侧脚和生起；内外柱子三面或两面依照竖线悬挂垂球，每天检校一次。梁架等大型构件的安装，导致柱上负荷剧增或偏侧负重，会造成柱子倾斜；遇有大风时，梁架亦可能摆动，导致柱子歪闪；需要随时核对柱子的标高、侧脚和生起，出现误差及时校正。

斗栱的雷同构件甚多，即使是一朵斗栱上，仅小斗就有十几或几十个，每朵斗栱上泥道栱、瓜子栱、华栱、令栱等，规格形状亦多相近；安装时若有错位，或同一栱斗的方位倒置，都会造成结构不严实或彩画图案不衔接的状况。在斗栱的安装过程中，以斗栱拆卸时书写的编号方位为依据，核准每一构件的位置后再搭套安装，取得了准确无误的效果。

木构架的安装过程中，各种构件的搭交榫卯，在殿顶（宽）瓦之前，由于荷重尚未到位，相互间的搭交缝隙多不严实。除了构件变形产生的局部缝隙需要做相应的粘补外，一般不要在安装过程中随意支垫或填塞间隙。极个别的穿插榫卯（如廊内乳栿插入檐柱之内，角乳栿插入角檐柱之中），由于原制规格欠准，搭交后仍有空隙，则视空隙大小，塞入垫片。等待殿顶布瓦调脊之后，负荷满至，各种构件全部承重以后，如仍有间隙再行支垫填塞。不准事先添加木板铁板之类弥合缝隙，更不得为了严密将垫层超过缝隙厚度，以防负荷加重后造成新的局部应力而导致木材劈裂。

7. 构架抗震加固

按照抗震加固方案，结合木构架安装对殿宇构架进行了抗震加固。

为了增强殿宇的整体抗震能力并避免影响建筑外观，将抗震设施布设在隐蔽部位。一是在檐墙、山墙之内柱子间加设心柱和斜戗柱，地面铺设地栿，心柱设在开间中心，左右各设一根斜戗柱支撑两侧柱头，形成抗震斜撑（图 8-52）；地栿断面为 450 毫米×215 毫米，心柱和戗柱断面为 320 毫米×215 毫米，以榫卯上下固定。二是将前槽门窗立颊、门额、地栿与柱子可靠连接，在窗台的下肩之内加设斜撑，与柱子形成抗震框架。这些措施有效地增强了殿宇四周柱子的抗倾侧能力。

完成抗震加固后，将木构件与柱子刷桐油防腐；两侧墙体砌筑后，抗震设施全部包入墙内；墙体外抹土朱红色，内置灰泥抹面，原状依旧。

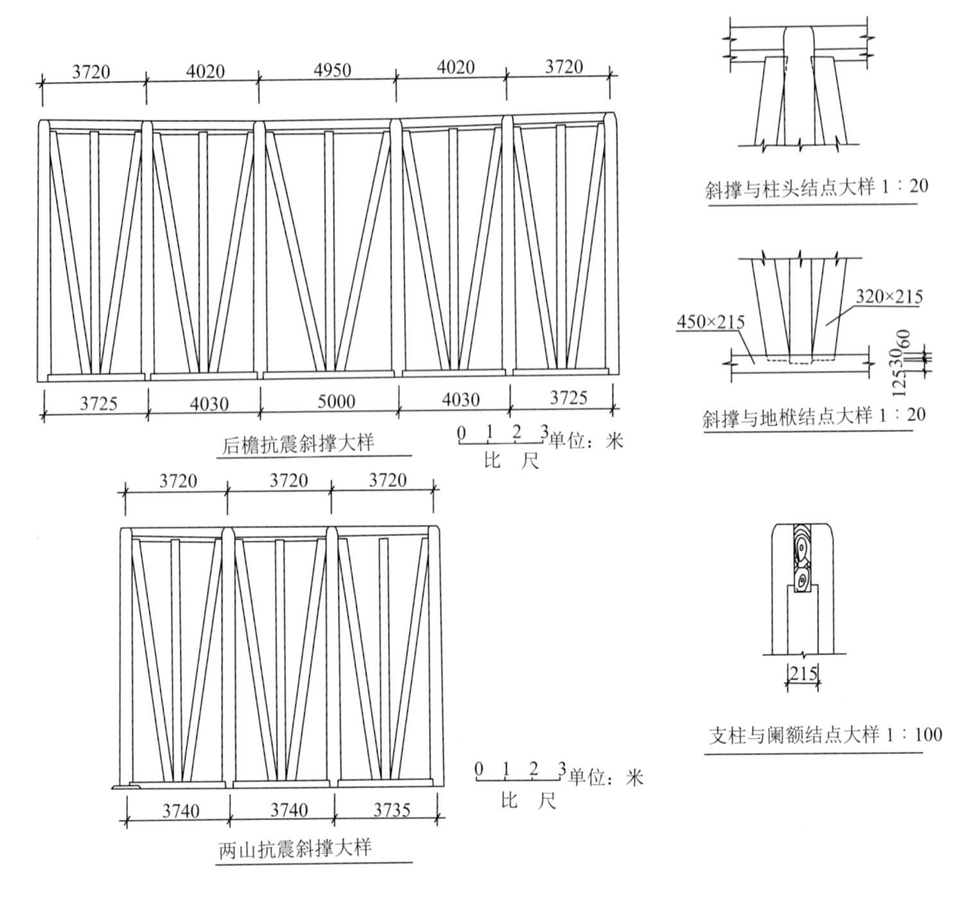

图 8-52 墙内抗震斜撑构造（单位：毫米）

8. 铺设瓦顶

屋盖椽、望铺钉之后，在其上施苫背，然后铺瓦、调脊。

苫背：分为三层，第一层为护板灰，厚度约 1 厘米，以大麻刀白灰调制，用于防潮，要求抹压均匀一致；第二层为灰泥背，其厚度为 5～15 厘米，为掺灰麦秸泥，用于调节屋面坡势，在槫材折角处加厚，使之曲线柔和适度；第三层为青灰背，用白灰、烟墨、麻刀拌和，待灰泥背晾干后抹压其上，用于防雨水渗漏，青灰背要拍击出浆，压实抹平，干后铺瓦。

铺瓦：先用灰泥打底铺设板瓦，板瓦小头向下，露六压四，再用三七灰泥扣筒瓦；要求垄当归正，坡势柔和，最后用青灰捉节夹垄。

调脊：圣母殿脊饰构件大都完好，残缺者经补配后施以屋顶，各脊筒、吻兽和脊刹均以脊桩固定，内填木炭灰浆过半稳固，再用铁链拉紧。

9. 砌筑墙体

砌筑墙体时，墙体的规格尺度、墙面收分、墙肩曲线、墙角角度等均以设计图为准。

坎墙内、外一律以砍磨砖淌白撕缝、叠涩收分垒砌，中间填以砖块，白灰灌浆。上部墙体以土坯、水坯或旧砖砌筑，外抹草泥、麻刀灰，压朱红色泥浆，内抹草泥和掺灰泥，要求收分适度，墙面规整，压实、光平。

包于墙内的暗柱，柱身围草秸一层，周围填粉灰防腐；柱底留出通风洞，内外相通，洞口均为 6 厘米×6 厘米；同时加置网罩，防止杂物填充和鼠类进入啃咬柱身。

10. 油饰断白

油饰断白和彩画，是防止殿宇木构件腐损的有效措施，也是恢复建筑原貌的重要手段。圣母殿的外檐下架和檐顶为油饰、上架为彩画，因年深日久、风雨侵蚀，大多剥蚀严重、色彩脱落。以修缮前拍摄的照片作为修复依据，对略有剥落者按原有图案色彩填补做旧，复制构件参照原构件的图案色调复原做旧，使新旧构件彩画协调一致；木构件油红朱旧色，新制椽、望刷朱红做旧，保持古色古香的宋代建筑风格。

木构件油饰断白时，先刷生桐油一道，干后填补裂隙；裂缝宽 1 厘米以上者，用木条刷聚醋酸乙烯乳胶，粘补平整，加铁钉钉固。地仗原为贴骨灰制作，即血料发酵后调拌砖灰腻子，分粗细两种，粗腻子填补残洞和小型裂隙，干后打磨平整再用细腻子满刮构件外表，干后再打磨光平、腻粉除净。参照殿内外残存之朱红色调配料油饰，待干至八成后，用土粉子退光做旧。更替构件的彩画修复，亦需先作地仗，打磨光平后上底色作画，然后做旧。没有彩画的构件或彩画已剥蚀不存者，先刷生桐油防腐，再依其隐蔽部位残存的遗迹修复，或刷色做旧，与周围构件相互协调。

11. 文物归位

圣母殿上的牌匾对联，几乎布满殿前廊内外，大小不等，横竖各异。修缮前原状拆卸保存，悬挂牌匾对联的铁钉、铁环、拉链、挂钩等，随匾联存放。殿宇安装及油饰断白完成后，检查牌匾对联残损情况，疏散者加固，开裂者填塞平整，榫卯松弛者塞严固定，缺残者修补完善，色彩脱落严重者敷色做旧，恢复到修缮前的完整状况。

圣母殿前廊内八条木质盘龙，修缮前拆卸装箱入库保存，油饰完工后原位归安。原有铁钉腐朽，照旧复制，钉孔有的堵塞，有的松弛，略加木屑填充，钉子蘸胶水固定牢实。龙体金色脱落过甚者，略加弥补。当心间北平柱上龙头早已不存，依照当心间南平柱上龙头，雕造补齐。

8.3.5 修缮工程评析

晋祠圣母殿是我国宋代木构架建筑的代表作。大殿“副阶周匝”的做法，是中国现存古建筑中最早的实例；殿堂梁架是现存古建筑中符合宋代《营造法式》殿堂式构架的孤例；殿中四十余尊栩栩如生的彩绘塑像，是国内塑像中的瑰宝。

台基下土层的厚薄不均以及地下水土的流失，导致圣母殿的基础不均匀沉降，殿宇整体前倾，木构架和屋顶严重损坏。中华人民共和国成立以来，山西省曾对圣母殿三次维修，力求解决构架的扭曲与屋顶漏雨现象。但因险情来自基础的变化，维修并不能解决根本问题。山西省文物局针对圣母殿变形损坏的原因，研制了基于地基整体加固的落架大修方案，经国家文物局专家组两次集体审核确定后，得到了国家文物局的批准。

圣母殿落架大修工程自 1991 年开始准备，经过实地勘察、现状测绘、基址钻探、残损原因分析等工作后，完成了修缮方案的编制，于 1992 年 11 月通过国家文物局论证并获得批准实施，工程于 1993 年 7 月实施，1996 年 6 月竣工，自 1991 年算起总共历时五年。

在国家文物局的指导和太原市人民政府的支持下，山西省文物局等单位严格遵循文物保护原则，针对圣母殿的损伤状况和病因，制定了周密细致的落架大修实施方案，精心组织工程实施，圆满地完成了全部工程项目。

圣母殿落架大修工程具有以下显著特征：①根据柱础距基底岩石层的不同高差，分别采用浇筑钢筋混凝土基桩、钢筋混凝土圈梁和条形基础加固的方法，将殿宇荷载全部传递至基岩，从根本上解决了台基不均匀沉降问题。②工程筹备工作全面细致，场地规划布置、脚手架工棚搭设、材料购置、建筑现状测绘、构件编号等各项工作规范；殿宇各部位及构件的拆落、存放、修缮、安装均有相应的技术措施和要求，保证了落架大修工程有序、安全的实施。③将传统的修缮技术与现代加固方法结合，使绝大部分大木构件得到修复和利用，替换、新制构件所占的比例很低，有效地保存了构架原状和历史信息。④结合殿宇木构架修缮安装，在墙体隐蔽部位设置了抗震斜撑，在保持建筑原状的条件下有效地增强了殿宇整体抗震能力。⑤对塑像、壁画等珍贵艺术品，因地制宜地制定了就地保存修复和拆卸入库修整的方案，进行了科学合理的分类保护。

晋祠圣母殿的落架大修工程是我国古建筑修缮保护的重大工程，工程任务繁重、工序复杂、施工难度大、质量要求高。工程各相关部门和施工单位通力合作，对落架大修涉及的工程筹备、殿宇拆卸、基础加固、构件整修、殿宇安装和附属文物保护全过程，进行了科学的规划、设计和施工管理，保证了工程有序、有效、安全的实施，达到了预期的目标。整个工程体现了学科的综合性和工艺的先进性，既解决了古建筑的安全隐患，又有效地保存了文物原状，所取得的丰富经验为我国大型木构架古建筑的修缮保护提供了有益的借鉴。

参考文献

白丽娟，王景福. 2007. 古建清代木构造. 北京：中国建材工业出版社.
北京土木建筑学会. 2006. 中国古建筑修缮与施工技术. 北京：中国计划出版社.
柴泽俊，李在清，刘秉娟，等. 2000. 太原晋祠圣母殿修缮工程报告. 北京：文物出版社.
柴泽俊. 2009. 柴泽俊古建筑修缮文集. 北京：文物出版社.
陈允适. 2007. 古建筑木结构与木质文物保护. 北京：中国建筑工业出版社.
高溪溪，周东明，崔维久. 2019. 三维激光扫描结合 BIM 技术的古建筑三维建模应用. 测绘通报，(5)：158-162.
河北省古代建筑研究所. 1999. 近 50 年来河北省文物与古迹修缮保护工程综述.文物春秋，(5)：35-49.
李诫. 2006. 营造法式. 北京：中国建筑工业出版社.
辽宁省文物保护中心，义县文物保管所. 2011. 义县奉国寺. 北京：文物出版社.
刘大可. 1993. 中国古建筑瓦石营法. 北京：中国建筑工业出版社.
刘敦桢. 1984. 中国古代建筑史. 2 版. 北京：中国建筑工业出版社.
刘秀英，陈允适，张厚培. 2002. 科技考古与文物保护：超大型木质文物的保护——承德普宁寺金漆木雕大佛的防腐防虫处理. 文物世界，(2)：77.
罗哲文. 2006. 古建维修和新材料新技术的应用. 中国文物科学研究，(4)：55-59.
马炳坚. 1992. 中国古建筑木作营造技术. 北京：科学出版社.
祁英涛. 1992. 晋祠圣母殿研究. 文物世界，(1)：50-68.
祁英涛，柴泽俊. 1980. 南禅寺大殿修复. 文物，(11)：61-75.
沈达宝，袁建力. 2019. 扬州盐商住宅的修缮保护. 北京：科学出版社.
文化部文物保护科学技术研究所. 1983. 中国古建筑修缮技术. 北京：中国建筑工业出版社.
吴国智. 1988. 广东潮州开元寺天王殿落架大修工程的勘测设计（一）. 古建园林技术，(4)：33-34.
吴国智. 1989. 广东潮州开元寺天王殿落架大修工程的勘测设计（二）. 古建园林技术，(1)：22-25.
许海波. 2018. 基于建筑特征的三维激光点云数据处理方法研究. 重庆：重庆交通大学.
杨晓军，范广顺，王涛. 2020. BIM 技术在古建筑保护中的应用研究. 软件，(3)：254-257.
袁建力，杨韵. 2017. 打牮拨正——木构架古建筑纠偏工艺的传承与发展. 北京：科学出版社.
张祥. 2015. 基于 BIM 的明清官式古建筑构件参数化及其装配研究. 西安：西安建筑科技大学.
中国大百科全书编辑部. 1988. 中国大百科全书（建筑）. 北京：中国大百科全书出版社.
中国文物研究所. 2004. 普宁寺大乘阁维修工程. 中国文化遗产，(3)：91-92.
中华人民共和国住房和城乡建设部. 2018. 木结构设计标准（GB 50005—2017）. 北京：中国建筑工业出版社.
中华人民共和国住房和城乡建设部. 2016. 建筑变形测量规范（JGJ 8—2016）. 北京：中国建筑工业出版社.

中华人民共和国住房和城乡建设部. 2008. 古建筑修建工程施工与质量验收规范（JGJ 159—2008）. 北京：中国建筑工业出版社.

中华人民共和国住房和城乡建设部. 2011. 房屋白蚁预防技术规程（JGJ/T 245—2011）. 北京：中国建筑工业出版社.

中华人民共和国住房和城乡建设部，国家市场监督管理总局. 2020. 古建筑木结构维护与加固技术标准（GB/T 50165—2020）. 北京：中国建筑工业出版社.

祝纪楠. 2012.《营造法原》诠释. 北京：中国建筑工业出版社.

索　引

Z